Python 自动化编程实战

——让烦琐工作自动化

微课视频版

[爱尔兰] 海梅 · 布埃塔（Jaime Buelta） 著
毛鸿烨 译

中国水利水电出版社
www.waterpub.com.cn
· 北京 ·

图书在版编目（CIP）数据

Python自动化编程实战——让烦琐工作自动化：微课视频版 / (爱尔兰)海梅·布埃塔 (Jaime Buelta) 著；毛鸿烨译. — 北京：中国水利水电出版社，2020.11

书名原文：Python Automation Cookbook

ISBN 978-7-5170-8453-2

Ⅰ. ① P… Ⅱ. ①海… ②毛… Ⅲ. ①软件工具—程序设计 Ⅳ. ① TP311.561

中国版本图书馆 CIP 数据核字 (2020) 第 047733 号

书　　名	Python 自动化编程实战——让烦琐工作自动化（微课视频版） Python ZIDONGHUA BIANCHENG SHIZHAN—RANG FANSUO GONGZUO ZIDONGHUA
作　　者	（爱尔兰）海梅·布埃塔（Jaime Buelta）　著
翻　　译	毛鸿烨　译
出版发行	中国水利水电出版社 （北京市海淀区玉渊潭南路 1 号 D 座 100038） 网址：www.waterpub.com.cn E-mail：zhiboshangshu@163.com 电话：（010）62572966-2205/2266/2201（营销中心）
经　　售	北京科水图书销售中心（零售） 电话：（010）88383994、63202643、68545874 全国各地新华书店和相关出版物销售网点
排　　版	北京智博尚书文化传媒有限公司
印　　刷	北京天颖印刷有限公司
规　　格	190mm×235mm　16 开本　18.5 印张　432 千字　1 插页
版　　次	2020 年 11 月第 1 版　2020 年 11 月第 1 次印刷
印　　数	0000—5000 册
定　　价	89.80 元

内容提要

您有没有反复做同样单调乏味的办公室工作？或者，您是否一直试图寻找一个简单的方法，通过自动化一些重复性的任务，让您的生活变得更加美好？您是否通过尝试和测试的方法，了解如何使用Python自动化所有烦琐的事务？

《Python自动化编程实战——让烦琐工作自动化(微课视频版)》帮助您清楚地了解如何使用Python自动化业务流程，包括诸如通过抓取网页、分析信息以自动生成带有图表的电子表格报告，并自动生成电子邮件进行信息交流来获取机会等整套的流程。

您将学会如何通过短信获取通知，和如何扫描诸如简历之类的文档，并在您的大脑专注于其他重要事情的同时执行任务。一旦您熟悉了基本原理，您就会被引入图像世界，研究如何使用Matplotlib生成有组织的显示相关信息的丰富图表…… 在这本书的结尾，通过对如何识别和纠正问题以产生卓越可靠的系统的深层理解，将进一步提升您的自动化编程实战技能。

本书全程采取实例操作的模式进行讲解，遵循“做好准备+如何操作+其中原理+除此之外+另请参阅”的模式，模拟真实的场景应用进行项目的开展，充分考虑到实际开发中可能遇到的问题，帮助读者提升编程开发中解决实际问题的能力。“除此之外”将进一步拓展知识的应用范围，启发您将更多的任务自动化。

本书是针对希望使用和扩展Python知识并将任务自动化的Python初学者，不一定是开发人员。书中的大多数例子是针对办公自动化、市场营销和其他非技术领域。读者需要了解一些基本的Python语言。

作者

Jaime Buelta 是一名专业的程序员和全职的Python开发人员，在职业生涯中接触了许多不同的技术。他开发了各种领域和行业的软件，包括航空航天、网络和通信、工业监控与数据采集系统、视频游戏在线服务和金融服务。他与这些公司的市场营销、管理和游戏设计等各个部门密切合作，帮助公司实现目标。他非常支持将一切自动化，让计算机做大部分的繁重工作，这样用户就可以专注于更重要的事情。他目前居住在爱尔兰的都柏林，并且一直是爱尔兰PyCon大会的一名日常发言人。

如果没有我妻子Dana的支持和鼓励，这本书是不可能写出来的。我还要感谢Packt的团队，特别是Manjusha在这个过程中的巨大帮助，以及Shriram在我写书过程中的鼓励。另外，非常感谢Mario审阅并改进了这本书。最后，我要感谢整个Python社区。作为开发人员在Python世界中工作是再快乐不过的事情了。

审阅者

Mario Corchero 是Bloomberg的高级软件开发人员。他领导着伦敦的Python基础架构团队，使公司能够用Python高效工作，并构建公司范围内的库和工具。他的专业经验主要是C++和Python，为多个Python开源项目贡献了大量补丁。他是PSF研究员，获得了2018年第3季度PSF社区奖，是Python España（Python西班牙协会）的副总裁，并在PyCon 2018担任PyLondinium、PyConES17和PyCon Charlas的主席。Mario热衷于Python社区、开源代码和内部源代码。

前　言

我们可能一直在花时间做一些没有太大价值的重复工作。它可能是反复从信息来源中取出来一小部分，在电子表格中生成图形，或者逐个检查文件，直到找到我们要查找的数据。事实上，这些任务中的大部分是可以自动化的。尽管自动化需要一些前期的投入，但是对于一次又一次重复的任务，自动化可以减轻我们的负担，并将我们的精力集中在人类更擅长的工作——基于结果的高层次分析和决策中。本书将介绍如何使用Python语言来自动化常见的任务，进而大大提高我们的工作效率。

由于Python的直观性和易用性，编写小程序来执行这些任务并将它们组合成更加集成化的系统是非常简单的。在整本书中，我们将展现能够满足您特定需求的、简单的、易于遵循的方法，并且结合它们来执行更复杂的操作。我们将执行一些常见的操作。例如,通过抓取网页来提取要素，自动分析信息以生成带有图形的电子表格报告，自动生成电子邮件，通过短信获取通知，以及学习如何在您的大脑专注于其他更重要的事情的同时运行任务。

尽管需要一些关于Python的知识，但这本书不是在程序员的思想下编写的，它给出了清晰而有指导意义的方法，以特定的每日目标为导向提高读者的熟练程度。

本书适合谁

本书是针对希望使用和扩展其知识并将任务自动化的Python初学者，而不一定是开发人员。书中的大多数例子是针对市场营销和其他非技术领域。读者需要了解一些基本的Python语言。

本书包括哪些内容

第1章“让我们开始自动化之旅”介绍一些贯穿全书的基本内容。它描述如何通过虚拟环境安装和管理第三方工具，如何进行高效的字符串操作，如何使用命令行参数，并向您介绍正则表达式和其他文本处理方法。

第2章“自动化使任务更加轻松”展示如何准备和自动运行任务。它包括如何编写程序使其按时自动运行，而不是手动运行它们；如何通知自动化任务的结果；以及如何提示自动化过程中发生的错误。

第3章“构建您的第一个网络爬虫”探讨如何发送网络请求，以不同格式与外部网站进行通信，如原始HTML内容、结构化提要、RESTful API，甚至可以自动执行浏览器中的步骤，而无须手动干预。它还包括如何处理结果以提取相关信息。

第4章“搜索和读取本地文件”介绍如何搜索本地文件和目录，并分析存储在那里的信息。您将学习如何过滤不同编码中的相关文件，并读取几种常见格式的文件，如CSV、PDF、Word文档以及图片。

第5章“生成漂亮的报告”介绍如何以多种格式显示文本格式给出的信息。这包括创建模板以生成文本文件，以及创建格式丰富、样式正确的Word和PDF文档。

第6章“轻松使用电子表格”探讨如何写入和读取各种电子表格，包括CSV格式及包含复杂格式和图表的Microsoft Excel或LibreOffice（Microsoft Excel的免费替代方案）文档格式。

第7章“创建令人惊叹的图表”介绍如何生成漂亮的图表，包括常见的饼图、折线图和条形图等，以及其他高级的图表，如堆积条形图甚至地图。它还解释如何组合和改变图表的风格，以生成丰富的图形并用方便理解的格式显示相关信息。

第8章“处理通信渠道”介绍如何在多种通信渠道中发送消息，使用外部工具来完成大部分繁重的工作。本章介绍如何发送和接收电子邮件，通过短信进行通信，以及如何创建一个Telegram聊天机器人。

第9章“为什么不自动化您的营销活动”结合书中包含的不同方法，生成完整的营销活动，包括发现机会、生成促销、与潜在客户沟通及分析和报告促销产生的销售等步骤。本章介绍如何结合不同的程序部分来创建强大的系统。

第10章“调试方法”采用不同的方法和技巧来帮助调试过程并确保软件的质量。它利用了Python及其现成的调试工具的强大纠错功能来解决问题并生成可靠的自动化软件。

如何充分利用本书

在阅读本书之前，读者需要了解Python语言的基础知识。我们不会假定读者是Python专家。读者需要知道如何在命令行中输入命令（终端、bash或等效命令）。

要理解本书中的代码，您需要一个文本编辑器，它将使您能够阅读和编辑代码。您可以使用一个支持Python语言的IDE，如PyCharm和PyDev，您可以自行选择。查看此链接了解有关IDEs: https://realpython.com/python-ides-code-editors-guide/。

如何下载视频、示例代码和图片文件

本书配套有讲解视频、示例代码和彩色图片，有需要的读者可以关注下面的微信公众号“人人都是程序猿”，然后输入python automation，并发送到公众号后台，即可获取本书资源的下载链接，然后将此链接复制到计算机浏览器的地址栏中，根据提示下载即可。

下载这些文件后，请使用以下软件的最新版本解压或提取其中的文件：

- WinRAR/7-Zip for Windows
- Zipeg/iZip/UnRarX for Mac
- 7-Zip/PeaZip for Linux

本书的代码包也可以在GitHub上获取：https://github.com/PacktPublishing/Python-Automation-Cookbook。

这些代码的任何更新都会同时在GitHub的代码仓库中更新。

还有其他代码包和视频可以在 https://github.com/PacktPublishing/ 中下载。快去了解一下吧！

本书中的约定内容

本书中有一些约定的文本表示方法。

CodeInText表示文本中的代码、对象名、模块名、文件夹名、文件名、文件拓展名、路径名、虚拟网址和用户输入。例如，“对于这个方法，首先需要引入 requests模块”。

一小段代码如下所示：

```
# IMPORTS
from sale_log import SaleLog

def get_logs_from_file(shop, log_filename):
def main(log_dir, output_filename):
  ...
if __name__ == '__main__':
  # PARSE COMMAND LINE ARGUMENTS AND CALL main()
```

注意，为了书面的简洁和清晰，这些代码被编辑过。完整代码可以在GitHub中获取。

命令行的输入和输出以如下格式给出(注意$标志)：

```
$ python execute_script.py parameters
```

Python解释器中的输入以如下格式给出(注意>>>标志)：

```
>>> import delorean
>>> timestamp = delorean.utcnow().datetime.isoformat()
```

为了使用Python解释器，需要在命令行中输入无参数的 python3 命令：

```
$ python3
Python 3.7.0 (default, Aug 22 2018, 15:22:33)
[Clang 9.1.0 (clang-902.0.39.2)] on darwin
Type "help", "copyright", "credits" or "license" for more information.
>>>
```

请确认您的Python解释器版本在 Python 3.7 及以上。您可能需要输入 python 或 python3.7 唤起Python解释器，这取决于您的系统设置或者安装设置。在第1章中，介绍了创建虚拟环境的方法——这有助于您使用其他版本的Python解释器。

加粗：表示新的术语、重要词语或者您在屏幕上看到的词语。例如，菜单或对话框中的词语会以这种形式在书中出现。这里给出一个例子："依次转到 **Account | Extras | API keys** 并创建一个新密钥。"

警告或重要的提示以这种形式出现。

小贴士或小技巧以这种形式出现。

重复出现的章节名

在本书中，您会发现有几个标题频繁地出现(做好准备、如何操作、其中原理、除此之外以及另请参阅)。

- 做好准备

这部分将告诉您本节内容所需要的准备，以及如何初始化或者设置本章用到的软件。

● 如何操作

这部分包括完成任务所需要遵循的步骤。

● 其中原理

这部分将会给出前一小节中内容的详细解释。

● 除此之外

这部分通常包括关于本章内容的额外信息，这些信息有助于您加深对本章的理解。

● 另请参阅

这部分将会提供一些对学习本章有用的链接。

取得联系

我们总是非常高兴能够收到来自读者的反馈。

普通反馈：如果您对本书中的任何方面有疑问，请发送电子邮件至zhiboshangshu@163.com；或者加入QQ群943233907，反馈本书的问题，以及与广大读者进行在线交流学习。

给出评价

您的评价至关重要。如果您阅读并使用了本书，请在您购买它的网站上留下一个评论，潜在的读者可以看到并使用您公正的意见来做出购买决定，同时，我们出版社可以了解到您对我们产品的看法，我们的作者也可以看到您对他们的书的反馈。非常感谢您的评价！

目　录

第1章

让我们开始自动化之旅

本章将介绍以下内容：

- 创建虚拟环境。
- 安装第三方软件包。
- 创建带格式的字符串。
- 操作字符串。
- 从结构化字符串中提取数据。
- 使用第三方工具——parse。
- 引入正则表达式。
- 深入研究正则表达式。
- 添加命令行参数。

1.1 引言

扫一扫，看视频

本章将会介绍一些贯穿全书的基本技巧。本章的主要目的是使读者能够创建出完善的Python环境来运行后续的自动化任务，以及使读者能够将输入的文本进行分析并将其转化为结构化的数据。

Python默认安装了大量的内置工具，并且大大简化了安装第三方工具的流程，这一特性将使得Python处理文本更加方便、快捷。在这一章中，将会学习如何从外部资源引入模块并使用它们充分发掘Python的潜力。

结构化输入数据的能力在任何自动化任务中都是至关重要的。在本书中处理的大多数数据都来自非结构化，如网页或者文本文件。计算机领域有一句俗话——garbage in, garbage out（错进，错出），处理输入数据避免错误发生是一项非常重要的任务。

1.2 创建虚拟环境

扫一扫，看视频

作为使用Python的第一步，明确地定义工作环境是一个好习惯。这有助于将操作系统中所安装的解释器与工作环境中的解释器分离，并且有助于正确地配置工作环境中将要使用的依赖项。不这样做的话可能会引起很多麻烦。总之，记住一句话：explicit is better than implicit（明了胜于晦涩）。

这一点在以下两种情况中尤为重要。

（1）当在一台计算机上处理多个项目时，这些项目可能会有互相冲突的依赖关系。例如，同一模块的两个版本不能安装在同一个环境中。

（2）当编写的项目将部署在不同的计算机上时。例如，在自己的笔记本电脑上开发的代码将最终运行在一个远程服务器上。

开发人员经常遇到一种有趣的情况，就是项目在自己的笔记本电脑上可以正常工作，但是在产品服务器上就会出现错误。尽管有很多因素会产生这种错误，但是生成一个可自动复制的环境是一个减少错误的好方法，这种方法可以降低项目真正使用到的依赖关系的不确定性。

使用能够创建虚拟环境的 virtualenv 模块可以很容易地实现这一点。在虚拟环境下安装的任何依赖项都不会和机器上安装的Python版本共享。

与以往版本不同的是，Python 3 自动安装了 virtualenv 工具。

1.2.1 做好准备

按照如下操作即可创建一个新的虚拟环境：

（1）进入装有项目的主文件夹。

（2）输入如下命令。

```
$ python3 -m venv .venv
```

这条命令将会创建一个装有虚拟环境的叫作.venv的子文件夹。

包含虚拟环境的目录可以位于任何位置。建议将其放在同一个根目录下使其使用起来更加方便。同时，建议在文件夹名的前面增加一个点，这样它就不会被ls或其他命令显示出来。

（3）在激活虚拟环境之前，请先检查 pip工具的版本。 这个版本取决于计算机的操作系统。例如，在MacOS High Sierra 10.13.4 中pip工具的版本是9.0.3，随后会更新这个工具。另外，查看一下即将使用的Python解释器，它通常是操作系统中最主要的一个。

```
$ pip --version
pip 9.0.3 from /usr/local/lib/python3.6/site-packages/pip (python 3.6)
$ which python3
/usr/local/bin/python3
```

现在，虚拟环境已经准备好了。

1.2.2 如何操作

（1）运行这一条命令激活虚拟环境。

```
$ source .venv/bin/activate
```

你会注意到提示中显示 (.venv)，这代表虚拟环境处于活动状态。

（2）注意，这里使用的Python解释器是虚拟环境中的解释器，而不是在“做好准备”中第3步所提到的通常操作系统中使用的Python解释器。检查一下Python解释器在虚拟环境中的位置。

```
(.venv) $ which python
/root_dir/.venv/bin/python
(.venv) $ which pip
/root_dir/.venv/bin/pip
```

（3）升级 pip 的版本并进行检查。

```
(.venv) $ pip install --upgrade pip
...
Successfully installed pip-10.0.1
(.venv) $ pip --version
```

```
pip 10.0.1 from /root_dir/.venv/lib/python3.6/site-packages/pip (python 3.6)
```

（4）离开虚拟环境到原来的环境，然后运行 pip，检查它的版本。检查 pip 和Python解释器的版本，会发现它们和激活虚拟环境之前，即“做好准备”中的第3步相同。注意，激活虚拟环境前后是不同的pip版本。

```
(.venv) $ deactivate
$ which python3
/usr/local/bin/python3
$ pip --version
pip 9.0.3 from /usr/local/lib/python3.6/site-packages/pip (python 3.6)
```

1.2.3 其中原理

注意，在这个虚拟环境中，可以使用python命令调用解释器，当然也可以使用python3命令，二者是等效的。实际上，python命令调用的是当前虚拟环境下设置的默认Python解释器。

在一些操作系统，如Linux中，有可能需要使用python 3.7命令而不是python 3命令来调用Python 3解释器。在进行接下来的操作之前，请先确保正在使用Python 3.7版本及以上的Python解释器。

“如何操作”部分中的第3步已经在这个虚拟环境中安装了pip工具的最新版本，并且它不会影响虚拟环境之外的pip工具。

这个虚拟环境包含了.venv目录中的所有Python数据，激活虚拟环境的activate脚本将会把所有的环境变量都指向.venv目录中。这样操作带来的最大的好处就是虚拟环境可以非常轻松地删除和重建，在这样的独立沙箱中做任何实验都不需要担心。

记住一点，虚拟环境的目录名会显示在提示符中。如果需要区别不同的虚拟环境，使用一个描述性的目录名，如.my_automate_recipe 或者使用 --prompt 选项。

1.2.4 除此之外

要移除一个虚拟环境，首先需要禁用它，之后再进行删除操作。

```
(.venv) $ deactivate
$ rm -rf .venv
```

Venv模块有很多的选项，它们可以通过-h 参数显示出来。

```
$ python3 -m venv -h
usage: venv [-h] [--system-site-packages] [--symlinks | --copies] [--clear]
  [--upgrade] [--without-pip] [--prompt PROMPT]
```

```
  ENV_DIR [ENV_DIR ...]
Creates virtual Python environments in one or more target directories.
positional arguments:
  ENV_DIR A directory to create the environment in.

optional arguments:
  -h, --help show this help message and exit
  --system-site-packages
  Give the virtual environment access to the system
  site-packages dir.
  --symlinks Try to use symlinks rather than copies, when symlinks are not the
  default for the platform.
  --copies Try to use copies rather than symlinks, even when symlinks are the
  default for the platform.
  --clear Delete the contents of the environment directory if it already
  exists, before environment creation.
  --upgrade Upgrade the environment directory to use this version of Python,
  assuming Python has been upgraded in-place.
  --without-pip Skips installing or upgrading pip in the virtual environment
  (pip is bootstrapped by default)
  --prompt PROMPT Provides an alternative prompt prefix for this environment.
  Once an environment has been created, you may wish to activate it, for
  example, by
  sourcing an activate script in its bin directory.
```

在处理虚拟环境，尤其是需要经常在虚拟环境间进行切换的时候，使用virtualenvwrapper模块会使操作更加方便。

（1）运行以下命令安装这个模块。

```
$ pip install virtualenvwrapper
```

（2）添加以下变量到命令行启动脚本中，它们通常叫作.bashrc 或者.bash_profile。虚拟环境通常会被安装在WORKON_HOME 目录中，而不是像之前那样在项目文件夹中。

```
export WORKON_HOME=~/.virtualenvs
source /usr/local/bin/virtualenvwrapper.sh
```

执行启动脚本或者打开一个新的终端都将允许创建一个新的虚拟环境。

```
$ mkvirtualenv automation_cookbook
...
Installing setuptools, pip, wheel...done.
(automation_cookbook) $ deactivate
$ workon automation_cookbook
```

```
(automation_cookbook) $
```

有关更多信息，请查看virtualenvwrapper 的文档:https:// virtualenvwrapper.readthedocs.io/en/latest/index.html。

在支持自动补全的环境下，按Tab键后当前命令将被自动补全。

1.2.5 另请参阅

- “安装第三方软件包”的方法。
- “使用第三方工具——parse”的方法。

1.3 安装第三方软件包

扫一扫，看视频

Python最强大的功能之一就是能够使用极其大量的第三方软件包。这些第三方软件包覆盖了不同领域，从专门执行数值操作、机器学习和网络通信的模块，到方便的命令行工具、数据库访问、图像处理以及更多的领域。

这些第三方软件包大多数都可以在官方Python软件包索引 (https://pypi.org/)中找到，这个索引中有130 000个以上可供使用的软件包。在本书中，将安装其中一些工具。一般来说，在尝试解决问题时花一些时间研究外部工具是一个好习惯，很有可能其他人发明的某种工具就可以解决您的部分甚至全部问题。

与查找和安装软件包一样重要的是追踪当前正在使用的软件包。这一点非常有助于增强项目的可复制性，这意味着项目能够在任何情况下重建整个运行环境。

1.3.1 做好准备

首先需要找到一个对项目有用的软件包。

一个比较符合需求的模块就是requests，它可以用来处理HTTP请求，并且以简单直观的界面和出色的文档而闻名。它的文档可以在这里找到:http://docs.python-requests.org/en/master/。本书将使用requests模块来处理HTTP连接。

其次是选择要使用的版本。

在这种情况下，最新版本(本书写作时为2.18.4版本)通常是最好的。如果不指定模块的版本，系统将默认安装其最新版本，这可能会导致运行环境中的不一致。

还可使用优秀的 delorean 模块进行时间处理(1.0.0版本 http://delorean.readthedocs.io/en/latest/)。

1.3.2 如何操作

（1）在主目录中创建一个名为 requirements.txt 的文件，这个文件会指定项目中的所有依赖项。首先向其中添加 delorean 和requests模块依赖。

```
delorean==1.0.0
requests==2.18.4
```

（2）使用 pip 命令安装全部依赖项。

```
$ pip install -r requirements.txt
...
Successfully installed babel-2.5.3 certifi-2018.4.16 chardet-3.0.4
delorean-1.0.0 humanize-0.5.1 idna-2.6 python-dateutil-2.7.2
pytz-2018.4 requests-2.18.4 six-1.11.0 tzlocal-1.5.1 urllib3-1.22
```

（3）现在就可以在虚拟环境中使用这两个模块了。

```
$ python
Python 3.6.5 (default, Mar 30 2018, 06:41:53)
[GCC 4.2.1 Compatible Apple LLVM 9.0.0 (clang-900.0.39.2)] on darwin
Type "help", "copyright", "credits" or "license" for more information.
>>> import delorean
>>> import requests
```

1.3.3 其中原理

requirements.txt文件指定了项目所需的模块及其版本，之后运行pip命令，程序将会在pypi.org网站上对模块进行搜索。

注意，创建一个新的虚拟环境并运行以下命令即可完全重建程序运行环境，这会使程序的复制变得非常简单。

```
$ pip install -r requirements.txt
```

注意，在“如何操作”部分的第2步中会自动安装程序所依赖的其他模块，如urllib3。

1.3.4 除此之外

如果有模块版本需要更新，则只需要修改requirements文件并且再次运行install命令。

```
$ pip install -r requirements.txt
```

这个操作也适用于需要加入新模块的情况。

在任何时候都可以使用freeze 命令显示所有已安装的模块。freeze命令将会返回一个格式与requirements.txt 文件格式相同的模块列表，因此可以使用这个命令来生成当前环境的requirements文件。

```
$ pip freeze > requirements.txt
```

通过这个命令生成的requirements文件将包含所有的依赖项，所以这个文件里会有比想象中数量更多的模块。

有时候，找到优秀的第三方模块并不容易。此时搜索特定的功能可能会更有作用，并且偶尔还会有一些很棒的模块让你感到惊喜，因为它们可以做一些你从未想象到的事情。一个很好的例子是Awesome Python (https://awesome-python.com/)模块，它包含了大量常见Python应用场景下的优秀工具，如密码学、数据库访问以及日期和时间处理等。

在某些情况下，安装软件包可能需要额外的工具，如编译器或者支持某些功能的特定库，如特定的数据库驱动程序。在这种情况下，文档通常会解释它们的依赖关系。

1.3.5 另请参阅

- “创建虚拟环境”的方法。
- “使用第三方工具——parse”的方法。

1.4 创建带格式的字符串

扫一扫，看视频

处理创建文本和文档的基本功能之一是能够将值正确地格式化为结构化字符串。Python非常聪明的一点在于它能够默认呈现优秀的结果，同时具备很多选项和可能性。这里将会以表格为例讨论创建格式化文本时的一些常见选项。

1.4.1 做好准备

Python中格式化字符串的主要工具是format方法。它通过一种定义好的迷你语言进行操作，并以以下方式呈现变量。

```
result = template.format(*parameters)
```

template是一个基于迷你语言解释的字符串。简单来说，就是用参数（parameters）替换花括号{}处的值。以下是几个例子：

```
>>> 'Put the value of the string here: {}'.format('STRING') "Put the value of
the string here: STRING"
>>> 'It can be any type ({}) and more than one ({})'.format(1.23, str) "It can
be any type (1.23) and more than one (<class 'str'>)"
>>> 'Specify the order: {1}, {0}'.format('first', 'second') 'Specify the order:
second, first'
>>> 'Or name parameters: {first}, {second}'.format(second='SECOND',
```

```
first='FIRST')
'Or name parameters: FIRST, SECOND'
```

在95%的情况下，这种格式就足够了，保持简单是一件好事！但是对于复杂的情况，如自动对齐字符串和创建漂亮的文本表格时，这种迷你语言格式有更多的选项。

1.4.2 如何操作

（1）编写下面的脚本，recipe_format_strings_step1.py，它将会输出一份对齐的表格。

```
# INPUT DATA
data = [
      (1000,10),
      (2000,17),
      (2500,170),
      (2500,-170),
  ]
# Print the header for reference
print('REVENUE | PROFIT | PERCENT')
# This template aligns and displays the data in the proper format TEMPLATE =
# '{revenue:>7,} | {profit:>+7} | {percent:>7.2%}'

# Print the data rows
for revenue, profit in data:
    row = TEMPLATE.format(revenue=revenue, profit=profit, percent=profit/revenue)
    print(row)
```

（2）运行脚本后显示下面对齐后的表格。注意观察，PERCENT列中的数据正确地显示为百分比的格式。

```
REVENUE  |       PROFIT |     PERCENT
  1,000  |          +10 |       1.00%
  2,000  |          +17 |       0.85%
  2,500  |         +170 |       6.80%
  2,500  |         -170 |      -6.80%
```

1.4.3 其中原理

常量TEMPLATE中包含了三列，每一列都有合适的名称（REVENUE、PROFIT、PERCENT），这使得格式调用时可以直接应用模板，这样更加显式和直观。

在参数名之后，有一个用来分隔格式定义的冒号。注意，这些内容都在{}内。在所有列中，格式规范将数字宽度设置为7个字符，并使用“>”符号将数值右对齐。

- 税收列（REVENUE）使用“,”符号作为千位分隔符——[{revenue:>7,}]。

- 利润列（PROFIT）为正值时自动添加“+”号，为负值时自动添加“–”号——[{profit:>+7}]。
- 百分比列（PERCENT）显示一个百分比值，其精度为小数点后两位——[{percent:>7.2%}]。这时在0.2（精度）后面添加一个百分比符号“%”。

1.4.4 除此之外

可能曾经见到过使用“%”操作符进行Python格式化操作，这也是可行的。尽管它可以用于进行简单的格式设置，但是它不如格式化的微型语言灵活，因此不推荐使用这个操作符。

Python 3.6以后的版本支持一个很棒的新特性f-strings（格式化字符串常量），它通过定义好的变量执行格式化操作，如下所示。

```
>>> param1 = 'first'
>>> param2 = 'second'
>>> f'Parameters {param1}:{param2}'
'Parameters first:second'
```

这极大地简化了代码，并且允许创建非常具有描述性和可读性的代码。

使用f-strings时要注意确保在适当的时候替换字符串。一个常见的问题是，理应定义好的要呈现的变量还没有定义。例如，前面例子中定义的TEMPLATE不能够被定义为f-strings，因为此时revenue和其他参数都还不可用。

如果需要写一个花括号，则需要重复输入花括号两次。注意，每两个连续的花括号会显示为一个花括号，加上一个花括号用于替换值，因此总共需要三个括号。

```
>>> value = 'VALUE'
>>> f'This is the value, in curly brackets {{{value}}}'
'This is the value, in curly brackets {VALUE}'
```

这里允许创建元模板——用于生成模板的模板。在某些情况下，这是很有用的，但是要尽量减少它们的使用，因为它们很快就会变得复杂，使代码难以阅读。

Python格式化规范迷你语言有着更多的选项可供使用。

由于这种迷你语言试图使自己尽可能地简洁，以至于有时候我们很难确定符号的位置。你有时可能会问自己类似这样的问题:“+”应该放在宽度前面还是后面？仔细阅读文档，并且记住在格式化标志前始终会有一个冒号。

在Python网站上查看完整的文档和示例（https://docs.python.org/3/library/string.html#formatspec）。

1.4.5 另请参阅

- 第5章“生成漂亮的报告”中的“使用报告模板”部分。
- “操作字符串”的方法。

1.5 操作字符串

处理文本的一项基本能力是能够正确地操作文本。这意味着程序需要能够连接字符串、分隔字符串，或者将字符串中的字母全部大写或小写。稍后，将讨论更多解析及分割文本的高级方法，在很多情况下将段落拆分为行、句甚至词是相当有用的。有时单词还需要被删除或替换为更准确的词汇才能够用于与确定的值进行比较。

扫一扫，看视频

1.5.1 做好准备

定义一个基本的文本并将其转换，然后重新构造它。例如，报告需要转换为新的格式通过电子邮件发送。

在本例中，将使用如下的输入格式。

```
AFTER THE CLOSE OF THE SECOND QUARTER, OUR COMPANY, CASTAÑACORP HAS ACHIEVED
A GROWTH IN THE REVENUE OF 7.47%. THIS IS IN LINE WITH THE OBJECTIVES FOR THE
YEAR. THE MAIN DRIVER OF THE SALES HAS BEEN
THE NEW PACKAGE DESIGNED UNDER THE SUPERVISION OF OUR MARKETING DEPARTMENT.
OUR EXPENSES HAS BEEN CONTAINED, INCREASING ONLY BY 0.7%, THOUGH THE BOARD
CONSIDERS IT NEEDS TO BE FURTHER REDUCED. THE EVALUATION IS SATISFACTORY
AND THE FORECAST FOR THE NEXT QUARTER IS OPTIMISTIC. THE BOARD EXPECTS
AN INCREASE IN PROFIT OF AT LEAST 2 MILLION DOLLARS.
```

需要修改文本以消除对数字的任何引用。这需要在每个句点之后添加新行，并使用80个字符对其进行合理的格式化，然后将其转换为ASCII码以解决兼容性问题。

文本将储存在解释器的INPUT_TEXT变量中。

1.5.2 如何操作

（1）输入文本后，将其分割成单独的词汇。

```
>>> INPUT_TEXT = '''
  ...    AFTER THE CLOSE OF THE SECOND QUARTER, OUR COMPANY, CASTAÑACORP
  ...    HAS ACHIEVED A GROWTH IN THE REVENUE OF 7.47%. THIS IS IN LINE
  ...
  '''
>>> words = INPUT_TEXT.split()
```

（2）用X取代其中的数字。

```
>>> redacted = [''.join('X' if w.isdigit() else w for w in word) for word in
words]
```

(3) 将文本转换为纯ASCII码(注意，公司名称中包含一个字母ñ，它不是ASCII码)。

```
>>> ascii_text = [word.encode('ascii',
errors='replace').decode('ascii')
  ...              for word in redacted]
```

(4) 将单词组合成长度为80个字符的行。

```
>>> newlines = [word + '\n' if word.endswith('.') else word for word in ascii_
text]
>>> LINE_SIZE = 80
>>> lines = []
>>> line = ''
>>> for word in newlines:
...     if line.endswith('\n') or len(line) + len(word) + 1 > LINE_SIZE:
...        lines.append(line)
...        line = ''
...     line = line + ' ' + word
```

(5) 将所有的行格式化为标题并将其合并成 一段文本。

```
>>> lines = [line.title() for line in lines]
>>> result = '\n'.join(lines)
```

(6) 打印出结果。

```
>>> print(result)
  After The Close Of The Second Quarter, Our Company, Casta?Acorp Has Achieved A
  Growth In The Revenue Of X.Xx%.

  This Is In Line With The Objectives For The Year.

  The Main Driver Of The Sales Has Been The New Package Designed Under The
  Supervision Of Our Marketing Department.

  Our Expenses Has Been Contained, Increasing Only By X.X%, Though The Board
  Considers It Needs To Be Further Reduced.

  The Evaluation Is Satisfactory And The Forecast For The Next Quarter Is
  Optimistic.
```

1.5.3 其中原理

每个步骤都会执行文本的一种特定转换。

(1) 在默认分隔符、空格和换行的基础上分割文本。这将会使分割文本成为单独的词汇，没有换行或者多余的分隔符。

（2）为了替换文本中的数字，遍历了所有的字符。对于每一个字符，如果它是一个数字，则返回一个X代替这个数字。这是通过对两个列表的理解完成的，其中一个运行在单词列表上，另一个运行在每个单词上，并且只有在数字处才会替换——['X' if w.isdigit() else w for w in word]。注意，最后这些单词又被组合在了一起。

（3）每个单词都被编码成ASCII字节序列，然后再被解码成Python字符串类型。记住使用errors参数强制替换类似ñ的未知字符。

字符串和字节之间的区别一开始并不是很直观，尤其是在您担心多语言或者编码转换问题时。在Python 3中，字符串（内置的Python表达方式）和字节之间有很大的区别，所以大多数适用于字符串的工具都不能在字节（byte）对象中使用，除非非常清楚为什么需要一个byte对象，否则最好始终使用Python字符串。如果需要执行类似此任务中的转换，请在同一行代码中进行编码和解码，以便能够将对象合理地保存在Python字符串中。如果有兴趣了解更多关于编码的知识，可以查看这篇短文（https://eli. thegreenplace.net/2012/01/30/the-bytesstr-dichotomy-in-python-3）和另一篇更详细的文章（http://www. diveintopython3.net/strings.html）。

（4）首先为所有以句号结尾的单词添加一个额外的换行字符（\n）并标记不同的段落。然后，创建一个新行并逐个添加单词。如果一个额外的单词使这一行超过了80个字符，它就会结束这一行并开始一个新行。如果这一行已经以一个新行（\n）结束，那么它将会就此结束之前的一行并开始另一个新行。记得要在两个单词之间添加额外的空格来分隔单词。

（5）每一行都首字母为标题（即单词的第一个字母大写），所有行通过新行来连接。

1.5.4 除此之外

其他一些可以对字符串执行的有用的操作如下。

- 字符串可以像任何列表一样被切片。例如，'word'[0:2]将会返回'wo'。
- 使用.splitlines()可以按换行符分隔行。
- 可以使用.upper()和.lower()方法返回一个将所有字符设置为大写或小写的副本，它们的使用方法类似于.title()：

```
>>> 'UPPERCASE'.lower()
'uppercase'
```

为了便于替换（例如将所有的A替换为B或者将所有的mine替换为ours），可以使用.replace()。这种方法对于非常简单的情况很有用，但是通常替换很容易变得复杂、棘手。要注意替换的顺序，避免冲突和大小写敏感性的问题。注意以下例子中的错误替换。

```
>>> 'One ring to rule them all, one ring to find them, One ring to bring them
all and in the darkness bind them.'.replace('ring', 'necklace')
'One necklace to rule them all, one necklace to find them, One necklace to
bnecklace them all and in the darkness bind them.'
```

这类似于将要看到的与代码中意外部分匹配的正则表达式的问题。

随后将会见到更多的例子。更多相关信息，请参考正则表达式部分。

如果使用多种语言或者使用任何非英语输入，那么学习Unicode和编码的基础知识是非常有用的。简而言之，考虑到世界上所有不同语言中的大量字符，包括与拉丁语无关的字母，如汉语或阿拉伯语，我们提出一个标准，试图涵盖所有这些字符以便计算机能够正确理解它们。Python 3极大地改进了这种情况，使字符串成为内部对象来处理所有这些字符。Python目前使用的编码也是最常见和最兼容的编码UTF-8。

在这个博客中有一篇文章有助于了解基本的UTF-8编码（https://www.joelonsoftware.com/2003/10/08/the-absolute-minimum-every- software-developer-absolutely-positively-must-know-about-unicode-and-character-sets-no-excuses/）。

在读取可以使用不同编码规则进行编码的外部文件时（例如，CP-1252或者Windows-1252，这个是行业标准，是由传统微软系统生成的常见编码或者ISO 8859-15），处理编码仍然是目的明确的。

1.5.5 另请参阅

- "创建带格式的字符串"的方法。
- "引入正则表达式"的方法。
- "深入研究正则表达式"的方法。
- 第4章"搜索和读取本地文件"中的"处理编码"的方法。

1.6 从结构化字符串中提取数据

扫一扫，看视频

在许多自动化任务中，需要处理特定格式的输入文本并提取相关信息。例如，电子表格中可以定义一个文本属性的百分比（如37.4%），我们希望以数字格式（如0.374，作为浮点数）检索以便稍后应用。

在这一节中，将了解如何处理包含产品内联信息（如销售量、价格和利润等）的销售日志。

1.6.1 做好准备

假设需要解析存储在销售日志中的信息，所使用的销售日志的结构如下。

```
[<Timestamp in iso format>] - SALE - PRODUCT: <product id> - PRICE:
$<price of the sale>
```

例如，一个特定的日志可能是这样的：

```
[2018-05-05T10:58:41.504054] - SALE - PRODUCT: 1345 - PRICE: $09.99
```

注意，价格有一个前导零。所有的价格都是两位数的美元和两位数的美分。

在开始之前，需要先激活虚拟环境。

```
$ source .venv/bin/activate
```

1.6.2 如何操作

（1）在Python解释器中引入以下模块。记得激活virtualenv，方法与“创建虚拟环境”的方法一样。

```
>>> import delorean
>>> from decimal import Decimal
```

（2）输入要解析的日志。

```
>>> log = '[2018-05-05T11:07:12.267897] - SALE - PRODUCT: 1345 - PRICE:$09.99'
```

（3）将日志分割为若干部分，这些部分用“ - ”符号（注意分隔符前后的空格）分隔。示例中忽略了SALE部分，因为它没有添加任何相关信息。

```
>>> divide_it = log.split(' - ')
>>> timestamp_string, _, product_string, price_string = divide_it
```

（4）将时间戳（timestamp）解析为datetime对象。

```
>>> timestamp = delorean.parse(tmp_string.strip('[]'))
```

（5）将产品ID（product_id）解析为整数。

```
>>> product_id = int(product_string.split(':')[-1])
```

（6）将价格解析为Decimal类型。

```
>>> price = Decimal(price_string.split('$')[-1])
```

（7）现在，已经将所有值都转变为原生Python格式。

```
>>> timestamp, product_id, price
(Delorean(datetime=datetime.datetime(2018, 5, 5, 11, 7, 12, 267897),timezone='UTC'),
1345, Decimal('9.99'))
```

1.6.3 其中原理

代码的基本工作是隔离每个元素，然后将它们解析为适当的类型。第一步是将整个日志分割成更小的部分。“ - ”是一个很好的分隔符，因为它将日志分成四个部分——时间戳、销售量、产品和价格。

时间戳需要使用标准格式的时间，它被存放在日志的括号中，在解析时必须去掉括号才能顺利解析。使用前面介绍过的delorean 模块将其解析为一个datetime 对象。

销售量被忽略了，因为没有与之相关的信息。

为了分割出产品ID，在冒号处分割产品(product)部分。然后，将最后一个元素解析为整数。

```
>>> product_string.split(':')
['PRODUCT', ' 1345']
>>> int(' 1345')
1345
```

分离价格时，使用美元符号($)作为分隔符，并将它解析为Decimal字符(不是浮点数)。

```
>>> price_string.split('$')
['PRICE: ', '09.99']
>>> Decimal('09.99')
Decimal('9.99')
```

如下一节所述，不要将该值解析为浮点类型。

1.6.4 除此之外

这些日志元素可以组合成一个单独的对象，便于帮助解析和聚合它们。例如，可以像下面这样用Python代码定义一个类。

```
class PriceLog(object):
    def __init__(self, timestamp, product_id, price):
        self.timestamp = timestamp
        self.product_id = product_id
        self.price = price
    def __repr__(self):
        return '<PriceLog ({}, {}, {})>'.format(self.timestamp,
                                                self.product_id, self.price)
    @classmethod
    def parse(cls, text_log):
        '''
        Parse from a text log with the format
        [<Timestamp>] - SALE - PRODUCT: <product id> - PRICE: $<price> to a
        PriceLog object
```

```
        '''
        divide_it = text_log.split(' - ')
        tmp_string, _, product_string, price_string = divide_it
        timestamp = delorean.parse(tmp_string.strip('[]'))
        product_id = int(product_string.split(':')[-1])
        price = Decimal(price_string.split('$')[-1])
        return cls(timestamp=timestamp, product_id=product_id, price=price)
```

解析过程如下。

```
>>> log = '[2018-05-05T12:58:59.998903] - SALE - PRODUCT: 897 - PRICE:$17.99'
>>> PriceLog.parse(log)
<PriceLog (Delorean(datetime=datetime.datetime(2018, 5, 5, 12, 58, 59, 998903),
timezone='UTC'), 897, 17.99)>
```

避免对价格使用浮点类型。浮点数存在精度问题，在组合多个价格时可能会产生如下所示奇怪的错误。

```
>>> 0.1 + 0.1 + 0.1
0.30000000000000004
```

可以尝试使用以下两种方法来避免这一问题。

- 使用整数美分作为基本单位。这意味着将输入的货币数乘以100并将其转换为整数（或使用的货币的任何最小小数单位）。在显示它们时，可能仍然需要更改基本单位。
- 解析为Decimal类型。Decimal类型保持固定的精度，并按照您期望的计算。可以在Python文档中找到关于Decimal类型的更多信息:https://docs.python.org/3.6/library/decimal.html。

如果使用了Decimal类型，请直接从字符串中将结果解析为Decimal。如果首先将其转换为浮点数，则可能会将精度误差带入新类型。

1.6.5 另请参阅

- “创建虚拟环境”的方法。
- “使用第三方工具——parse”的方法。
- “引入正则表达式”的方法。
- “深入研究正则表达式”的方法。

1.7 使用第三方工具——parse

扫一扫，看视频

虽然前面几小节所讲的手工解析数据对于小字符串来说非常有效，但是调整精确的公式以适应各种输入可能会非常困难。试想，如果输入时有一个额外的破折号应该怎么办？或者如果输入时有一个取决于其中一个字段大小的可变长度的头应该怎么办？

1.8节将介绍一个更高级的选择——使用正则表达式。Python中有一个很棒的模块叫作parse（https://github.com/r1chardj0n3s/parse），它允许逆向解析格式化字符串。这是一个非常棒的工具，功能强大，易于使用，并且极大地提高了代码的可读性。

1.7.1 做好准备

将parse模块加入虚拟环境中的requirements.txt文件并重新安装依赖项，如“创建虚拟环境”的方法中所述。

requirements.txt文件看起来应该像是这样。

```
delorean==1.0.0
requests==2.18.3
parse==1.8.2
```

然后，在虚拟环境中重新安装这些模块。

```
$ pip install -r requirements.txt
...
Collecting parse==1.8.2 (from -r requirements.txt (line 3))
  Using cached
https://files.pythonhosted.org/packages/13/71/e0b5c968c552f75a938db18e88a4e64d9
7dc212907b4aca0ff71293b4c80/parse-1.8.2.tar.gz
...
Installing collected packages: parse
  Running setup.py install for parse ... done
Successfully installed parse-1.8.2
```

1.7.2 如何操作

（1）引入parse函数。

```
>>> from parse import parse
```

（2）定义需要解析的日志，格式与“从结构化字符串中提取数据”部分相同。

```
>>> LOG = '[2018-05-06T12:58:00.714611] - SALE - PRODUCT: 1345 - PRICE:
$09.99'
```

（3）按照想要输出的格式来分析和描述数据。

```
>>> FORMAT = '[{date}] - SALE - PRODUCT: {product} - PRICE: ${price}'
```

（4）运行parse并检查结果。

```
>>> result = parse(FORMAT, LOG)
>>> result
<Result () {'date': '2018-05-06T12:58:00.714611', 'product': '1345', 'price':
'09.99'}>
>>> result['date']
'2018-05-06T12:58:00.714611'
>>> result['product']
'1345'
>>> result['price']
'09.99'
```

（5）注意，这样操作的结果都是字符串类型。可以定义想要解析的类型。

```
>>> FORMAT = '[{date:ti}] - SALE - PRODUCT: {product:d} - PRICE:
${price:05.2f}'
```

（6）再次运行parse进行解析。

```
>>> result = parse(FORMAT, LOG)
>>> result
<Result () {'date': datetime.datetime(2018, 5, 6, 12, 58, 0, 714611),'product':
1345, 'price': 9.99}>
>>> result['date']
datetime.datetime(2018, 5, 6, 12, 58, 0, 714611)
>>> result['product']
1345
>>> result['price']
9.99
```

（7）定义一个自定义类型的价格，避免与浮点类型相同。

```
>>> from decimal import Decimal
>>> def price(string):
...     return Decimal(string)
...
>>> FORMAT = '[{date:ti}] - SALE - PRODUCT: {product:d} - PRICE:
${price:price}'
>>> parse(FORMAT, LOG, {'price': price})
<Result () {'date': datetime.datetime(2018, 5, 6, 12, 58, 0, 714611),
'product': 1345, 'price': Decimal('9.99')}>
```

1.7.3 其中原理

parse模块允许定义一种格式，如string，它在解析值时会对已设定的格式进行逆向。在创建字符串时讨论的许多操作都适用于这里——将值放入括号中，在冒号之后定义类型等。

在默认情况下，如“如何操作”小节所示，值被解析为字符串。这是分析文本时的一个很好的起点，这些值可以被解析为更有用的内置类型，如“如何操作”小节中的第5步和第6步所示。注意，虽然大多数解析类型与Python格式规范迷你语言中的解析类型相同，但是还有一些其他可用的解析类型，如ISO格式的时间戳。

如果内置的类型不足以满足需要，还可以定义自己的解析类型，如“如何操作”小节中的第7步所示。注意，price函数被定义为获取一个字符串并返回正确的格式，在本例中返回的是Decimal类型。

“从结构化字符串中提取数据”的“除此之外”部分中描述的有关浮点数和价格信息的所有方法在这里同样适用。

1.7.4 除此之外

为了保持一致性，还可以将时间戳转换为delorean对象。此外，delorean对象还携带时区信息。将其加入与前一方法相同的结构，得到如下对象，这个对象能够用于解析日志。

```
class PriceLog(object):
    def __init__(self, timestamp, product_id, price):
        self.timestamp = timestamp
        self.product_id = product_id
        self.price = price
    def __repr__(self):
        return '<PriceLog ({}, {}, {})>'.format(self.timestamp,
self.product_id, self.price)
    @classmethod
    def parse(cls, text_log):
        '''
        Parse from a text log with the format
        [<Timestamp>] - SALE - PRODUCT: <product id> - PRICE: $<price> to a
        PriceLog object
        '''
    def price(string):
        return Decimal(string)
    def isodate(string):
        return delorean.parse(string)
```

```
    FORMAT = ('[{timestamp:isodate}] - SALE - PRODUCT: {product:d} - '
              'PRICE: ${price:price}')
    formats = {'price': price, 'isodate': isodate}
    result = parse.parse(FORMAT, text_log, formats)
    return cls(timestamp=result['timestamp'],
               product_id=result['product'],
               price=result['price'])
```

因此，解析它会返回类似如下的结果。

```
>>> log = '[2018-05-06T14:58:59.051545] - SALE - PRODUCT: 827 - PRICE: $22.25'
>>> PriceLog.parse(log)
<PriceLog (Delorean(datetime=datetime.datetime(2018, 6, 5, 14, 58, 59, 51545),
timezone='UTC'), 827, 22.25)>
```

这段代码可以在GitHub的Chapter01/price_log.py中找到。

所有parse模块支持的解析类型都可以在以下文档中找到：https://github.com/r1chardj0n3s/parse#format-specification。

1.7.5 另请参阅

- “从结构化字符串中提取数据”的方法。
- “引入正则表达式”的方法。
- “深入研究正则表达式”的方法。

1.8 引入正则表达式

扫一扫，看视频

正则表达式（regular expression 或 regex）是匹配文本的一种模式。换句话说，它允许定义一个抽象字符串（通常是结构化文本的定义）来检查其他字符串是否匹配。

下面用一个例子来描述。考虑将文本模式定义为“以大写A开头，之后只包含小写n和a的单词”。如此，单词Anna会匹配上，但是Bob、Alice和James不会被匹配。同理，Aaan、Ana、Annnn、Aaaan可以被匹配，但是ANNA则不匹配。

如果觉得这听起来很复杂，那是因为它的确很复杂。正则表达式是出了名的复杂，因为它们可能非常纠结并且难以遵循。但是它们的确非常有用，因为它们允许我们执行非常强大的模式匹配。

正则表达式的一些常见用途如下。

- **验证输入数据**。例如，电话号码只能包括数字、破折号和括号。
- **字符串解析**。从结构化字符串（如日志或链接）中检索数据。这与前面方法中描述的类似。
- **提取信息**。从一段很长的文本中找到出现的特定格式的内容。例如，从一个网页中找到所有的电子邮件地址。

- **替换**。找到并替换一个或者多个单词。例如，用 John Smith 替换 the owner。

“有些人在遇到麻烦时，会想‘我知道，我要使用正则表达式’。于是他们现在就有两个麻烦了。”

——*Jamie Zawinski*

正则表达式在比较简单时是最好用的。一般来说，如果有一个特定的工具能够用于处理数据，那么请选择它而不是正则表达式。一个很明显的例子就是HTML解析；查看第3章“构建您的第一个网络爬虫”可以获得更好的工具来实现这一操作。

一些文本编辑器还允许我们使用正则表达式进行搜索。虽然它们大多数都是针对编写代码设计的，如Vim、BBEdit或Notepad++，但是也有一些更加通用的编辑器，如MS Office、Open Office或者Google Documents。注意，特定的语法可能会略有不同。

1.8.1 做好准备

处理正则表达式的python模块叫作re。这里将主要介绍re.search()函数，它会返回一个包含匹配模式信息的match对象。

由于正则表达式模板也被定义为字符串，我们将通过在它们前面加上 r 来区分它们，如 r'pattern'。这是Python将文本标记为原始（raw）字符串文本的方法，这意味着其中的字符串是按字面意思处理的，没有任何转义，这意味着“\”将被用作反斜杠而不是功能字符。如果没有r前缀，\n就会代表换行符，而在有r前缀时它将会作为两个字符存放在字符串中。

有些字符可以用于指示一些特殊的作用，如字符串的末尾、任何数字、任何字符和任何空格字符等。

最简单的形式就是纯文本字符串。例如，正则表达式模板 r'LOG' 能够匹配字符串 'LOGS'但不能匹配'NOT A MATCH'。如果没有匹配到，搜索就会返回 None。

```
>>> import re
>>> re.search(r'LOG', 'LOGS')
<_sre.SRE_Match object; span=(0, 3), match='LOG'>
>>> re.search(r'LOG', 'NOT A MATCH')
>>>
```

1.8.2 如何操作

（1）引入re模块。

```
>>> import re
```

（2）匹配一个不在字符串开头的模板。

```
>>> re.search(r'LOG', 'SOME LOGS')
```

```
<_sre.SRE_Match object; span=(5, 8), match='LOG'>
```

（3）匹配仅位于字符串开头的模板。注意“^”字符。

```
>>> re.search(r'^LOG', 'LOGS')
<_sre.SRE_Match object; span=(0, 3), match='LOG'>
>>> re.search(r'^LOG', 'SOME LOGS')
>>>
```

（4）只匹配字符串末尾的模板。注意“$”字符。

```
>>> re.search(r'LOG$', 'SOME LOG')
<_sre.SRE_Match object; span=(5, 8), match='LOG'>
>>> re.search(r'LOG$', 'SOME LOGS')
>>>
```

（5）匹配单词 'thing'（不排除things）但是不包括 something 或者anything之类的单词。注意第2个模板开头的“\b”。

```
>>> STRING = 'something in the things she shows me'
>>> match = re.search(r'thing', STRING)
>>> STRING[:match.start()], STRING[match.start():match.end()],
STRING[match.end():]
('some', 'thing', ' in the things she shows me')
>>> match = re.search(r'\bthing', STRING)
>>> STRING[:match.start()], STRING[match.start():match.end()],
STRING[match.end():]
('something in the ', 'thing', 's she shows me')
```

（6）匹配只包含数字和连字符的模板（如电话号码）。检索到匹配的字符串。

```
>>> re.search(r'[0123456789-]+', 'the phone number is 1234-567-890')
<_sre.SRE_Match object; span=(20, 32), match='1234-567-890'>
>>> re.search(r'[0123456789-]+', 'the phone number is 1234-567-890').group()
'1234-567-890'
```

（7）轻松地匹配电子邮件地址。

```
>>> re.search(r'\S+@\S+', 'my email is email.123@test.com').group()
'email.123@test.com'
```

1.8.3 其中原理

无论模板对应的部分在字符串的哪个部分，函数 re.search()都可以将其匹配到。正如前一节所述，如果没有找到模板或者匹配对象，就会返回 None。

正则表达式会使用以下特殊字符。

- ^: 标记字符串的开始。
- $: 标记字符串的结尾。
- \b: 标记单词的开头或结尾。
- \S: 标记除空格外的任何字符，包括特殊字符。

更多的特殊字符将在下一节中给出。

在“如何操作”小节的第6步中，模板 r'[0123456789-]+' 由两部分组成，第一个在方括号里，匹配数字0~9和分隔符(-)之中的任何单个字符；后面的“+”号表示这个字符可以出现一次或多次。这在正则表达式中称为量词。这使得无论多长的数字和分隔符组合，都能够被成功匹配。

“如何操作”的小节的第7步再次使用“+”号匹配“@”符号之前和之后的所有字符。在本例中，字符匹配使用的是“\S”，它能够匹配任何非空白字符。

注意，这里描述的电子邮件模板非常简单，因为它将匹配无效的电子邮件，如john@smith@test.com。大多数时候，使用 r"(^[a- zA-Z0-9_.+-]+@[a-zA-Z0-9-]+\.[a-zA-Z0-9-.]+$)"作为正则表达式模板是更好的。可以在http:// emailregex.com/ 中查阅到更多信息。

注意，解析包含极端情况的有效电子邮件实际上是一个困难和具有挑战性的问题。前面的正则表达式对于本书介绍的大多数用途都是比较适用的。但是在Django这类常用的框架项目中，电子邮件的有效性验证采用的是一个非常长的、非常不可读的正则表达式。

产生的匹配对象将会返回匹配模板开始和结束的位置(使用start和end方法)，如第5步所示，这一步将字符串分割为匹配的部分，并显示两个匹配模式之间的区别。

第5步中显示的差异是非常常见的，试图寻找GP时最终可能会捕获到eggplant和bagpipe。类似的，thing\b也不会捕获things 。一定要进行测试并进行适当的调整，如使用“\bGP\b”来捕获GP。

可以通过调用函数group()来检索特定匹配的模板，如第6步所示。注意，结果总是一个字符串。它可以使用之前见过的任何方法进行进一步处理。例如，用连字符将电话号码分成组。

```
>>> match = re.search(r'[0123456789-]+', 'the phone number is 1234-567-890')
>>> [int(n) for n in match.group().split('-')]
[1234, 567, 890]
```

1.8.4 除此之外

处理正则表达式可能是困难和复杂的。请预留出时间来测试匹配，确保它们正常工作，避免发生意外。

可以使用一些工具交互式地检查正则表达式。在 https://regex101.com/ 可以找到一个免费的在线测试工具，它会显示每个元素并解释正则表达式。仔细检查是否使用了Python风格，如图1-1所示。

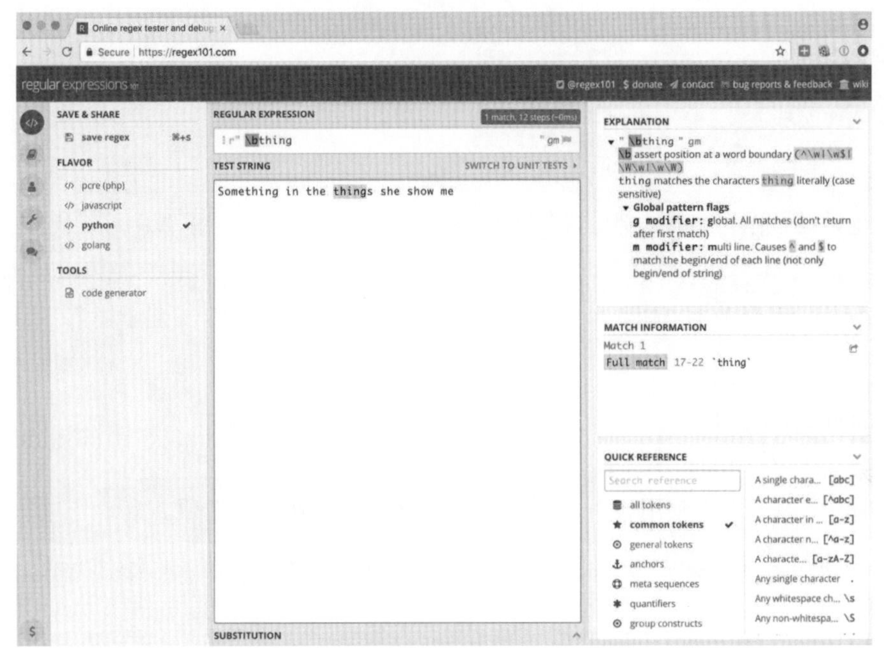

图 1-1

请参见 EXPLANATION 栏中描述的“\b ”匹配单词边界(单词的开头或末尾)，而单词thing作为模板和字符串进行字面匹配。

在某些情况下，正则表达式可能会执行得非常慢，甚至产生所谓的正则表达式拒绝服务(regex denial-of-service)现象，这是由一个用于迷惑特定正则表达式的字符串导致的，它会导致正则表达式花费大量的时间甚至阻碍计算机的运行。虽然自动化任务可能不会让您遇到这些问题，但是请留意一下这种情况，以免运行正则表达式时浪费太长时间。

1.8.5 另请参阅

- “从结构化字符串中提取数据”的方法。
- “使用第三方工具——parse”的方法。
- “深入研究正则表达式”的方法。

1.9 深入研究正则表达式

扫一扫，看视频

在本节中，将更多地了解如何处理正则表达式。在介绍了基础知识之后，将更加深入地研究模板元素，介绍检索和解析字符串的更好方法——组，了解如何搜索同一字符串的多次出现以及如何处理较长的文本。

1.9.1 如何操作

(1)引入re模块。

```
>>> import re
```

(2)将电话模板作为组的一部分进行匹配(在括号中)。注意,使用“\d”可以代替任何数字。

```
>>> match = re.search(r'the phone number is ([\d-]+)', '37: the phone number
is 1234-567-890')
>>> match.group()
'the phone number is 1234-567-890'
>>> match.group(1)
'1234-567-890'
```

(3)编译一个模板,并使用yes|no参数捕获一个不区分大小写的选项。

```
>>> pattern = re.compile(r'The answer to question (\w+) is (yes|no)',
re.IGNORECASE)
>>> pattern.search('Naturaly, the answer to question 3b is YES')
<_sre.SRE_Match object; span=(10, 42), match='the answer to question 3b is
YES'>
>>> _.groups()
('3b', 'YES')
```

(4)匹配文本中出现的所有城市和州的缩写。注意,它们由一个单独的字符分隔,并且城市名称总是以大写字母开头。简单起见,这里只匹配4个州。

```
>>> PATTERN = re.compile(r'([A-Z][\w\s]+).(TX|OR|OH|MI)')
>>> TEXT ='the jackalopes are the team of Odessa,TX while the knights are
native of Corvallis OR and the mud hens come from Toledo.OH; the whitecaps
have their base in Grand Rapids,MI'
>>> list(PATTERN.finditer(TEXT))
[<_sre.SRE_Match object; span=(31, 40), match='Odessa,TX'>,
<_sre.SRE_Match object; span=(73, 85), match='Corvallis OR'>,
<_sre.SRE_Match object; span=(113, 122), match='Toledo.OH'>,
<_sre.SRE_Match object; span=(157, 172), match='Grand Rapids,MI'>]
>>> _[0].groups()
('Odessa', 'TX')
```

1.9.2 其中原理

新引入的特殊字符如下所示。注意,相同的字母大写或小写意味着相反的匹配。例如,“\d”匹配一个数字,而“\D”匹配一个非数字的字符。

- \d：标记任何数字（0~9）。
- \s：标记任何空白字符，包括制表符和其他显示为空白的特殊字符。注意，这与前面介绍的“\S”相反。
- \w：标记任何字母（包括数字，但是不包括句号等字符）。
- .：标记任何字符。

定义组时请将定义的组放在括号中。组可以单独被检索，这使得它们非常适合匹配包含稍后处理的变量部分的更大模板，如“如何操作”小节中第2步中所示。注意，这里与1.8.2“如何操作”小节第6步中的模板不同。在本例中，模板中不仅包含数字，还包含了更多的内容，使用这个模板可以更方便地提取特定位置的内容。看看下面的对比，第二例中出现了一个不想要的数字。

```
>>> re.search(r'the phone number is ([\d-]+)', '37: the phone number is 1234-567-890')
<_sre.SRE_Match object; span=(4, 36), match='the phone number is 1234-567-890'>
>>> _.group(1)
'1234-567-890'
>>> re.search(r'[0123456789-]+', '37: the phone number is 1234-567-890')
<_sre.SRE_Match object; span=(0, 2), match='37'>
>>> _.group()
'37'
```

记住，group 0 (.group() 或 .group(0))总是代表整个匹配部分的内容。其他的组将按出现的顺序进行排列。

模板也可以进行预编译。如果需要反复匹配模板，预编译模板会节省一些时间。可以首先编译这个模板，然后使用该对象进行搜索，如第3步和第4步所示。还可以添加一些额外的标记，如使模板大小写不敏感。

第4步的模板需要专门介绍一下。它由两个组组成，由一个特殊字符——“.”分隔，用于匹配任何字符，在例子中是空格、分号或者逗号；第二组是已定义选项的简单选择，在本例中是美国州名的缩写。

第一组以大写字母 ([A-Z])开头，接收任何字母或空格的组合 ([\w\s]+)，但不接收句号或逗号等标点符号。这一组用于匹配包括由多个单词组成的城市名。

注意，这个模板从任何大写字母开始，并不断匹配，直到找到一个符合条件的州名。除非使用标点符号对城市名进行分隔（城市名中不包含标点符号）使模板重新开始匹配，否则之前所有大写字母之后的内容都会被匹配。

```
>>> re.search(r'([A-Z][\w\s]+).(TX|OR|OH|MI)', 'This is a test, Escanaba MI')
<_sre.SRE_Match object; span=(16, 27), match='Escanaba MI'>
>>> re.search(r'([A-Z][\w\s]+).(TX|OR|OH|MI)', 'This is a test with Escanaba
MI')
<_sre.SRE_Match object; span=(0, 31), match='This is a test with Escanaba MI'>
```

第4步中还展示了如何在长文本中查找出现的多个目标。尽管有.findall()方法，但是它不会返回完整的匹配对象，而.finditer()方法则可以返回完整的匹配对象。在目前的Python 3解释器中，.finditer()方法返回一个迭代器，可以在for循环或列表中使用。注意，即使出现了多个匹配项，.search()方法也只返回模板中的第一个匹配项。

```
>>> PATTERN.search(TEXT)
<_sre.SRE_Match object; span=(31, 40), match='Odessa,TX'>
>>> PATTERN.findall(TEXT)
[('Odessa', 'TX'), ('Corvallis', 'OR'), ('Toledo', 'OH')]
```

1.9.3 除此之外

大小写互换之后，特殊字符会产生相反的作用。例如，可以使用以下作用相反的特殊字符。

- \D：标记任何非数字字符。
- \W：标记任何非字母字符。
- \B：标记任何不在单词开头或结尾的字符。

最常用的特殊字符通常是“\d”（数字）和“\w”（字母和数字），因为它们标记了常见的要搜索的模板，以及加号可以标记一个或多个重复的部分。

组也可以分配名称，这可以使得它们更加明确清晰，但是代价就是使组更加冗长，如（?P<groupname>PATTERN）。在保留数字顺序的情况下，组可以通过名称.group(groupname)来引用，也可以通过调用.groupdict() 来引用。

例如，第4步中的模板可以描述如下。

```
>>> PATTERN = re.compile(r'(?P<city>[A- Z][\w\s]+?).(?P<state>TX|OR|OH|MN)')
>>> match = PATTERN.search(TEXT)
>>> match.groupdict()
{'city': 'Odessa', 'state': 'TX'}
>>> match.group('city')
'Odessa'
>>> match.group('state')
'TX'
>>> match.group(1), match.group(2)
('Odessa', 'TX')
```

正则表达式是一个非常广泛的主题。有很多技术书籍专门介绍它们，而且它们的深度是出了名的。Python文档可以作为一个很好的参考，可以进入（https://docs.python.org/3/library/re.html）了解更多。

一开始可能有点害怕，不要担心，这是一种非常自然的感觉。仔细分析每一个模板，把模板分成不同的部分，它们就会显现出自己的含义。不要害怕运行和使用正则表达式分析器。

正则表达式非常强大和通用，但是它们可能不是实现目标的合适工具。前面已经看到了一些微妙的模板和说明。根据经验，如果一个模板开始变得复杂，那么是时候寻找一个不同的工具了。还请记住之前学过的内容以及它们提供的一些选择，如parse模块。

1.9.4 另请参阅

- “引入正则表达式”的方法。
- “使用第三方工具——parse”的方法。

1.10 添加命令行参数

扫一扫，看视频

很多任务都可以将其构造为命令行界面，该界面可以接收不同的参数来更改任务的工作方式。例如，删除一个或另一个网页。Python在标准库中包含了一个功能强大的argparse模块，这个模块可以帮助您用最少的工作创建丰富的命令行参数解析。

1.10.1 做好准备

argparse模块在脚本中的基本用法可以通过以下三个步骤展示。

（1）定义脚本将要接收的参数并生成一个新的解析器。

（2）调用已定义的解析器，返回带有所有结果参数的对象。

（3）使用参数调用脚本的入口点，该入口点将应用已定义的操作。

试着为脚本使用以下的基本结构。

```
IMPORTS

def main(main parameters):
    DO THINGS

if __name__== '__main__':
    DEFINE ARGUMENT PARSER
    PARSE ARGS
    VALIDATE OR MANIPULATE ARGS, IF NEEDED
    main(arguments)
```

main函数使我们很容易知道代码的入口点是哪里，而if语句下的部分只在直接调用文件时执行，而不是在导入文件时执行。这在所有的步骤中都是一致的。

1.10.2 如何操作

（1）创建一个脚本，该脚本将接收一个整数作为位置参数，并将多次输出符号“#”。recipe_cli_step1.py脚本的内容如下，但是请注意，我们遵循的是前面给出的结构，而main函数只用于输出参数。

```
import argparse

def main(number):
    print('#' * number)

if __name__== '__main__':
    parser = argparse.ArgumentParser()
    parser.add_argument('number', type=int,help='A number')

    args = parser.parse_args()
    main(args.number)
```

（2）调用脚本并查看参数是如何显示的。调用没有参数的脚本将显示自动帮助。可以使用-h参数来显示扩展的帮助。

```
$ python3 recipe_cli_step1.py
usage: recipe_cli_step1.py [-h] number
recipe_cli_step1.py: error:the following arguments are required: number
$ python3 recipe_cli_step1.py -h
usage:recipe_cli_step1.py [-h] number
positional arguments:
  number A number
optional arguments:
  -h, --help show this help message and exit
```

（3）调用带有额外参数的脚本，结果如下。

```
$ python3 recipe_cli_step1.py 4
####
$ python3 recipe_cli_step1.py not_a_number
usage: recipe_cli_step1.py [-h] number
recipe_cli_step1.py: error: argument number: invalid int value:
'not_a_number'
```

（4）将脚本修改为能够接收一个可选参数，这个参数为即将输出的字符，默认值为“#”。修改后的recipe_cli_step2.py脚本如下。

```
import argparse

def main(character, number):
    print(character * number)

if __name__== '__main__':
```

```
    parser = argparse.ArgumentParser()
    parser.add_argument('number', type=int, help='A number')
    parser.add_argument('-c', type=str, help='Character to print',default='#')
    args = parser.parse_args()
    main(args.c, args.number)
```

（5）帮助内容会被更新，而且使用-c标志可以允许我们打印不同的字符。

```
$ python3 recipe_cli_step2.py -h
usage: recipe_cli_step2.py [-h] [-c C] number

positional arguments:
  number A number

optional arguments:
  -h, --help show this help message and exit
  -c C Character to print
$ python3 recipe_cli_step2.py 4
####
$ python3 recipe_cli_step2.py 5 -c m
mmmmm
```

（6）添加一个能够改变输出操作的标志，如脚本recipe_cli_step3.py所示。

```
import argparse
def main(character, number):
    print(character * number)

if __name__== '__main__':
    parser = argparse.ArgumentParser()
    parser.add_argument('number', type=int, help='A number')
    parser.add_argument('-c', type=str, help='Character to print',default='#')
    parser.add_argument('-U', action='store_true',default=False,dest='uppercase',
                        help='Uppercase the character')
    args = parser.parse_args()

    if args.uppercase:
        args.c = args.c.upper()

    main(args.c, args.number)
```

（7）如果调用时添加了-U标志，将会输出大写字母。

```
$ python3 recipe_cli_step3.py 4 -c f
```

```
ffff
$ python3 recipe_cli_step3.py 4 -c f -U
FFFF
```

1.10.3 其中原理

正如“如何操作”中第1步所述，参数通过.add_arguments添加到解析器中。定义了所有参数之后，调用parse_args()将会返回一个包含结果的对象（或者发生错误退出）。

每个参数都应该添加一个帮助描述，因为它们的行为可能会发生很大的变化

- 如果一个参数以符号“-”开头，它会被认为是一个可选参数，如第4步中的-c。如果没有这个符号，它就是一个位置参数，如第1步中的参数number。

明确起见，最好始终为可选参数定义一个默认值。如果不设定默认值，它将默认为None，但这是令人困惑的。

- 记得添加一个带有参数描述的帮助参数；帮助可以自动生成，如第2步所示。
- 如果参数存在类型，那么执行脚本时它将会被验证。如第3步中的参数number。参数在默认情况下为字符串类型。
- store_true 和 store_false 操作可用于生成不需要任何额外参数的标志和命令行参数。提前将对应的默认值设置为相反的布尔值，如第6步和第7步中的参数-U。
- 默认情况下，args对象中属性的名称将是参数的名称（如果有连字符，那么名称中不带连字符）。可以使用dest参数修改它。如在第6步中命令行参数-U被描述为uppercase。

在使用短参数（如单个字母）时，为内部使用的参数更改名称是非常有用的。一个优秀的命令行界面可能会使用-c，但是在内部使用时，最好使用更加详细的标签，如configuration_file。明了胜于晦涩！

- 一些参数可以与其他参数协同工作，如第4步所示。脚本会首先执行所有必要的操作，然后清晰、简洁地传递主函数所需要的参数。例如，在第4步中向主函数传递了两个参数，但是其中一个是由用户决定是否修改的，脚本首先会判断是否用户传递了修改的参数，然后决定向主函数传递默认值还是用户指定的值。

1.10.4 除此之外

还可以创建长参数和双连字符。

```
parser.add_argument('-v', '--verbose', action='store_true', default=False,
                    help='Enable verbose output')
```

脚本能够接收-v 或--verbose参数，并将其以名称verbose存储。

添加长名称是使界面更直观、更容易记住的好方法。经过几次之后，你很容易就会记住有一个冗长的（verbose）选项，它是以v开头的。

处理命令行参数时最不方便的地方可能就是它们越加越多，这很容易让人产生困惑。所以尽量使参数独立，不要让它们之间有太多的依赖关系，否则处理组合参数时可能会很棘手。

特别是，尽量不要创建大于两个的位置参数，因为它们没有助记符。位置参数也可以接收默认值，但是大多数时候不希望脚本这么做。

进一步的细节请查看argparse 的Python文档（https://docs.python.org/3/library/argparse.html）。

1.10.5 另请参阅

- “创建虚拟环境”的方法。
- “安装第三方软件包”的方法。

第2章 自动化使任务更加轻松

本章将介绍以下内容：

- 准备一项任务。
- 设置一个cron定时任务。
- 捕获错误和问题。
- 发送邮件通知。

2.1 引言

为了正确地自动化任务，需要一个能够使任务在恰当时间自动运行的平台。一个需要手动运行的任务并不能完全称得上是自动化。

然而，为了能够让它们在我们处理更加重要的事情时保留在后台运行，任务需要能够以“即发即弃”模式运行。我们应该能够监控它是否正确运行，确保我们能够得知任何重要的事情（例如，在令人关注的事情发生时接收通知），以及得知它在运行时是否发生了错误。

实际上，确保软件始终如一地以高可靠性运行是一件非常重要的事情，这是一个需要专业知识和专业人员才能正确完成的领域，这些专业人员通常被称为系统管理员、操作人员或站点可靠性工程师(Site Reliability Engineer，SRE)。例如亚马逊和谷歌这样的网站需要巨大的投入才能确保所有东西都能够全天候工作。

本书的目标要相对温和很多，您可能并不需要做到每年少于几秒钟的停机时间。运行一个具有可靠性的任务要容易得多。但是，尽管如此，仍然需要做好进行日常维护工作的准备。

2.2 准备一项任务

扫一扫，看视频

首先要准确定义需要运行的任务，并以不需要人工干预的方式设计。

一些理想的特征点如下。

（1）**单一、清晰的切入点**：不要混淆要运行的任务。

（2）**明确的参数**：所有存在的参数都应该非常明确。

（3）**无交互性**：任务不可能停止执行来向用户请求信息。

（4）**应该存储结果**：以便能够在任务没有运行时进行检查。

（5）**简洁的结果**：如果运行的是一个交互性的任务，则希望接收更详细的结果或进度报告。但是对于一个自动化任务而言，最终的结果应该尽可能简明扼要。

（6）**错误应该被记录**：便于分析是哪里出现了问题。

命令行程序已经具备许多这样的特性。它有一种清晰的运行方式，带有定义好的参数，并且可以存储结果，即使结果只是文本格式。而且可以通过配置文件来阐明参数和定义输出文件。

注意，第6点是2.4节中的目标，将在这一节中进行介绍。

为了避免交互性，不要使用任何停止等待用户输入的命令，如input。记住最后要删除调试所使用的断点。

2.2.1 做好准备

下面从一个以主函数作为入口点并向其提供所有参数的结构开始。

这个结构与第1章“让我们开始自动化之旅”的“添加命令行参数”中介绍的基本结构相同。

带有显式参数的主函数满足了第1点和第2点要求，而第3点要求也不难做到。

为了改进脚本使其满足第2点和第5点，下面将从一个文件中检索配置并将结果存储在另一个文件中。也可以选择让脚本发送通知，如使用电子邮件，本章将稍后对此进行讨论。

2.2.2 如何操作

（1）做如下的任务准备并将其保存为prepare_task_step1.py。

```
import argparse

def main(number, other_number):
    result = number * other_number
    print(f'The result is {result}')

if __name__== '__main__':
    parser = argparse.ArgumentParser()
    parser.add_argument('-n1', type=int, help='A number', default=1)
    parser.add_argument('-n2', type=int, help='Another number',default=1)

    args = parser.parse_args()

    main(args.n1, args.n2)
```

（2）通过更新文件来定义一个包含两个参数的配置文件，并将其保存为prepare_task_step2.py。注意，定义配置文件会覆盖所有的命令行参数。

```
import argparse
import configparser

def main(number, other_number):
    result = number * other_number
    print(f'The result is {result}')

if __name__== '__main__':
    parser = argparse.ArgumentParser()
```

```
    parser.add_argument('-n1', type=int, help='A number', default=1)
    parser.add_argument('-n2', type=int, help='Another number', default=1)

    parser.add_argument('--config', '-c', type=argparse.FileType('r'),
                        help='config file')

    args = parser.parse_args()
    if args.config:
        config = configparser.ConfigParser()
        config.read_file(args.config)
        # Transforming values into integers
        args.n1 = int(config['DEFAULT']['n1'])
        args.n2 = int(config['DEFAULT']['n2'])

  main(args.n1, args.n2)
```

（3）创建配置文件config.ini。

```
[ARGUMENTS]
n1=5
n2=7
```

（4）使用配置文件运行命令。注意，正如第2步所述，配置文件会覆盖命令行参数。

```
$ python3 prepare_task_step2.py -c config.ini
The result is 35
$ python3 prepare_task_step2.py -c config.ini -n1 2 -n2 3
The result is 35
```

（5）添加一个参数使结果存储在一个文件中，并将脚本保存为prepare_task_step5.py。

```
import argparse
import sys
import configparser

def main(number, other_number, output):
    result = number * other_number
    print(f'The result is {result}', file=output)

if __name__ == '__main__':
    parser = argparse.ArgumentParser()
    parser.add_argument('-n1', type=int, help='A number', default=1)
    parser.add_argument('-n2', type=int, help='Another number',default=1)
    parser.add_argument('--config', '-c', type=argparse.
                        FileType('r'),help='config file')
```

```
    parser.add_argument('-o', dest='output',type=argparse.FileType('w'),
                        help='output file', default=sys.stdout)

    args = parser.parse_args()
    if args.config:
        config = configparser.ConfigParser()
        config.read_file(args.config)
        # Transforming values into integers
        args.n1 = int(config['DEFAULT']['n1'])
        args.n2 = int(config['DEFAULT']['n2'])

    main(args.n1, args.n2, args.output)
```

（6）运行脚本，检查它是否将输出发送到了指定的文件。注意，除了该文件以外，脚本不应该在其他地方显示结果。

```
$ python3 prepare_task_step5.py -n1 3 -n2 5 -o result.txt
$ cat result.txt
The result is 15
$ python3 prepare_task_step5.py -c config.ini -o result2.txt
$ cat result2.txt
The result is 35
```

2.2.3 其中原理

注意，argparse模块允许我们使用argparse.FileType类型非常方便地定义参数文件，并自动打开它们。但是如果文件无效就会引发错误。

切记要以正确的模式打开文件。在2.2.2小节第5步中，配置文件以只读模式(r)打开，输出文件以写模式(w)打开。如果文件已经存在，则输出文件将被覆盖，可以使用追加模式(a)打开，它将在现有文件的末尾添加下一段数据。

configparser 模块允许我们轻松地使用配置文件，如第2步所示。文件的解析过程如下。

```
config = configparser.ConfigParser()
config.read_file(file)
```

然后，可以将配置作为按节和值划分的字典访问。注意，值总是以字符串的格式存储。如果需要将其转换成其他类型，如整数，则需要进行如下操作。

如果需要获取布尔值，请不要执行value = bool(config[raw_value])语句，因为无论如何它都会被转换为True。例如，字符串False是一个真字符串，因为它不是空的。应该使用.getboolean方法，如value = config.getboolean(raw_value)。

Python 3允许我们传递文件（file）参数给print函数，这样print函数输出的内容都将写入该文件。“如何操作”小节第5步显示了将所有打印信息重定向到文件的用法。

注意，print默认参数是sys.stdout，它将把值打印到终端（标准输出）。这使得调用没有-o参数的脚本时将会在屏幕上显示输出，非常有助于调试脚本。

```
$ python3 prepare_task_step5.py -c config.ini
The result is 35
$ python3 prepare_task_step5.py -c config.ini -o result.txt
$ cat result.txt
The result is 35
```

2.2.4 除此之外

请在官方Python文档中查看configparse的完整文档：https://docs.python.org/3/library/configparser.html。

在大多数情况下，这个配置解析器应该足够使用，但是如果需要更强大的功能，则可以使用YAML文件作为配置文件。YAML文件（https://learn. getgrav.org/advanced/yaml）作为配置文件非常常见，并且其具有更好的结构，可以直接解析出值的数据类型。

（1）添加 PyYAML 到requirements.txt文件中并进行安装。

```
PyYAML==3.12
```

（2）创建prepare_task_yaml.py文件。

```
import yaml
import argparse
import sys

def main(number, other_number, output):
    result = number * other_number
    print(f'The result is {result}', file=output)

if __name__== '__main__':
    parser = argparse.ArgumentParser()
    parser.add_argument('-n1', type=int, help='A number', default=1)
    parser.add_argument('-n2', type=int, help='Another number',default=1)

    parser.add_argument('-c', dest='config', type=argparse.FileType('r'),
                        help='config file in YAML format', default=None)
    parser.add_argument('-o', dest='output', type=argparse.FileType('w'),
                        help='output file',default=sys.stdout)

    args = parser.parse_args()
```

```
    if args.config:
        config = yaml.load(args.config)
        # No need to transform values
        args.n1 = config['ARGUMENTS']['n1']
        args.n2 = config['ARGUMENTS']['n2']

    main(args.n1, args.n2, args.output)
```

（3）定义配置文件config.yaml，可以在GitHub（https://github.com/ PacktPublishing/Python-Automation-Cookbook/blob/master/Chapter02/ config.yaml）中获得。

```
ARGUMENTS:
    n1: 7
    n2: 4
```

（4）运行以下命令。

```
$ python3 prepare_task_yaml.py -c config.yaml
The result is 28
```

还可以设置默认配置文件和默认输出文件，这对于创建不需要输入参数的纯任务非常方便。

一般来说，如果任务有一个非常具体的目标，那么应该尽量避免创建太多的输入和配置参数。尝试一下将输入参数限制为任务的不同执行方式。一个从不变化的参数最好定义为常量。大量的参数将使配置文件或命令行参数变得复杂，并在运行中需要更多必要的维护。另外，如果目标是创建一个非常灵活的工具，那么创建更多的参数可能是一个好主意。试着找到属于自己的平衡点。

2.2.5 另请参阅

- 第1章“让我们开始自动化之旅”中“添加命令行参数”的方法。
- “发送邮件通知”的方法。
- 第10章“调试方法”中“断点调试”的方法。

2.3 设置一个 cron 定时任务

cron是一种老式但是可靠的执行命令方法。它自20世纪70年代起就存在于UNIX系统中。在系统管理中，用它进行维护（如释放空间、更新日志、进行备份和其他常见操作）一直是系统管理员的最爱。

这个方法仅限于UNIX系统，所以它将只在Linux和MacOS中有效。虽然它也能够在Windows系统中调度任务，但是它使用了任务调度程序并且机制非常不同，这里不对其进行介绍。如果能够访问Linux服务器，cron可能是安排定期任务的好方法。

它具有以下优点。

- 它实际上存在于所有UNIX或Linux系统中并被配置为自动运行。
- 它很容易使用，尽管会有一点欺骗性。
- 它很出名。几乎所有参与管理任务的人都对它如何使用有一个大致的概念。
- 它允许简单的周期性命令，并且具有良好的精度。

但是，它也有以下一些缺点。

- 默认情况下，它可能不会给出太多的反馈。检索输出、执行日志和错误是关键。
- 任务应该尽可能地独立，以避免环境变量的问题，例如使用了错误的Python解释器、获知应该执行什么路径。
- 仅UNIX系统可用。
- 只有固定的时间周期可用。
- 它不控制同时运行多少任务。每次倒计时开始，它都会创建一个新任务。例如，一个任务需要一个小时来完成，并且计划每45分钟运行一次，那么它们将会有15分钟的重叠，此时两个任务是在同时运行。

不要低估最后的影响。同时运行多个复杂任务可能会对性能产生不良影响。复杂任务重叠可能会导致冲突，其中每个任务都使其他任务永远无法完成。记得给自己的任务充足的时间并时刻关注它们。

2.3.1 做好准备

生成一个cron.py脚本。

```
import argparse
import sys
from datetime import datetime
import configparser


def main(number, other_number, output):
    result = number * other_number
    print(f'[{datetime.utcnow().isoformat()}] The result is {result}', file=output)


if __name__== '__main__':
    parser =argparse.ArgumentParser(formatter_class=argparse.
                                    ArgumentDefaultsHelpFormatter)
    parser.add_argument('--config', '-c', type=argparse.FileType('r'),
```

```
                        help='config file', default='/etc/automate.ini')
    parser.add_argument('-o', dest='output', type=argparse.FileType('a'),
                        help='output file',default=sys.stdout)

    args = parser.parse_args()
    if args.config:
        config = configparser.ConfigParser()
        config.read_file(args.config)
        # Transforming values into integers
        args.n1 = int(config['DEFAULT']['n1'])
        args.n2 = int(config['DEFAULT']['n2'])

  main(args.n1, args.n2, args.output)
```

注意以下细节。

(1) 默认情况下,配置文件是/etc/automate.ini。再次使用了上一节中的config.ini。

(2) 输出中添加了一个时间戳。这将使任务在运行时更加明确、清楚。

(3) 结果被添加到文件中,正如文件打开时使用的是'a'模式。

(4) ArgumentDefaultsHelpFormatter参数使脚本在使用-h参数打印帮助时自动添加关于默认值的信息。

检查任务是否产生了预期的结果并登录到一个已知的文件。

```
$ python3 cron.py
[2018-05-15 22:22:31.436912] The result is 35
$ python3 cron.py -o /path/automate.log
$ cat /path/automate.log
[2018-05-15 22:28:08.833272] The result is 35
```

2.3.2 如何操作

(1) 获取Python解释器的完整路径,这是虚拟环境中的解释器。

```
$ which python
/your/path/.venv/bin/python
```

(2) 准备好要执行的cron脚本。获取完整的路径并检查其能否毫无问题地执行,然后多执行它几次。

```
$ /your/path/.venv/bin/python /your/path/cron.py -o /path/automate.log
$ /your/path/.venv/bin/python /your/path/cron.py -o /path/automate.log
```

(3) 检查结果是否正确添加至结果文件中。

```
$ cat /path/automate.log
```

```
[2018-05-15 22:28:08.833272] The result is 35
[2018-05-15 22:28:10.510743] The result is 35
```

（4）编辑crontab文件，设置每5分钟运行一次。

```
$ crontab -e

*/5 * * * * /your/path/.venv/bin/python /your/path/cron.py -o
/path/automate.log
```

注意，这将打开一个含有默认命令行编辑器的编辑终端。

如果没有设置默认的命令行编辑器，默认情况下可能是Vim。如果没有使用Vim的经验，可能就会感到苦恼。按I开始插入文本，编辑结束后按Esc键。然后输入wq保存并退出。有关Vim的更多信息请参见以下介绍：https://null-byte.wonderhowto.com/how-to/intro-vim-unix-text-editor-every-hacker-should-be-familiar-with-0174674。有关如何更改默认命令行编辑器的内容请参阅：https://www.a2hosting.com/kb/developer-corner/linux/setting-the-default-text-editor-in-linux。

（5）检查crontab的内容。注意，这将显示crontab的内容，但是并没有将其设置为编辑模式。

```
$ crontab -l
*/5 * * * * /your/path/.venv/bin/python /your/path/cron.py -o
/path/automate.log
```

（6）等待并检查结果文件以查看任务的运行情况。

```
$ tail -F /path/automate.log
[2018-05-17 21:20:00.611540] The result is 35
[2018-05-17 21:25:01.174835] The result is 35
[2018-05-17 21:30:00.886452] The result is 35
```

2.3.3 其中原理

crontab行由描述任务运行频率的一行（前6个元素）和任务组成。最初的6个元素中的每一个都表示执行时间的不同单位。它们大多数都是星号，意思是“任何值”，如图2-1所示。

```
* * * * * *
| | | | | |
| | | | | +-- 年               (范围: 1900~3000)
| | | | +---- 星期             (范围: 1~7, 1代表周一)
| | | +------ 月               (范围: 1~12)
| | +-------- 日               (范围: 1~31)
| +---------- 小时             (范围: 0~23)
+------------ 分钟             (范围: 0~59)
```

图 2-1

因此，行*/5 * * * * *代表在所有小时、所有天……所有年中能够被5整除的所有分钟。

这里有一些例子。

```
30  15 * * * * 代表 "每天的15:30"
30   * * * * * 代表 "每小时的半点"
0,30 * * * * * 代表 "每小时的整点和半点"
*/30 * * * * * 代表 "每半小时"
0    0 * * 1 * 代表 "每周一零点整"
```

使用类似于https://crontab.guru/的备忘单进行系统调整，这里将介绍常见的用法。还可以编辑一个公式，并获得关于它将如何运行的描述性文本。

在介绍了如何运行cron任务之后，应该已经学会了执行命令的语句，正如“如何操作”小节中第2步准备的那样。

注意，该任务描述了每个相关文件的所有完整路径——解释器、脚本和输出文件。这消除了与路径相关的所有歧义并减少了出现错误的可能。一个非常常见的错误就是脚本无法确定这三个元素中的一个(或多个)。

2.3.4 除此之外

如果crontab在执行过程中出现任何问题，则应该会收到一封系统邮件。这将在终端中显示为一条消息，如下所示。

```
You have mail.
$
```

可以使用mail命令进行阅读。

```
$ mail
Mail version 8.1 6/6/93. Type ? for help.
"/var/mail/jaime": 1 message 1 new
>N 1 jaime@Jaimes-iMac-5K Thu May 17 21:15 19/914 "Cron <jaime@Jaimes- iM"
? 1
Message 1:
...
/usr/local/Cellar/python/3.7.0/Frameworks/Python.framework/Versions/3.7
/Resources/Python.app/Contents/MacOS/Python: can't open file 'cron.py':
[Errno 2] No such file or directory
```

在2.4节中，将看到独立捕获错误的方法，以便任务能够顺利运行。

2.3.5 另请参阅

- 第1章“让我们开始自动化之旅”中“添加命令行参数”的方法。

● “捕获错误和问题”的方法。

2.4 捕获错误和问题

扫一扫，看视频

自动化任务的主要特征是即发即弃的特性。我们不需要积极地查看结果，而是要在后台运行它。

此外，由于本书中的大多数方法都会处理外部信息，如网页或其他报告，因此在运行时发现意外问题的可能性很高。本方法将提供一个自动任务，该任务会安全地将意外行为记录在日志文件中，以便之后检查。

2.4.1 做好准备

将使用一个任务作为起点，该任务将使两个数字相除，如相应的命令行中所述。

这个任务非常类似“如何操作”小节中第5步中的任务，但是那个任务是使两个数字相乘，而不是相除。

2.4.2 如何操作

（1）创建task_with_error_handling_step1.py文件，如下所示。

```
import argparse
import sys

def main(number, other_number, output):
    result = number / other_number
    print(f'The result is {result}', file=output)

if __name__ == '__main__':
    parser = argparse.ArgumentParser()
    parser.add_argument('-n1', type=int, help='A number', default=1)
    parser.add_argument('-n2', type=int, help='Another number',default=1)
    parser.add_argument('-o', dest='output', type=argparse.FileType('w'),
                        help='output file', default=sys.stdout)

    args = parser.parse_args()

    main(args.n1, args.n2, args.output)
```

(2) 执行它几次使其让两个数字相除。

```
$ python3 task_with_error_handling_step1.py -n1 3 -n2 2
The result is 1.5
$ python3 task_with_error_handling_step1.py -n1 25 -n2 5
The result is 5.0
```

(3) 检查除以0是否产生错误并记录在结果文件中。

```
$ python task_with_error_handling_step1.py -n1 5 -n2 1 -o result.txt
$ cat result.txt
The result is 5.0
$ python task_with_error_handling_step1.py -n1 5 -n2 0 -o result.txt
Traceback (most recent call last):
  File "task_with_error_handling_step1.py", line 20, in <module>
  main(args.n1,args.n2, args.output)
  File "task_with_error_handling_step1.py", line 6, in main
  result = number / other_number
ZeroDivisionError: division by zero
$ cat result.txt
```

(4) 创建task_with_error_handling_step4.py文件。

```
import logging
import sys
import logging

LOG_FORMAT = '%(asctime)s %(name)s %(levelname)s %(message)s'
LOG_LEVEL = logging.DEBUG

def main(number, other_number, output):
    logging.info(f'Dividing {number} between {other_number}')
    result = number / other_number
    print(f'The result is {result}', file=output)

if __name__ == '__main__':
    parser = argparse.ArgumentParser()
    parser.add_argument('-n1', type=int, help='A number', default=1)
    parser.add_argument('-n2', type=int, help='Another number',default=1)

    parser.add_argument('-o', dest='output', type=argparse. FileType('w'),
                         help='output file', default=sys.stdout)
    parser.add_argument('-l', dest='log', type=str, help='log file',default=None)
```

```
    args = parser.parse_args()
    if args.log:
        logging.basicConfig(format=LOG_FORMAT, filename=args.log, level=LOG_LEVEL)
    else:
        logging.basicConfig(format=LOG_FORMAT, level=LOG_LEVEL)
    try:
        main(args.n1, args.n2, args.output)
    except Exception as exc:
        logging.exception("Error running task")
        exit(1)
```

（5）运行它，检查是否显示了正确的INFO和ERROR日志，并将其存储在日志文件中。

```
$ python3 task_with_error_handling_step4.py -n1 5 -n2 0
2018-05-19 14:25:28,849 root INFO Dividing 5 between 0
2018-05-19 14:25:28,849 root ERROR division by zero
Traceback (most recent call last):
  File "task_with_error_handling_step4.py", line 31, in <module>
    main(args.n1, args.n2, args.output)
  File "task_with_error_handling_step4.py", line 10, in main
    result = number / other_number
ZeroDivisionError: division by zero
$ python3 task_with_error_handling_step4.py -n1 5 -n2 0 -l error.log
$ python3 task_with_error_handling_step4.py -n1 5 -n2 0 -l error.log
$ cat error.log
2018-05-19 14:26:15,376 root INFO Dividing 5 between 0
2018-05-19 14:26:15,376 root ERROR division by zero
Traceback (most recent call last):
  File "task_with_error_handling_step4.py", line 33, in <module>
    main(args.n1, args.n2, args.output)
  File "task_with_error_handling_step4.py", line 11, in main
    result = number / other_number
ZeroDivisionError: division by zero
2018-05-19 14:26:19,960 root INFO Dividing 5 between 0
2018-05-19 14:26:19,961 root ERROR division by zero
Traceback (most recent call last):
  File "task_with_error_handling_step4.py", line 33, in <module>
    main(args.n1, args.n2, args.output)
  File "task_with_error_handling_step4.py", line 11, in main
    result = number / other_number
ZeroDivisionError: division by zero
```

2.4.3 其中原理

为了正确捕获任何意外异常，应该将主函数封装到try-except模块中，如“如何操作”小节中第4步所示。将其与第1步没有包装的代码相比。

```
try:
    main(...)
except Exception as exc:
    # Something went wrong
    logging.exception("Error running task")
    exit(1)
```

注意，记录异常对于获取关于出错原因的信息非常重要。

这种意外被称为Pokémon（口袋妖怪），因为它可以捕获包括最高级别意外错误在内的所有的异常。在捕获可能隐藏意外错误的任何东西时，不要在代码的其他部分使用它。至少，任何意外的异常都应该被记录以便进行进一步的分析。

使用exit(1)行可以以状态值为1的额外条件退出，通知操作系统我们的脚本出现了问题。

logging模块允许我们进行日志记录。注意，基本配置中包括一个可选文件来存储日志、日志格式和要显示的日志级别。

日志的可用级别从不太关键到很关键划分为DEBUG、INFO、WARNING、ERROR和CRITICAL。日志级别将设置记录消息所需的最小严重性。例如，如果严重性设置为WARNING，那么INFO的日志将不会被储存。

创建日志很容易。可以通过调用logging.<logging level>方法来实现（其中logging level为debug、info等）。

```
>>> import logging
>>> logging.basicConfig(level=logging.INFO)
>>> logging.warning('a warning message')
WARNING:root:a warning message
>>> logging.info('an info message')
INFO:root:an info message
>>> logging.debug('a debug message')
>>>
```

注意，严重程度低于INFO的日志将不会被显示。使用级别定义调整要显示的信息。级别显示的内容可能会改变。例如，调试日志只能在开发任务时使用，而不能在运行任务时显示。注意，task_with_error_handling_step4.py中默认定义日志级别为DEBUG。

良好的日志级别定义时显示相关的关键信息，它还可以减少垃圾信息。有时候日志级别设置起来并不容易，如果脚本涉及多个人使用，那么应该就警告和错误的确切含义达成一致，避免产生误解。

logging.exception()是一种特殊情况，它将创建一个错误日志，包含有关异常的信息，如堆栈跟踪。

记得检查日志以发现错误。一个有效的办法是在结果文件中添加一个提醒，如下所示。

```
try:
    main(args.n1, args.n2, args.output)
except Exception as exc:
    logging.exception(exc)
    print('There has been an error. Check the logs', file=args.output)
```

2.4.4 除此之外

Python的logging模块有很多功能。例如：

- 进一步调整日志的格式，如使其包含文件和行号。
- 定义不同的日志（logger）对象，每个对象都有自己的配置，如日志级别和格式。这允许以不同的方式向不同的系统生成日志，但通常不用于日志的简化。
- 将日志发送到多个位置，如标准输出和文件，甚至一个远程日志记录器。
- 自动更新日志，在一定时间或大小之后创建新的日志文件，这对于日常组织日志很方便，并且其允许压缩或删除旧日志。
- 从文件中读取标准日志配置。

尝试广泛地进行日志记录而不是创建复杂的规则。可以使用适当的级别进行筛选。

相关详细信息请查看模块的Python文档:https://docs.python. org/3.7/library/logging.html或https://docs.python.org/3.7/howto/ logging.html上的教程。

2.4.5 另请参阅

- 第1章“让我们开始自动化之旅”中“添加命令行参数”的方法。
- “准备一项任务”的方法。

2.5 发送邮件通知

扫一扫，看视频

电子邮件已经成为一个不可或缺的工具，基本上每个人每天都在使用。如果自动任务检测到异常，发送一封电子邮件可能是最好的选择。另外，电子邮箱收件箱中可能已经装满了垃圾邮件，所以一定要注意其中的通知邮件。

垃圾邮件过滤器也是一个现实问题。小心设置给谁发送电子邮件，以及要发送的电子邮件的数量。电子邮件服务器或地址可以被标记为垃圾邮件，一旦如此，所有的电子邮件将被互联网悄悄删除。

本节将展示如何使用现有的电子邮件账户发送单个电子邮件。这种方法对于自动化任务发送给几个人的少数电子邮件是可行的，但是也仅限于此。

2.5.1 做好准备

本节需要一个有效的电子邮件账户，其中包括以下内容。

- 一个有效的电子邮件服务器。
- 一个要连接的端口。
- 一个地址。
- 一个密码。

这4个要素应该足以发送电子邮件。

有些电子邮件服务，如Gmail，会推荐您设置2FA，这意味着密码不足以发送电子邮件。通常，它们允许您为应用程序创建一个特定的密码，从而绕过2FA请求。请检查您的电子邮件供应商的信息选项。

您使用的电子邮件提供商应该指示出SMTP服务是什么，以及它们在其文档中使用了什么端口。它们也可以从电子邮件客户端中检索，因为它们是同样的参数。检查您的提供商文档，在下面的示例中将使用一个Gmail账户。

2.5.2 如何操作

(1) 创建email_task.py文件。

```
import argparse
import configparser

import smtplib
from email.message import EmailMessage
```

```
def main(to_email, server, port, from_email, password):
    print(f'With love, from {from_email} to {to_email}')

    # Create the message
    subject = 'With love, from ME to YOU'
    text = '''This is an example test'''
    msg = EmailMessage()
    msg.set_content(text)
    msg['Subject'] = subject
    msg['From'] = from_email
    msg['To'] = to_email

    # Open communication and send
    server = smtplib.SMTP_SSL(server, port)
    server.login(from_email, password)
    server.send_message(msg)
    server.quit()

if __name__ == '__main__':
    parser = argparse.ArgumentParser()
    parser.add_argument('email', type=str, help='destination email')
    parser.add_argument('-c', dest='config', type=argparse.FileType('r'),
                        help='config file', default=None)

    args = parser.parse_args()
    if not args.config:
        print('Error, a config file is required')
        parser.print_help()
        exit(1)

    config = configparser.ConfigParser()
    config.read_file(args.config)

    main(args.email,
         server=config['DEFAULT']['server'],
         port=config['DEFAULT']['port'],
         from_email=config['DEFAULT']['email'],
         password=config['DEFAULT']['password'])
```

（2）创建一个名为email_conf.ini的配置文件，其中包含电子邮件账户的详细信息，如Gmail账户。请填写以下模板，该模板可以在GitHub的 https://github.com/PacktPublishing/Python-Automation-

Cookbook/blob/master/Chapter02/email_conf.ini 中获取，但是一定要填上自己的数据。

```
[DEFAULT]
email = EMAIL@gmail.com
server = smtp.gmail.com
port = 465
password = PASSWORD
```

（3）为确保系统上的其他用户不能读取或写入文件，将文件的权限设置为只允许我们的用户使用。600权限是指只有我们用户拥有的读写权限，而不是任何人都可以访问。

```
$ chmod 600 email_config.ini
```

（4）运行脚本发送测试电子邮件。

```
$ python3 email_task.py -c email_config.ini
destination_email@server.com
```

（5）检查目标邮件的收件箱，应该会收到一封电子邮件，主题为“With love, from ME to YOU”。

2.5.3 其中原理

脚本中有两个关键步骤——消息的生成和发送。

消息需要包含收件和发件的电子邮件地址，以及主题。如果邮件内容是纯文本（在本例中就是纯文本），那么调用.set_content()就足够了。然后就可以发送整个消息。

从技术上讲，使用一个帐号发送不同于之前的邮件的邮件是可能的。不过，这是不被鼓励的，因为电子邮件提供商可能会认为这是在模拟不同的电子邮件。可以使用reply-to标头作为允许对不同账户进行应答的一种方式。

发送电子邮件需要连接到指定的服务器并启动SMPT连接。SMPT是电子邮件通信的标准。

发送电子邮件的步骤非常简单——配置服务器，登录服务器，发送准备好的消息，然后退出。

如果需要发送一条以上的信息，可以先登录，再发送多封电子邮件，然后退出，而不是每次都重新连接。

2.5.4 除此之外

如果目标是一项更大的操作，如营销活动或者确认用户的电子邮件，可参阅第8章“处理通信渠道”。

本节中使用的电子邮件的消息内容非常简单，但是电子邮件可能要复杂得多。

To字段可以包含多个收件人，用逗号分隔它们。

```
message['To'] = ','.join(recipients)
```


电子邮件可以用HTML定义，也可以用其他纯文本定义并带有附件。基本操作是设置一个MIMEMultipart，然后将组成电子邮件的每个MIME部分附加在一起。

```
from email.mime.multipart import MIMEMultipart
from email.mime.text import MIMEText
from email.mime.image import MIMEImage

message = MIMEMultipart()
part1 = MIMEText('some text', 'plain')
message.attach(part1)
with open('path/image', 'rb') as image:
  part2 = MIMEImage(image.read())
message.attach(part2)
```

最常见的SMPT连接是SMPT_SSL，它更安全，需要登录和密码。但是也存在简单的、不可靠的SMPT，需要查阅电子邮件提供商的文档。

记住，本节的目的是进行简单的通知。如果附加不同的信息，电子邮件会变得相当复杂。如果目标是给客户或者任何常见群体发送一封电子邮件，请试着使用第8章“处理通信渠道”中的方法。

2.5.5 另请参阅

- 第1章“让我们开始自动化之旅”中“添加命令行参数”的方法。
- “准备一项任务”的方法。

第3章

构建您的第一个网络爬虫

本章将介绍以下内容：

- 下载网页。
- 解析HTML。
- 遍历网页。
- 订阅源。
- 访问网络接口。
- 使用表单进行交互。
- 使用Selenium进行高级交互。
- 访问密码保护页面。
- 加速网络抓取。

3.1 引言

因特网（Internet）和万维网（World Wide Web，WWW）可能是当今最重要的信息来源。大多数信息都可以通过HTTP协议检索。HTTP最初是为了共享超文本页面而发明的［因此得名超文本传输协议（HyperText Transfer Protocol）］，万维网就是这样诞生的。

构建网络爬虫非常常见，就像在任何网页浏览器中发生的一样。但是也可以通过编程执行这些操作来自动检索和处理信息。Python在标准库中包含了一个HTTP客户端，并且优秀的requests模块使得这些操作非常简单。本章中将学习如何做到这一点。

3.2 下载网页

扫一扫，看视频

下载网页的基本操作包括对网址（URL）发出一个HTTP GET请求。这是任何网页浏览器的基本操作。让我们快速学习一下这个操作的不同部分。

（1）使用HTTP协议。

（2）使用GET方法，这是最常见的HTTP方法。将在“访问网络接口”一节中介绍更多内容。

（3）描述页面完整地址的URL，包括服务器和路径。

该请求将由服务器处理并发回响应。这个响应将包含一个**状态代码**（如果一切正常，通常是200）和一个带有结果的**主体**（通常是带有HTML页面的文本）。

响应内容大部分由执行请求的HTTP客户端自动处理。本节将了解如何简单地请求获取一个网页。

HTTP请求和响应也可以包含头字段。头字段中包含了额外的信息，如请求的总大小、内容的格式、请求的日期以及使用的浏览器或服务器。

3.2.1 做好准备

使用优秀的requests模块将使获取网页非常简单。首先，安装这个模块。

```
$ echo "requests==2.18.3" >> requirements.txt
$ source .venv/bin/activate
(.venv) $ pip install -r requirements.txt
```

在http://www.columbia.edu/~fdc/sample.html下载这个页面，因为它是一个简单的HTML页面，在文本模式下很容易阅读。

3.2.2 如何操作

（1）引入requests模块。

```
>>> import requests
```

（2）向URL发出请求，这将花费一两秒钟的时间。

```
>>> url = 'http://www.columbia.edu/~fdc/sample.html'
>>> response = requests.get(url)
```

（3）检查返回的对象状态代码。

```
>>> response.status_code
200
```

（4）检查结果的内容。

```
>>> response.text
'<!DOCTYPE HTML PUBLIC "-//W3C//DTD HTML 4.01
Transitional//EN">\n<html>\n<head>\n
...
FULL BODY
...
<!-- close the <html> begun above -->\n'
```

（5）检查正在进行和返回的头字段。

```
>>> response.request.headers
{'User-Agent': 'python-requests/2.18.4', 'Accept-Encoding': 'gzip, deflate',
'Accept': '*/*', 'Connection': 'keep-alive'}
>>> response.headers
{'Date': 'Fri, 25 May 2018 21:51:47 GMT', 'Server': 'Apache', 'Last- Modified':
'Thu, 22 Apr 2004 15:52:25 GMT', 'Accept-Ranges': 'bytes', 'Vary': 'Accept-
Encoding,User-Agent', 'Content-Encoding': 'gzip', 'Content-Length': '8664',
'Keep-Alive': 'timeout=15, max=85', 'Connection': 'Keep-Alive', 'Content-
Type': 'text/html', 'Set-Cookie': 'BIGipServer~CUIT~www.columbia.edu-80-
pool=1764244352.20480.0000; expires=Sat, 26-May-2018 03:51:47 GMT; path=/;
Httponly'}
```

3.2.3 其中原理

requests的操作非常简单。本例中使用GET通过URL执行操作。这将返回一个可以分析的result对象。主要元素是状态代码（status_code）和主体内容（通过调用text进行显示）。

完整的请求可以在request字段中找到。

```
>>> response.request
<PreparedRequest [GET]>
>>> response.request.url
'http://www.columbia.edu/~fdc/sample.html'
```

完整的request模块文档可以在这里找到:http://docs.python-requests.org/en/master/。在本章中将会展示更多的特性。

3.2.4 除此之外

所有的HTTP状态代码都可以在下面这个网站上查找到：https://httpstatuses.com/。httplib模块还使用了方便的常量名（如OK、NOT_FOUND或者FORBIDDEN）来描述它们。

最著名的错误状态代码可能就是404，它发生在找不到URL的时候。可以通过执行requests.get('http://www.columbia.edu/invalid')来尝试一下。

请求可以使用HTTPS协议(安全HTTP)。它是等价的,但是会确保请求和响应的内容是私有的。requests模块显然也可以对它进行处理。

任何处理私人信息的网站都将使用HTTPS来确保信息没有泄露出去。HTTP很容易被人窃听，所以应尽可能地使用HTTPS。

3.2.5 另请参阅

- 第1章“让我们开始自动化之旅”中“安装第三方软件包”的方法。
- “解析HTML”的方法。

3.3 解析 HTML

扫一扫，看视频

下载原始文本或者二进制文件是一个很好的起点，但是网页的主要语言是HTML。

HTML是一种结构化的语言，定义了文档的不同部分，如头字段和段落。HTML也是分层的，定义了很多子元素。将原始文本解析为结构化文档的能力基本上就是自动从网页中提取信息的能力。例如，如果文本被包含在一个特定的class、div或头字段之后的h3标签中，那么它就是有效的信息。

3.3.1 做好准备

使用优秀的BeautifulSoup模块来将HTML文本解析为一个可以分析的内存对象。需要使用beautifulsoup4软件包，这一软件包需要最新版本的Python3解释器支持。将软件包添加到requirements.txt中，并在虚拟环境中安装依赖项。

```
$ echo "beautifulsoup4==4.6.0" >> requirements.txt
$ pip install -r requirements.txt
```

3.3.2 如何操作

（1）引入BeautifulSoup和requests模块。

```
>>> import requests
>>> from bs4 import BeautifulSoup
```

（2）设置下载和检索网页的网址。

```
>>> URL = 'http://www.columbia.edu/~fdc/sample.html'
>>> response = requests.get(URL)
>>> response
<Response [200]>
```

（3）解析下载的页面。

```
>>> page = BeautifulSoup(response.text, 'html.parser')
```

（4）获取页面的标题，查看它是否与浏览器中显示的标题相同。

```
>>> page.title
<title>Sample Web Page</title>
>>> page.title.string
'Sample Web Page'
```

（5）找到页面中所有的h3元素来确定现有的节。

```
>>> page.find_all('h3')
[<h3><a name="contents">CONTENTS</a></h3>, <h3><a name="basics">1. Creating a
Web Page</a></h3>, <h3><a name="syntax">2. HTML Syntax</a></h3>, <h3><a name
="chars">3. Special Characters</a></h3>,<h3><a name="convert">4. Converting
Plain Text to HTML</a></h3>, <h3><a name="effects">5. Effects</a> </h3>,
<h3><a name="lists">6.Lists</a></h3>, <h3><a name="links">7. Links</a></h3>,
<h3><a name="tables">8. Tables</a></h3>, <h3><a name="install">9. Installing
Your Web Page on the Internet</a></h3>, <h3><a name="more">10. Where to go
from here</a></h3>]
```

（6）提取节链接上的文本，当程序到达下一个 <h3> 标记时停止。

```
>>> link_section = page.find('a', attrs={'name': 'links'})
>>> section = []
>>> for element in link_section.next_elements:
...     if element.name == 'h3':
...         break
...     section.append(element.string or '')
...
>>> result = ''.join(section)
>>> result
'7. Links\n\nLinks can be internal within a Web page (like to\nthe Table of
ContentsTable of Contents at the top), or they\ncan be to external web pages or
pictures on the same website, or they\ncan be to websites, pages, or pictures
anywhere else in the world.\n\n\n\nHere is a link to the Kermit\nProject home
pageKermit\nProject home page.\n\n\n\nHere is a link to Section 5Section 5
of this document.\n\n\n\nHere is a link to\nSection 4.0Section 4.0\nof the
C-Kermit\nfor Unix Installation InstructionsC-Kermit\nfor Unix Installation
Instructions.\n\n\n\nHere is a link to a picture:\nCLICK HERECLICK HERE to see
it.\n\n\n\n'
```

注意，这里没有HTML标记。它们都是原始文本。

3.3.3 其中原理

"如何操作"小节第2步是下载页面。然后如第3步所示，原始文本将被解析，得到的page对象中包含了已解析的信息。

默认的解析器是html.parser，但是对于特定的操作它可能会有问题。例如，加载大页面时会很慢，或者呈现高度动态的网页时会出现问题。可以使用其他解析器，如速度更快的lxml或更加接近浏览器运作、能够解析HTML5的html5lib。它们都是需要添加到requirements.txt文件的外部模块中。

BeautifulSoup允许我们搜索HTML元素。它可以使用.find()搜索首次出现的位置，或者使用.find_all()返回一个列表。在第5步中，它搜索了具有特定属性name=link的特定标记<a>。在此之后，它继续使用.next_elements迭代直到找到下一个h3标记，这标志着该部分的结束。

提取每个元素的文本，最后将其组合成一个文本。注意，使用or可避免存储没有文本时返回的None。

HTML是高度通用的，它还可以有多种结构。本节中介绍的情况很典型，但是其他有关划分节的选项可以将相关节分组到一个大的<div>标签或者其他元素下，甚至原始文本中。在摸索到提取网页上感兴趣内容的特定方法之前，可能需要做很多实验，但是一定不要害怕尝试！

3.3.4 除此之外

正则表达式同样可以用于.find()和.find_all()方法中。例如，下面这个搜索使用了h2 和h3 标签。

```
>>> page.find_all(re.compile('^h(2|3)'))
[<h2>Sample Web Page</h2>, <h3><a name="contents">CONTENTS</a></h3>,<h3><a
name="basics">1. Creating a Web Page</a></h3>, <h3><a name="syntax">2.
HTML Syntax</a></h3>, <h3><a name="chars">3. Special Characters</a></h3>,
<h3><a name="convert">4. Converting Plain Text to HTML</a></h3>, <h3> <a
name="effects">5. Effects</a></h3>, <h3><a name="lists">6. Lists</a></h3>,
<h3><a name="links">7. Links</a></h3>,<h3><a name="tables">8. Tables</a></h3>,
<h3><a name="install">9. Installing Your Web Page on the Internet</a></h3>,
<h3><a name="more">10. Where to go from here</a></h3>]
```

另一个有用的查找参数是包含class_参数的CSS类。这将在本书的后面展示。

完整的BeautifulSoup文档可以在这里找到:https://www.crummy.com/ software/BeautifulSoup/bs4/doc/。

3.3.5 另请参阅

- 第1章“让我们开始自动化之旅”中“安装第三方软件包”的方法。
- 第1章“让我们开始自动化之旅”中“引入正则表达式”的方法。
- “下载网页”的方法。

3.4 遍历网页

扫一扫，看视频

考虑到超链接页面的性质，从一个已知位置开始并跟随链接到其他页面是抓取网页时一个非常重要的方法。

要做到这一点，需要遍历页面。寻找一个小短语，并打印出包含它的所有段落。将只搜索属于同一网站的网页。也就是说，只有以 www.somesite.com 开头的URL才会被搜索，不会链接外部网站。

3.4.1 做好准备

本节基于已介绍的概念进行，因此程序将下载并解析页面以搜索链接并继续下载。

在遍历网页时，记得设置下载限制。浏览大量页面是很容易的。任何查看维基百科的人都可以证实，互联网的容量可能是无限的。

下面将使用一个准备好的网站作为示例。可以在GitHub repo中找到它：https://github.com/PacktPublishing/Python-Automation-Cookbook/tree/master/Chapter03/test_site下载整个站点并运行其中包含的脚本。

```
$ python simple_delay_server.py
```

这个脚本在http://localhost:8000中为站点提供服务。可以在浏览器上查看。这是一个简单的博客，有三个条目，如图3-1所示。大部分内容都很无趣，但是我们添加了几个包含关键字python的段落。

图 3-1

3.4.2 如何操作

（1）完整的脚本 crawling_web_step1.py可以在GitHub的以下链接中找到：https://github.com/PacktPublishing/Python-Automation- Cookbook/blob/master/Chapter03/crawling_web_step1.py。最相关的部分显示如下。

```
...
def process_link(source_link, text):
    logging.info(f'Extracting links from {source_link}')
    parsed_source = urlparse(source_link)
    result = requests.get(source_link)
    # Error handling. See GitHub for details
    ...
    page = BeautifulSoup(result.text, 'html.parser')
    search_text(source_link, page, text)
   return get_links(parsed_source, page)
```

```
def get_links(parsed_source, page):
    '''Retrieve the links on the page'''
    links = []
    for element in page.find_all('a'):
        link = element.get('href')
        # Validate is a valid link. See GitHub for details
        ...
        links.append(link)
    return links
```

(2) 搜索对python的引用以返回包含它的URL和列表。注意，这里由于有损坏的链接而出现了一些错误。

```
$ python crawling_web_step1.py https://localhost:8000/ -p python Link http://
localhost:8000/: --> A smaller article , that contains a reference to Python
Link
http://localhost:8000/files/5eabef23f63024c20389c34b94dee593-1.html: --> A
smaller article , that contains a reference to Python
Link
http://localhost:8000/files/33714fc865e02aeda2dabb9a42a787b2-0.html: --> This
is the actual bit with a python reference that we are interested in.
Link http://localhost:8000/files/archive-september-2018.html: --> A smaller
article , that contains a reference to Python
Link http://localhost:8000/index.html: --> A smaller article , that contains a
reference to Python
```

(3) 另一个可用的搜索词是crocodile，可以试一下。

```
$ python crawling_web_step1.py http://localhost:8000/ -p crocodile
```

3.4.3 其中原理

仔细看看脚本中的每个组件。

(1) 在main函数中遍历所有找到的链接的循环。

注意，检索限制为10个页面，并且它会检查列表里是否已经存在要添加的新链接。

注意，这两项都是对页面的限制。我们不会下载两次相同的链接，并且下载会在某个时刻停止。

(2) 在process_link函数中下载和解析链接。

函数会下载文件，检查运行状态，是否正确地跳过错误(如失效链接)。它还会检查页面类型

（Content-Type）是否是HTML并跳过PDF和其他格式的页面。最后，它将原始HTML解析为一个BeautifulSoup对象。

它还使用了urlparse来解析源链接，因此在第4步中，它还可以跳过对外部源的所有引用。urlparse能够把一个URL拆分成它的所有组成元素。

```
>>> from urllib.parse import urlparse
>>> urlparse('http://localhost:8000/files/b93bec5d9681df87e6e8d5703ed7cd81- 2.html')
ParseResult(scheme='http', netloc='localhost:8000', path='/files/b93bec5d9681d
           f87e6e8d5703ed7cd81-2.html', params='', query='', fragment='')
```

（3）在search_text函数中找到要搜索的文本。这个函数会搜索已解析的对象以查找指定的文本。注意，搜索是以正则表达式的形式进行的，并且只在文本中进行搜索。它会打印出匹配的结果，包括来源链接（source_link，即找到匹配对象处的URL）。

```
for element in page.find_all(text=re.compile(text)):
print(f'Link {source_link}: --> {element}')
```

（4）在get_links函数中检索页面上的所有链接。这个函数在已解析的页面中搜索所有<a>元素，并检索完全限定URL（以http开头的）的href元素。这将删除非URL的链接，如"#"链接或页面内部的链接。

我们做的一个额外检查是确认它们是否具有与原始链接相同的源，然后将它们注册为有效链接。netloc属性允许检测链接是否来自与第2步中生成的解析URL相同的URL域。

不会跟踪一个指向不同地址的链接（如http://www.google.com）。

最后，返回所有的链接，并将它们添加到第1步描述的循环中。

3.4.4 除此之外

页面可以被进一步过滤。例如，丢弃所有以.pdf结尾的链接，因为这意味着它们是PDF文件。

```
# In get_links
if link.endswith('pdf'):
   continue
```

还可以用Content-Type来决定以何种方式解析返回的对象。返回的PDF（Content-Type: application/pdf）将没有有效的response.text对象用来解析，但是可以用其他方式解析。对于其他类型，如CSV文件（Content-Type: text/csv）或者需要解压缩的ZIP文件（Content-Type: application/zip），也是一样的。后面将介绍如何处理这些问题。

3.4.5 另请参阅

- “下载网页”的方法。
- “解析HTML”的方法。

3.5 订阅源

RSS可能是互联网最大的“秘密”。它在2000年左右相当辉煌，但是如今已经不再是聚光灯下的焦点。尽管如此，它仍出现在很多地方，对用户轻松地订阅网站，起到了非常大 的作用。

RSS的核心是呈现一系列有序的引用(通常是文章，但也包括类似于播客或YouTube出版物的其他元素)和发布时间的一种方式。这是非常自然的一种方式，可以知道自上次检查以来哪些文章是新发布的，以及能够显示关于它们的一些结构化数据(如标题和摘要)。

在这一节中将介绍feedparser模块，并确定如何从RSS源中提取数据。

RSS不是唯一可用的摘要格式。还有一种叫作Atom的格式，但是它们都是等价的。feedparser也可以对其进行解析，所以两种格式可以不加区分地使用。

3.5.1 做好准备

需要将feedparser依赖项添加到requirements.txt文件中并重新安装它。

```
$ echo "feedparser==5.2.1" >> requirements.txt
$ pip install -r requirements.txt
```

源的URL几乎可以在所有发表作品的页面上找到，包括博客、新闻、播客等。有时候它们很容易找到，但有的时候它们又有点隐蔽。可以通过feed或者RSS进行搜索。

大多数报纸和新闻机构都按主题划分RSS源。我们以《纽约时报》的主页源(http://rss.nytimes.com/services/xml/rss/nyt/HomePage.xml)为例进行解析。在订阅源的主页上有更多的源可供选择:https://archive.nytimes.com/www.nytimes.com/services/xml/rss/index.html。

注意，这些源可能受使用条款和条件的约束。在《纽约时报》的例子中，它们是在订阅源主页的末尾描述的。

注意，这个订阅源经常更改，这意味着链接的条目可能与本书中的示例不同。

3.5.2 如何操作

（1）引入feedparser、datetime、delorean和requests模块。

```
import feedparser
import datetime
import delorean
import requests
```

（2）解析订阅源（它将自动下载）并检查它的最后一次更新。订阅源的信息，如订阅源的标题，可以在feed属性中获得。

```
>>> rss = feedparser.parse('http://rss.nytimes.com/services/xml/rss/nyt/
HomePage. xml')
>>> rss.updated
'Sat, 02 Jun 2018 19:50:35 GMT'
```

（3）获取更新超过6小时的记录。

```
>>> time_limit = delorean.parse(rss.updated) - datetime.timedelta(hours=6)
>>> entries = [entry for entry in rss.entries if delorean.parse(entry.
published) > time_limit]
```

（4）这里出现了比总数更少的记录，因为一些返回的记录超过了6小时。

```
>>> len(entries)
10
>>> len(rss.entries)
44
```

（5）检索关于记录的信息，如title。完整的URL将作为link提供。浏览这个特定源中的可用信息。

```
>>> entries[5]['title']
'Loose Ends: How to Live to 108'
>>> entries[5]['link']
'https://www.nytimes.com/2018/06/02/opinion/sunday/how-to-live-to-108.
html?partner=rss&emc=rss'
>>> requests.get(entries[5].link)
<Response [200]>
```

3.5.3 其中原理

已解析的feed对象中包含了记录的信息，以及关于源本身的一般信息，如更新它的时间。feed信息可以在feed属性中找到。

```
>>> rss.feed.title
```

```
'NYT > Home Page'
```

每条记录都作为一个字典来工作，因此字段很容易被检索。它们也可以作为属性来访问，但是把它们当作键来使用可以得到所有可用的字段。

```
>>> entries[5].keys()
dict_keys(['title', 'title_detail', 'links', 'link', 'id', 'guidislink',
'media_content', 'summary', 'summary_detail', 'media_credit', 'credit',
'content', 'authors', 'author', 'author_detail', 'published', 'published_
parsed', 'tags'])
```

处理源的基本策略是解析它们并遍历记录。例如，通过检查描述或摘要来看它们是否有趣。如果它们是使用link字段下载下来的整个页面，为了避免重新检查记录，应存储最新的发布日期，下一次只检查较新的记录。

3.5.4 除此之外

完整的feedparser文档可以在这里找到：https://pythonhosted.org/ feedparser/。

可用的信息可能因订阅源而异。在《纽约时报》的示例中有一个包含标记信息的tag字段，但这不是标准的。至少记录应该有一个标题、一个描述和一个链接。

RSS源也是一种管理您自己选择的新闻源的很好的方式。有很多很棒的订阅源阅读器可供选择。

3.5.5 另请参阅

- 第1章“让我们开始自动化之旅”中“安装第三方软件包”的方法。
- “下载网页”的方法。

3.6 访问网络接口

扫一扫，看视频

网站可以创建丰富的接口，允许通过HTTP进行强大的交互。最常见的接口是使用JSON通过RESTful API实现的。这些基于文本的接口易于理解和编程，并且使用与语言无关的通用技术，这意味着它们可以在任何具有HTTP客户端模块的编程语言中访问，当然其中也包括Python。

JSON以外的格式也有被使用，如XML，但是JSON是一种非常简单和可读的格式，可以很好地转换成Python字典(其他语言也类似)。到目前为止，JSON是RESTful API中最常见的格式。访问这个网站了解更多关于JSON的信息：https://www.json.org/。

RESTful的严格定义要求一些特性，但是一种非正式的定义是通过URL访问资源。这意味着一个URL要代表一个特定的资源，如报纸上的一篇文章或者房地产网站上的一处房产。然后，可以通过HTTP方法（GET浏览、POST创建、PUT/PATCH编辑、DELETE删除）来操作它们。

适当的RESTful接口需要具备适当的特性，并且它是一种创建不严格限制于HTTP接口的方法。可以在这里阅读更多有关它的信息：https://codewords.recurse.com/issues/five/what-restful-actually-means。

使用requests可以很轻松地处理它们，因为它包含了对原生JSON的支持。

3.6.1 做好准备

为了演示如何操作RESTful API，使用示例网站https:// jsonplaceholder.typicode.com/。它用发帖、评论和其他公共资源模拟了一个公共示例。这里将使用发帖和评论功能。需要使用的URL如下。

```
# The collection of all posts
/posts
# A single post. X is the ID of the post
/posts/X
# The comments of post X
/posts/X/comments
```

该站点将适当的结果分别返回给它们，非常方便。

因为它是一个测试站点，所以不会创建数据，但是站点将返回所有正确的响应。

3.6.2 如何操作

（1）引入requests模块。

```
>>> import requests
```

（2）获取所有帖子的列表并显示最新的帖子。

```
>>> result = requests.get('https://jsonplaceholder.typicode.com/posts')
>>> result
<Response [200]>
>>> result.json()
# List of 100 posts NOT DISPLAYED HERE
>>> result.json()[-1]
{'userId': 10, 'id': 100, 'title': 'at nam consequatur ea labore ea harum',
```

```
'body': 'cupiditate quo est a modi nesciunt soluta\nipsa voluptas error itaque
dicta in\nautem qui minus magnam et distinctio eum\naccusamus ratione error
aut'}
```

（3）创建一个新帖子并查看新创建资源的URL。这次调用同样也会返回资源。

```
>>> new_post = {'userId': 10, 'title': 'a title', 'body': 'something
something'}
>>> result = requests.post('https://jsonplaceholder.typicode.com/posts',
                           json=new_post)
>>> result
<Response [201]>
>>> result.json()
{'userId': 10, 'title': 'a title', 'body': 'something something', 'id': 101}
>>> result.headers['Location'] 'http://jsonplaceholder.typicode.com/posts/101'
注意：创建资源的POST请求返回201，这是创建的正确状态。
```

（4）使用GET获取一个现有的帖子。

```
>>> result = requests.get('https://jsonplaceholder.typicode.com/posts/2')
>>> result
<Response [200]>
>>> result.json()
{'userId': 1, 'id': 2, 'title': 'qui est esse', 'body': 'est rerum tempore
vitae\nsequi sint nihil reprehenderit dolor beatae ea dolores
neque\nfugiat blanditiis voluptate porro vel nihil molestiae ut reiciendis\
nqui aperiam non debitis possimus qui neque nisi nulla'}
```

（5）使用PATCH更新它的值并检查返回的资源。

```
>>> update = {'body': 'new body'}
>>> result = requests.patch('https://jsonplaceholder.typicode.com/posts/2',
json=update)
>>> result
<Response [200]>
>>> result.json()
{'userId': 1, 'id': 2, 'title': 'qui est esse', 'body': 'new body'}
```

3.6.3 其中原理

通常会访问两种类型的资源：单个资源 (https://jsonplaceholder.typicode.com/posts/X)和资源集合 (https://jsonplaceholder.typicode.com/posts)。

- 资源集合可以接收GET来检索它们，而单个资源接收GET来获取元素。
- PUT和PATCH可以用于编辑，而DELETE用于删除它们。

所有可用的HTTP方法都可以在requests中调用。在前面的章节中使用了.get()，但是.post()、.patch()、.put()和.delete()同样是可用的。

返回的响应对象有一个.json()方法，该方法可以对JSON的结果进行解码。

同样的，要发送信息，json参数也是可用的。这将字典编码为JSON并将其发送到服务器。数据需要遵循资源的格式，否则可能会引发错误。

GET和DELETE不要求数据，但是PATCH、PUT和POST需要数据。

所引用的资源将被返回，其URL在头字段中可以找到。这在创建新资源时非常有用，因为它的URL事先我们是不知道的。

PATCH和PUT的不同之处在于，后者替换了整个资源，而前者执行部分更新。

3.6.4 除此之外

RESTful API非常强大，但是也有很大的变化性。请查看特定API的文档以了解其详细信息。

3.6.5 另请参阅

- “下载网页”的方法。
- 第1章“让我们开始自动化之旅”中“安装第三方软件包”的方法。

3.7 使用表单进行交互

网页中常见的一种元素就是表单。表单是向网页发送值的一种方式。例如，在博客文章中创建新评论或者提交一个购买请求。

扫一扫，看视频

浏览器呈现表单，因此可以向其中填写值内容然后按下提交（submit）或者其他等效按钮来发送它们。这一节中将看到如何以编程的方式进行这个操作。

注意，向站点发送数据通常比接收数据更需要理智。例如，向网站发送自动评论很大程度上可以被定义为垃圾邮件。这意味着使其自动化并包含安全措施可能更加困难。因此，请反复检查试图实现的是一个有效的、合乎道德的用例。

3.7.1 做好准备

将使用测试服务器https://httpbin.org/forms/post，它允许我们发送一个测试表单并返回提交的信息。

图3-2所示是一个点披萨的例子。

可以手动填写表单，看到它以JSON格式返回信息，包括使用的浏览器等额外信息。

图3-3所示是生成的网页表单的前端。

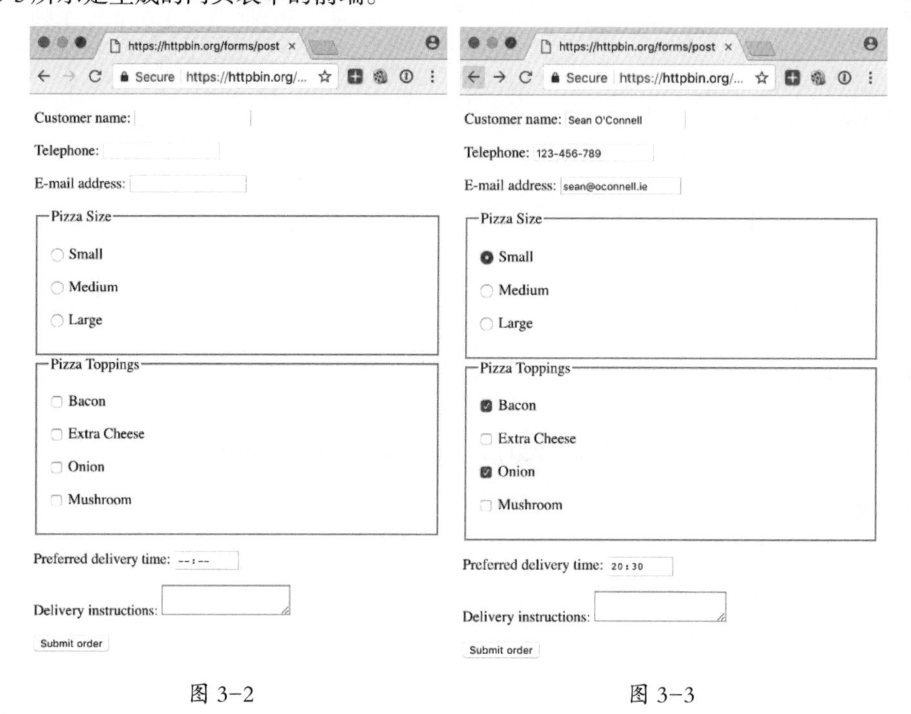

图 3-2　　　　图 3-3

图3-4所示是生成的表单后端。

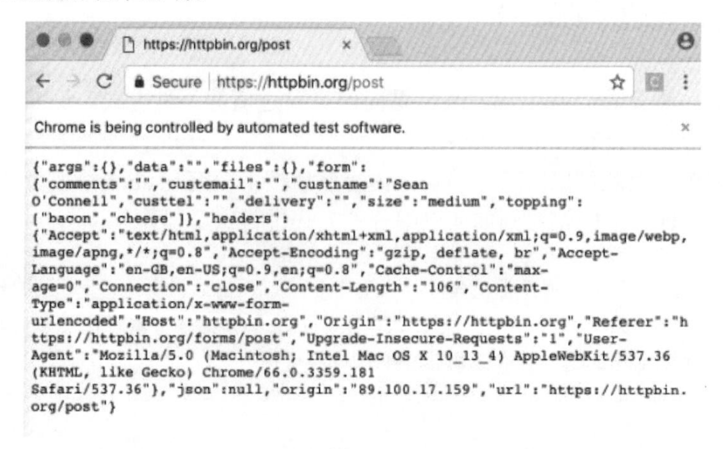

图 3-4

需要分析HTML以查看表单接收的数据。检查源代码，显示如图3-5所示。

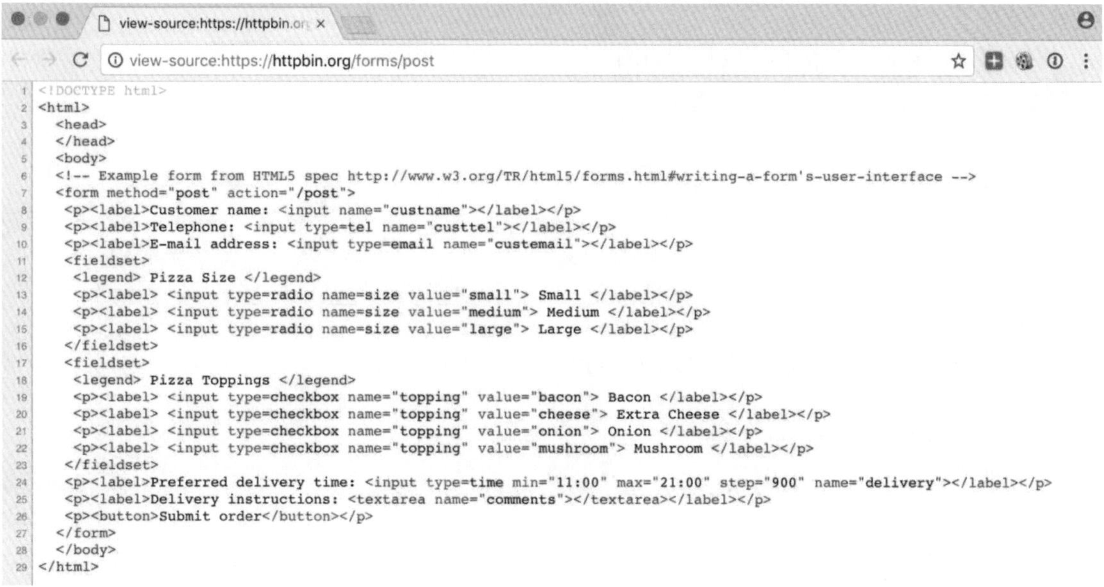

```
view-source:https://httpbin.org/forms/post

<!DOCTYPE html>
<html>
  <head>
  </head>
  <body>
  <!-- Example form from HTML5 spec http://www.w3.org/TR/html5/forms.html#writing-a-form's-user-interface -->
  <form method="post" action="/post">
   <p><label>Customer name: <input name="custname"></label></p>
   <p><label>Telephone: <input type=tel name="custtel"></label></p>
   <p><label>E-mail address: <input type=email name="custemail"></label></p>
   <fieldset>
    <legend> Pizza Size </legend>
    <p><label> <input type=radio name=size value="small"> Small </label></p>
    <p><label> <input type=radio name=size value="medium"> Medium </label></p>
    <p><label> <input type=radio name=size value="large"> Large </label></p>
   </fieldset>
   <fieldset>
    <legend> Pizza Toppings </legend>
    <p><label> <input type=checkbox name="topping" value="bacon"> Bacon </label></p>
    <p><label> <input type=checkbox name="topping" value="cheese"> Extra Cheese </label></p>
    <p><label> <input type=checkbox name="topping" value="onion"> Onion </label></p>
    <p><label> <input type=checkbox name="topping" value="mushroom"> Mushroom </label></p>
   </fieldset>
   <p><label>Preferred delivery time: <input type=time min="11:00" max="21:00" step="900" name="delivery"></label></p>
   <p><label>Delivery instructions: <textarea name="comments"></textarea></label></p>
   <p><button>Submit order</button></p>
  </form>
  </body>
</html>
```

图 3-5

检查输入内容的标签:custname、custtel、custemail、size（单选）、topping（多个选项复选）、delivery（时间）和comments。

3.7.2 如何操作

（1）引入requests、BeautifulSoup和re模块。

```
>>> import requests
>>> from bs4 import BeautifulSoup
>>> import re
```

（2）检索表单页面，解析它并打印输入字段。检查发送网址为/post（而不是 /forms/post）。

```
>>> response = requests.get('https://httpbin.org/forms/post')
>>> page = BeautifulSoup(response.text)
>>> form = soup.find('form')
>>> {field.get('name') for field in
form.find_all(re.compile('input|textarea'))}
{'delivery', 'topping', 'size', 'custemail', 'comments', 'custtel',
'custname'}
```

注意:textarea是一个有效输入，并且以 HTML格式定义。

（3）准备好要作为字典发送的数据。检查值是否与表单中定义的值相同。

```
>>> data = {'custname': "Sean O'Connell", 'custtel': '123-456-789',
```

```
'custemail': 'sean@oconnell.ie', 'size': 'small', 'topping':
['bacon','onion'], 'delivery': '20:30', 'comments': ''}
```

(4)发送这些值，并检查响应是否与浏览器中返回的值相同。

```
>>> response = requests.post('https://httpbin.org/post', data)
>>> response
<Response [200]>
>>> response.json()
{'args': {}, 'data': '', 'files': {}, 'form': {'comments': '', 'custemail':
'sean@oconnell.ie', 'custname': "Sean O'Connell", 'custtel': '123-456-
789', 'delivery': '20:30', 'size': 'small','topping': ['bacon', 'onion']},
'headers': {'Accept': '*/*', 'Accept-Encoding': 'gzip, deflate', 'Connection':
'close', 'Content-Length':'140', 'Content-Type': 'application/x-www-form-
urlencoded', 'Host': 'httpbin.org', 'User-Agent': 'python-requests/2.18.3'},
'json': None, 'origin': '89.100.17.159', 'url': 'https://httpbin.org/post'}
```

3.7.3 其中原理

requests可以直接以正确的方式发送数据。默认情况下，它以application/x-www-form-urlencoded格式发送POST数据。

将其与“访问网络接口”一节相比，后者使用参数json以JSON格式显式发送数据。这使得Content-Type为application/json，而不是application/x-www-form-urlencoded。

这里的关键是要考虑表单的格式和可能返回的错误代码(通常是400错误)。

3.7.4 除此之外

除了遵循表单格式和输入有效值外，使用表单时的主要麻烦是要尽力防止垃圾邮件和滥用行为。

一个非常常见的限制是确保在提交表单之前下载了表单，以避免提交多个表单或者跨站点请求伪造(Cross-Site Request Forgery，CSRF)。

CSRF是一个严重的问题，它的意思是利用浏览器已经通过身份验证的优势，从一个页面生成对另一个页面的恶意调用。例如，进入一个幼犬网站，利用您登录到您的银行页面执行“代表您”的操作。下面是对它的一个很好的描述:https://stackoverflow.com/a/33829607。一般情况下，浏览器的新技术有助于解决这些问题。

要获得特定的令牌(token)，需要首先下载表单，获取CSRF令牌(用于验证认证用户和发起请求者是否为同一个人)的值，然后重新提交它。注意，令牌可以有不同的名称，这里只是一个示例。

```
>>> form.find(attrs={'name': 'token'}).get('value')
'ABCEDF12345'
```

3.7.5 另请参阅

- “下载网页”的方法。
- “解析HTML”的方法。

3.8 使用 Selenium 进行高级交互

扫一扫，看视频

有时候，只有无异于真实的东西才有用。selenium就是一个能在网络浏览器中实现自动化的项目。它被认为是一种自动测试的方法，但是也可以用于自动化与站点的交互。

selenium可以控制Safari、Chrome、Firefox、Internet Explorer或者Microsoft Edge，但它需要为每个浏览器安装特定的驱动程序。本节将会使用Chrome来进行学习。

3.8.1 做好准备

需要为Chrome安装正确的驱动程序，即chromedriver。它可以在以下网址中下载到:https://sites.google.com/a/chromium.org/chromedriver/。它适用于大多数平台，并且要求您已经安装了Chrome，浏览器可以在以下网址中下载:https://www.google.com/chrome/。

将selenium模块添加到requirements.txt并安装它。

```
$ echo "selenium==3.12.0" >> requirements.txt
$ pip install -r requirements.txt
```

3.8.2 如何操作

（1）引入selenium，启动浏览器并加载表单页面。此时将会打开一个页面反映操作。

```
>>> from selenium import webdriver
>>> browser = webdriver.Chrome()
>>> browser.get('https://httpbin.org/forms/post')
```

注意，Chrome上有一横栏，代表Chrome正在由自动测试软件控制。

（2）在Customer name字段中添加一个值。记住它叫custname。

```
>>> custname = browser.find_element_by_name("custname")
>>> custname.clear()
```

```
>>> custname.send_keys("Sean O'Connell")
```

表单将会更新，如图3-6所示。

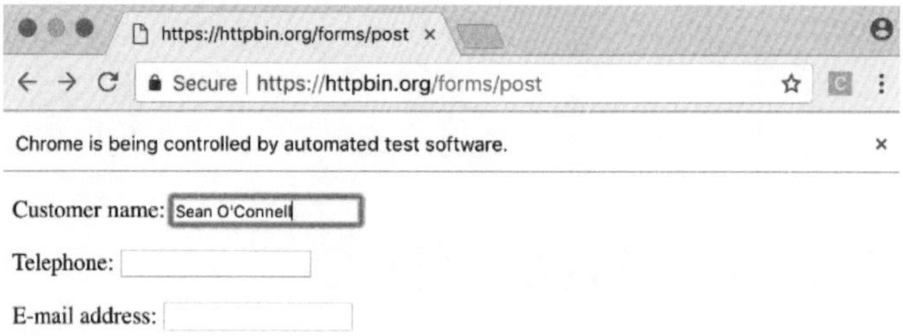

图 3−6

（3）选择披萨尺寸为medium。

```
>>> for size_element in browser.find_elements_by_name("size"):
...     if size_element.get_attribute('value') == 'medium':
...         size_element.click()
...
>>>
```

这是改变披萨大小的选项。

（4）添加bacon和cheese。

```
>>> for topping in browser.find_elements_by_name('topping'):
...     if topping.get_attribute('value') in ['bacon', 'cheese']:
...         topping.click()
...
>>>
```

最后，复选框将出现如图3-7所示标记。

（5）提交表单。页面将会提交并显示结果。

```
>>> browser.find_element_by_tag_name('form').submit()
```

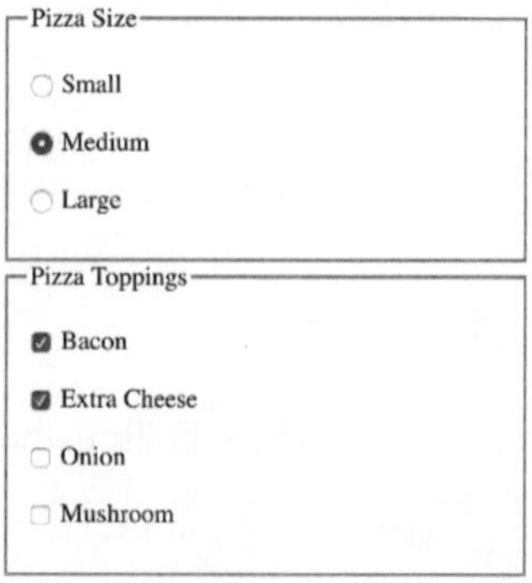

图 3−7

提交表格后，会显示来自服务器的结果，如图3-8所示。

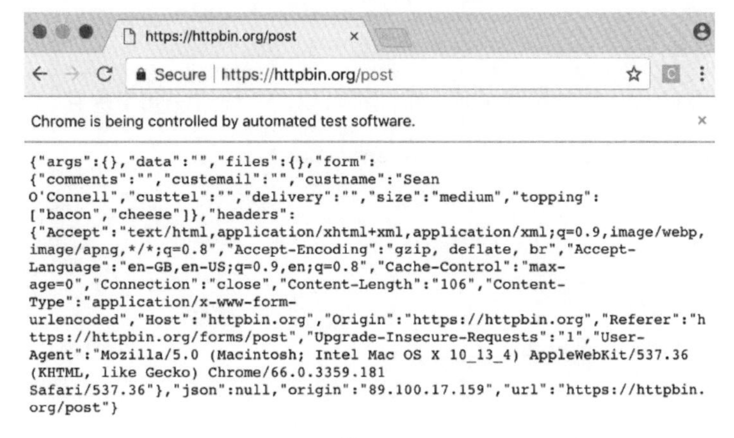

图 3-8

（6）关闭浏览器。

```
>>> browser.quit()
```

3.8.3 其中原理

“如何操作”小节中的第一步展示了如何创建一个selenium界面和如何前往一个特定的URL。

selenium与BeautifulSoup的工作原理类似：选择适当的元素，然后操作它。selenium中选择器的工作方式也与BeautifulSoup类似，其中最常见的就是find_element_by_id、find_element_by_class_name、find_element_by_name、find_element_by_tag_name和find_element_by_css_selector。还有一个等效的 find_elements_by_X，它返回一个列表，而不是像find_elements_by_tag_name、find_elements_by_name或者其他选择器那样返回第一个发现的元素。这在检查元素是否存在时也很有用。如果没有元素，find_elements会返回一个空列表并引发一个错误。

HTML属性的元素上的数据（如表单元素上的值）可以通过.get_attribute()或.text获取。

其中的元素可以被操纵，使用.send_keys()可以模拟按键输入文本，使用.click()可以模拟鼠标单击，在网页接受的情况下使用.submit()可以搜索到一个表单并正确提交。

最后，第6步关闭了浏览器。

3.8.4 除此之外

以下是完整的selenium文档：http://selenium-python.readthedocs.io/。

对于每个元素，都有额外的信息可以提取，如.is_displayed() 或者.is_selected()。文本可以使用.find_element_by_link_text() 和.find_element_by_partial_link_text()进行搜索。

有时候，打开浏览器可能很不方便。另一种方法就是在无头模式下启动浏览器，并在后台操作它。

```
>>> from selenium.webdriver.chrome.options import Options
>>> chrome_options = Options()
```

```
>>> chrome_options.add_argument("--headless")
>>> browser = webdriver.Chrome(chrome_options=chrome_options)
>>> browser.get('https://httpbin.org/forms/post')
```

该页面将不会被显示，但是无论如何，截图都可以用下面这一句来保存。

```
>>> browser.save_screenshot('screenshot.png')
```

3.8.5 另请参阅

- “解析HTML”的方法。
- “使用表单进行交互”的方法。

3.9 访问密码保护页面

扫一扫，看视频

有时一个网页不向公众开放，而是以某种方式受到保护。保护页面最基本的方式是使用HTTP身份验证，它集成在几乎每个网络服务器中，并且采用用户/密码模式。

3.9.1 做好准备

可以在https://httpbin.org测试这种身份验证。

它有一个路径——/basic-auth/{user}/{password}强制进行身份验证，并声明用户和密码。便于理解身份验证是如何工作的。

3.9.2 如何操作

（1）引入requests模块。

```
>>> import requests
```

（2）使用错误的凭据对URL发出GET请求。注意，将URL上的凭据设置为user和psswd。

```
>>> requests.get('https://httpbin.org/basic-auth/user/psswd', auth=('user',
                'psswd'))
<Response [200]>
```

（3）使用错误的凭据返回401状态码(未经授权)。

```
>>> requests.get('https://httpbin.org/basic-auth/user/psswd', auth=('user',
                'wrong'))
<Response [401]>
```

（4）凭据也可以直接在URL中传递，在服务器之前用冒号和@符号分隔。

```
>>>requests.get('https://user:psswd@httpbin.org/basic-auth/user/psswd')
<Response [200]>
>>>requests.get('https://user:wrong@httpbin.org/basic-auth/user/psswd')
<Response [401]>
```


3.9.3 其中原理

由于HTTP基本身份验证应用十分广泛，因此在requests的帮助下使用验证非常简单。

“如何操作”小节中第2步和第4步展示了如何提供正确的密码，第3步显示当密码错误时会发生什么。

记住，一定要使用HTTPS来确保密码的发送是保密的。如果使用HTTP，密码将通过网络公开发送。

3.9.4 除此之外

在URL上添加用户和密码也可以在浏览器上工作。如果尝试直接进入页面，就会看到一个询问用户名和密码的对话框，如图3-9所示。

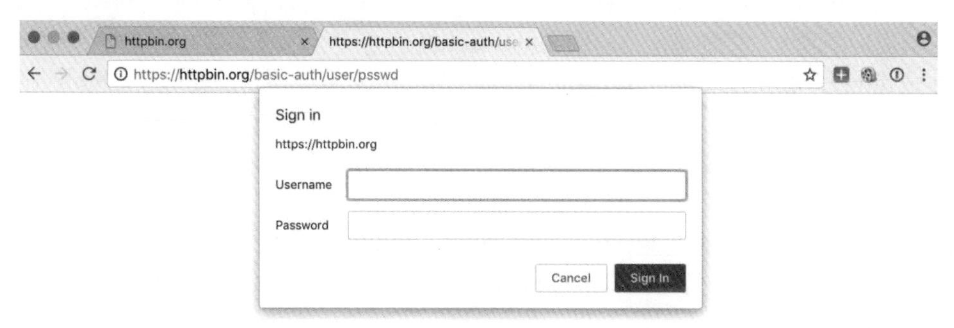

图 3-9

当使用包含用户名和密码的URL：https://user:psswd@httpbin.org/basic-auth/user/psswd登录时，对话框不会出现，并且会自动进行身份验证。

如果需要访问多个页面，则可以在requests中创建一个对话，并设置身份验证参数，以备不时之需。

```
>>> s = requests.Session()
>>> s.auth = ('user', 'psswd')
>>> s.get('https://httpbin.org/basic-auth/user/psswd')
<Response [200]>
```

3.9.5 另请参阅

- “下载网页”的方法。
- “访问网络接口”的方法。

3.10 加速网络抓取

扫一扫，看视频

通常从网页下载信息所花费的时间大部分是等待时间。一个请求从我们的计算机发送到将要处理它的服务器，然后等待远程服务器进行响应并将结果返回到我们的计算机，这个过程不能避免。

在执行本书所讲解的操作时，会注意到requests调用中经常涉及等待时间，通常是1~2秒。但是计算机可以在等待的时候做其他事情，包括同时发出更多的请求。在本节中将看到如何并行下载一系列页面，并等待它们全部就绪。下面将故意使用慢速的服务器来说明这一点。

3.10.1 做好准备

将获得用来遍历和搜索关键字的代码，利用Python 3 的futures功能可同时下载多个页面。

future是代表值的承诺对象。这意味着当代码在后台执行时，将立即接收到一个对象。只有程序接收到返回结果时，才能请求这个对象的.result()。

要生成future，需要一个名为executor的后台引擎。一旦创建成功，就可以submit一个函数和参数来检索一个future对象。结果的检索可以延迟到任何需要的时间，并且允许在一行中生成多个future对象，并等待所有的对象都处理完成，并行地执行它们。而不是先创建一个对象，一直等到它完成之后，再创建另一个对象，以此类推。

创建执行器有很多种方法。本节将使用ThreadPoolExecutor，它里面将会使用多线程。

使用一个准备好的网站做示例。可以在GitHub repo中下载它：https://github.com/PacktPublishing/Python-Automation-Cookbook/tree/master/Chapter03/test_site。下载整个站点并运行其中包含的脚本。

```
$ python simple_delay_server.py -d 2
```

这个脚本将在http://localhost:8000 中为站点提供服务。可以在浏览器上查看。这是一个简单的博客，里面有三个条目。大部分内容都很无趣，但是我们添加了几个包含关键字python的段落。参数-d 2 使服务器故意变慢，模拟一个坏连接。

3.10.2 如何操作

（1）编写以下脚本为speed_up_step1.py。完整的代码可以在GitHub的Chapter03 目录下找到：https://github.com/PacktPublishing/Python-Automation-Cookbook/blob/master/Chapter03/speed_ up_step1.py。这里只是最相关的部分，基于crawling_web_step1.py。

```
...
def process_link(source_link, text):
    ...
    return source_link, get_links(parsed_source, page)
...

def main(base_url, to_search, workers):
    checked_links = set()
    to_check = [base_url]
    max_checks = 10

    with concurrent.futures.ThreadPoolExecutor(max_workers=workers) as
    executor:
    while to_check:
        futures = [executor.submit(process_link, url, to_search) for url in
                   to_check]
        to_check = []
        for data in concurrent.futures.as_completed(futures):
            link, new_links = data.result()

            checked_links.add(link)
            for link in new_links:
                if link not in checked_links and link not in to_check:
                    to_check.append(link)

            max_checks -= 1
            if not max_checks:
                return

if __name__ == '__main__':
    parser = argparse.ArgumentParser()
    ...
    parser.add_argument('-w', type=int, help='Number of workers',default=4)
    args = parser.parse_args()
    main(args.u, args.p, args.w)
```

（2）注意main函数中的差异。此外，还添加了一个额外的参数（并发数），函数process_link现在会返回源链接。

（3）运行crawling_web_step1.py脚本获得时间基线。注意，为了清晰起见，这里的输出已经被删除。

```
$ time python crawling_web_step1.py http://localhost:8000/
... REMOVED OUTPUT
real 0m12.221s
user 0m0.160s
sys 0m0.034s
```

（4）用一个线程运行新脚本，这比原来的慢。

```
$ time python speed_up_step1.py -w 1
... REMOVED OUTPUT
real 0m16.403s
user 0m0.181s
sys 0m0.068s
```

（5）提升线程数。

```
$ time python speed_up_step1.py -w 2
... REMOVED OUTPUT
real 0m10.353s
user 0m0.199s
sys 0m0.068s
```

（6）添加更多的线程数来缩短时间。

```
$ time python speed_up_step1.py -w 5
... REMOVED OUTPUT
real 0m6.234s
user 0m0.171s
sys 0m0.040s
```

3.10.3 其中原理

创建并发请求的主引擎是主函数。注意，代码的其余部分基本上没有被修改（除了在process_link函数中返回了源链接外）。

在适应并发性时，这种修改实际上非常常见。并发任务需要返回所有相关数据，因为它们不能依赖于有序的上下文结构。

这是处理并发引擎代码的相关部分。

```
with concurrent.futures.ThreadPoolExecutor(max_workers=workers) as executor:
    while to_check:
        futures = [executor.submit(process_link, url, to_search) for url in
```

```
                to_check]
        to_check = []
        for data in concurrent.futures.as_completed(futures):
            link, new_links = data.result()

            checked_links.add(link)
            for link in new_links:
                if link not in checked_links and link not in to_check:
                    to_check.append(link)

            max_checks -= 1
            if not max_checks:
                return
```

with上下文管理器创建了一个指定数量的线程池。在内部，程序创建了一个包含要检索的所有URL的future对象列表。.as_completed()函数的作用是返回已完成的future对象，然后处理获取的新发现的链接，并检查是否需要向列表中添加这些链接来检索它们。这个过程类似“遍历网页”一节中的内容。

在检索到足够的链接或没有要链接需要检索之前，这个过程将不断重新启动。注意，链接是批量检索的；第一次处理基本链接并检索所有链接。在第二个迭代中，将请求所有这些链接。一旦这些链接所指向的网页全部下载完毕，新的一批线程将会处理它们并检索相关内容。

在处理并发请求时，记住它们可以在两次执行之间更改顺序。如果一个请求花费的时间多一点或者少一点，就会影响检索到的信息的顺序。因为在下载了10个页面后就停止了，这也意味着这10个页面有可能是不同的。

3.10.4 除此之外

完整的futures文档可以在这里找到:https://docs.python.org/ 3/library/concurrent.futures.html。

正如在“如何操作”小节中第4步和第5步中所见到的，正确确定线程数可能需要一些测试。由于管理复杂程度的增加，一些数字可能反而会使这个过程变慢。所以不要害怕实验！

在Python世界中，还有其他方法可以发出并发HTTP请求。有一个本地请求模块允许我们处理future对象，叫作requests-futures。它也可以在这里找到:https://github.com/ross/requests-futures。

另一种选择是使用异步编程。这种工作方式最近得到了很多关注，因为在处理许多并发调用的情况下它可以非常高效。但是它产生结果的编程方式与传统方法不同，需要一段时间来适应。Python包含了asyncio模块来处理异步编程，还有一个优秀的模块aiohttp也可以用来处理HTTP

请求。在这里可以找到关于aiohttp的更多信息：https://aiohttp.readthedocs.io/en/stable/client_quickstart.html。

这里有一篇优秀的文章介绍了异步编程：https://djangostars.com/blog/asynchronous-programming-in-python-asyncio/。

3.10.5 另请参阅

- “遍历网页”的方法。
- “下载网页”的方法。

第4章

搜索和读取本地文件

本章将介绍以下内容：

- 遍历和搜索目录。
- 读取文本文件。
- 处理编码。
- 读取CSV文件。
- 读取日志文件。
- 读取文件元数据。
- 读取图像。
- 读取PDF文件。
- 读取Word文档。
- 扫描文档寻找关键字。

4.1 引言

在本章中，将学习读取文件的基本操作。首先，要在目录和子目录中搜索和打开文件。然后，将了解一些最常见的文件类型以及如何读取它们，包括原始文本文件、PDF和Word文档等格式。

最后一节会把它们组合起来，展示如何在目录中递归搜索不同类型文件中的关键字。

4.2 遍历和搜索目录

扫一扫，看视频

这一节将学习如何递归扫描一个目录以获得其中包含的所有文件。文件可以是特定类型或者任意类型。

4.2.1 做好准备

从创建一个包含一些文件信息的测试目录开始。

```
$ mkdir dir
$ touch dir/file1.txt
$ touch dir/file2.txt
$ mkdir dir/subdir
$ touch dir/subdir/file3.txt
$ touch dir/subdir/file4.txt
$ touch dir/subdir/file5.pdf
$ touch dir/file6.pdf
```

所有文件都是空的。本节中只是为了遍历和搜索它们。注意，有4个文件扩展名为.txt，两个文件扩展名是.pdf。

这里的文件也可以在GitHub中找到：https://github.com/PacktPublishing/Python-Automation-Cookbook/tree/ master/Chapter04/documents/dir。

进入刚刚创建的dir目录。

```
$ cd dir
```

4.2.2 如何操作

（1）打印dir及其子目录中的所有文件名。

```
>>> import os
>>> for root, dirs, files in os.walk('.'):
...     for file in files:
...         print(file)
...
file1.txt
file2.txt
file6.pdf
file3.txt
file4.txt
file5.pdf
```

（2）打印加入根目录后的文件完整路径。

```
>>> for root, dirs, files in os.walk('.'):
...     for file in files:
...         full_file_path = os.path.join(root, file)
...         print(full_file_path)
...
./dir/file1.txt
./dir/file2.txt
./dir/file6.pdf
./dir/subdir/file3.txt
./dir/subdir/file4.txt
./dir/subdir/file5.pdf
```

（3）只打印.pdf文件。

```
>>> for root, dirs, files in os.walk('.'):
...     for file in files:
...         if file.endswith('.pdf'):
...             full_file_path = os.path.join(root, file)
...             print(full_file_path)
...
./dir/file6.pdf
./dir/subdir/file5.pdf
```

（4）只打印文件名包含偶数的文件。

```
>>> import re
>>> for root, dirs, files in os.walk('.'):
...     for file in files:
...         if re.search(r'[13579]', file):
...             full_file_path = os.path.join(root, file)
...             print(full_file_path)
```

```
...
./dir/file1.txt
./dir/subdir/file3.txt
./dir/subdir/file5.pdf
```

4.2.3 其中原理

os.walk()遍历整个目录和所有子目录，返回所有文件。它返回一个包含特定目录、子目录及所有文件的元组。

```
>>> for root, dirs, files in os.walk('.'):
...     print(root, dirs, files)
...
. ['dir'] []
./dir ['subdir'] ['file1.txt', 'file2.txt', 'file6.pdf']
./dir/subdir [] ['file3.txt', 'file4.txt', 'file5.pdf']
```

os.path.join()函数允许我们简单地连接两个路径，如基本路径和文件名。

当文件名作为纯字符串返回时，可以执行任何类型的过滤，如“如何操作”小节的第3步所示。在第4步中，还可以使用正则表达式进行筛选。

在下一节中将处理文件的内容，而不仅仅是文件名。

4.2.4 除此之外

无论如何程序都不会打开或者修改返回的文件。这个操作是只读的。文件也可以像平常那样打开，将在之后的章节中进行介绍。

注意，在遍历时更改目录的结构可能会影响最终的结果。如果需要程序运行时存储任何文件（如复制或移动文件），最好将其存储在另外的目录中。

os.path模块还有一些其他有趣的功能。除了join()外，最有用的可能是以下几种。

- os.path.abspath()返回文件的绝对路径。
- os.path.split()在目录和文件之间分割路径。

```
>>> os.path.split('/a/very/long/path/file.txt').
('/a/very/long/path', 'file.txt')
```

- os.path.exists()判断文件系统中是否存在一个文件。

关于os.path的完整文档可以在这里找到:https://docs.python.org/3/library/os.path.html。还有另一个模块，pathlib可以以面向对象的方式用于更高级别的访问：https://docs.python.org/3/library/pathlib.html。

如“如何操作”小节的第4步所示，有很多过滤方法可以在这里使用。所有第1章中介绍的字符串操作在这里均可以使用。

4.2.5 另请参阅

- 第1章“让我们开始自动化之旅”中“引入正则表达式”的方法。
- “读取文本文件”的方法。

4.3 读取文本文件

扫一扫，看视频

在搜索到一个特定的文件之后，可能需要打开并读取它。文本文件是一种非常简单但是功能强大的文件，它们以纯文本的形式存储数据，没有复杂的二进制格式。

Python原生支持文本文件。我们很容易将文本文件视为行的集合。

4.3.1 做好准备

将读取zen_of_python.txt文件，其中包含了Tim Peters编写的“Python之禅”。这是一组格言，很好地描述了Python背后的设计原则。可以在GitHub仓库中找到它：https://github.com/PacktPublishing/Python-Automation-Cookbook/blob/master/Chapter04/documents/zen_of_python.txt。

```
Beautiful is better than ugly.
Explicit is better than implicit.
Simple is better than complex.
Complex is better than complicated.
Flat is better than nested.
Sparse is better than dense.
Readability counts.
Special cases aren't special enough to break the rules.
Although practicality beats purity.
Errors should never pass silently.
Unless explicitly silenced.
In the face of ambiguity, refuse the temptation to guess.
There should be one-- and preferably only one --obvious way to do it.
Although that way may not be obvious at first unless you're Dutch.
Now is better than never.
Although never is often better than *right* now.
If the implementation is hard to explain, it's a bad idea.
If the implementation is easy to explain, it may be a good idea.
Namespaces are one honking great idea -- let's do more of those!
```

"Python之禅"在PEP-20(Python Enhancement Proposals,Python增强提案)中有更多的描述:https://www.python.org/dev/peps/pep-0020/。

"Python之禅"也可以在任何Python解释器中通过输入import this来显示。

4.3.2 如何操作

(1)打开并逐行打印整个文件(结果在此省略)。

```
>>> with open('zen_of_python.txt') as file:
...     for line in file:
...         print(line)
...
[RESULT NOT DISPLAYED]
```

(2)打开文件并打印任何包含字符串should的行。

```
>>> with open('zen_of_python.txt', 'r') as file:
...     for line in file:
...         if 'should' in line.lower():
...            print(line)
...
Errors should never pass silently.
There should be one-- and preferably only one --obvious way to do it.
```

(3)打开文件并打印第一个包含单词better的行。

```
>>> with open('zen_of_python.txt', 'rt') as file:
...     for line in file:
...         if 'better' in line.lower():
...            print(line)
...            break
...
Beautiful is better than ugly.
```

4.3.3 其中原理

使用open()函数可以以文本模式打开文件。这将返回一个file对象,然后可以遍历该对象以逐行返回它的内容,正如"如何操作"小节中的第1步所示。

with上下文管理器是一种处理文件非常方便的方法,因为它将在使用后(离开代码块)关闭文件,即使出现异常也是这样。

“如何操作”小节中的第2步展示了如何根据任务来迭代和过滤行。这些行作为字符串返回，正如前面所说，可以以多种方式过滤。

通常也没有必要读取整个文件，如“如何操作”小节的第3步所示。因为逐行遍历文件将在程序需要时读取文件,所以可以在任何时候停止,避免读取文件的其余部分。对于示例这样的大文件，这一点不是很重要，但是对于大文件，这样做可以减少内存使用和程序运行时间。

4.3.4 除此之外

with上下文管理器是处理文件的首选方法,但它不是唯一的方法。也可以手动打开和关闭文件。如下所示。

```
>>> file = open('zen_of_python')
>>> content = file.read()
>>> file.close()
```

注意.close()函数，以确保文件在使用结束后关闭并释放与打开文件相关的资源。.read()函数会一次性读取整个文件，而不是逐行读取。

.read()还可以接收一个以字节为单位的size参数，该参数限制读取数据的大小。例如，file.read(1024)将返回最多1 KB的信息。对.read()的下一次调用将从那个点之后继续。

文件以特定的模式打开。模式定义了读/写以及文本或二进制数据的组合。默认情况下，文件以只读和文本模式打开，称为'r'（第2步中）或'rt'（第3步中）。

更多的模式将在其他小节中进行介绍。

4.3.5 另请参阅

- “遍历和搜索目录”的方法。
- “处理编码”的方法。

4.4 处理编码

文本文件可以以不同的编码显示。近年来，这种情况有了很大的改善，但在使用不同的系统时仍然会存在兼容性问题。

扫一扫，看视频

文件中的原始数据和Python中的字符串对象间存在一定的差异。字符串对象已将文件中包含的任何编码转换为原生字符串。但是在存储时，可能需要再将字符串转换为其他编码储存。默认情况下，Python使用的是由OS定义的编码，在现代操作系统中采用UTF-8。这是一种高度兼容的编码，但是有时可能需要将文件保存在不同的编码中。

4.4.1 做好准备

在GitHub仓库中准备了两个文档，以两种不同编码方式存储了字符串20£。一个是通常的UTF-8，另一个也是常用的编码ISO-8859-1。这两个文件可以在这个GitHub的Chapter04/documents目录下找到，文件名分别为 example_iso.txt和example_utf8.txt。

```
https://github.com/PacktPublishing/Python-Automation-Cookbook
```

这里将使用第3章“构建您的第一个网络爬虫”的“解析HTML”中介绍的BeautifulSoup模块。

4.4.2 如何操作

(1) 打开example_utf8.txt文件并显示其内容。

```
>>> with open('example_utf8.txt') as file:
...     print(file.read())
...
20£
```

(2) 尝试打开example_iso.txt文件，但是这会引起一个异常。

```
>>> with open('example_iso.txt') as file:
...     print(file.read())
...
Traceback (most recent call last):
...
UnicodeDecodeError: 'utf-8' codec can't decode byte 0xa3 in position 2:
invalid start byte
```

(3) 使用正确的编码打开example_iso.txt文件。

```
>>> with open('example_iso.txt',encoding='iso-8859-1') as file:
...     print(file.read())
...
20£
```

(4) 打开utf-8文件并将其内容保存在iso-8859-1文件中。

```
>>> with open('example_utf8.txt') as file:
...     content = file.read()
>>> with open('example_output_iso.txt', 'w',encoding='iso-8859-1') as file:
...     file.write(content)
...
4
```

（5）以适当的格式读取新文件以确保刚才的文件正确保存。

```
>>> with open('example_output_iso.txt',encoding='iso-8859-1') as file:
...     print(file.read())
...
20£
```

4.4.3 其中原理

“如何操作”小节的第1步和第2步非常简单。在第3步中，添加了一个额外的参数encoding，以指定文件需要以与UTF-8不同的方式打开。

Python原生支持很多标准编码。可以在这里查看它们及其别名：https://docs.python.org/3/library/codecs.html#standard-encodings。

在第4步中，以ISO-8859-1编码创建一个新文件并像往常一样写入。注意，此处使用了'w'参数，它指定程序在读写和文本模式下打开它。

第5步用来确认文件已经正确保存。

4.4.4 除此之外

这一节中假定知道文件的编码。但是有时并不确定它。用来解析HTML的BeautifulSoup模块也可以用来尝试检测特定文件的编码。

自动检测一个文件的编码，一定程度上说，是不可能的，因为有无穷多的编码。但可以检查常见的编码，它应该可以覆盖90%的实际情况。记住，确定文件编码的最简单方法就是询问创建文件的人。

因此，需要使用'rb'参数以二进制格式打开文件，然后将二进制内容传递给BeautifulSoup的UnicodeDammit模块。

```
>>> from bs4 import UnicodeDammit
>>> with open('example_output_iso.txt', 'rb') as file:
...     content = file.read()
...
>>> suggestion = UnicodeDammit(content)
>>> suggestion.original_encoding
'iso-8859-1'
>>> suggestion.unicode_markup
'20£\n'
```

然后就可以推断出编码。虽然.unicode_markup可以返回已解码的字符串，但是建议只使用这个suggestion对象一次，然后在自动化任务中以正确的编码打开文件。

4.4.5 另请参阅

- 第1章“让我们开始自动化之旅”中“操作字符串”的方法。
- 第3章“构建您的第一个网络爬虫”中“解析HTML”的方法。

4.5 读取 CSV 文件

扫一扫，看视频

有些文本文件包含用逗号分隔的表格数据。这是一种创建结构化数据的简便方法，而不是使用专有的、更复杂的格式(如Excel或其他格式)。这些文件称为逗号分隔值(Comma Separated Values，CSV)，大多数电子表格包都会以这种格式导出。

4.5.1 做好准备

要准备一个CSV文件，该文件包含了按影院票房排序的前10部电影的数据：http://www.mrob.com/pub/film-video/topadj.html。

将表格中的前10行复制到电子表格程序(Numbers)中，并将文件导出为CSV。该文件可以直接在GitHub仓库的Chapter04/documents目录中以top_films.csv的形式获得，如图4-1所示。

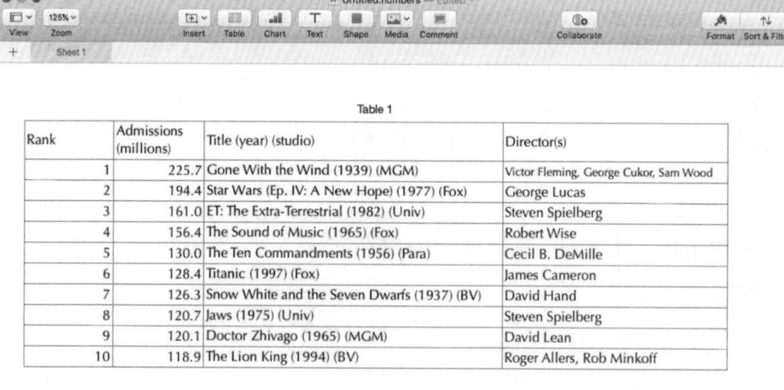

Table 1

Rank	Admissions (millions)	Title (year) (studio)	Director(s)
1	225.7	Gone With the Wind (1939) (MGM)	Victor Fleming, George Cukor, Sam Wood
2	194.4	Star Wars (Ep. IV: A New Hope) (1977) (Fox)	George Lucas
3	161.0	ET: The Extra-Terrestrial (1982) (Univ)	Steven Spielberg
4	156.4	The Sound of Music (1965) (Fox)	Robert Wise
5	130.0	The Ten Commandments (1956) (Para)	Cecil B. DeMille
6	128.4	Titanic (1997) (Fox)	James Cameron
7	126.3	Snow White and the Seven Dwarfs (1937) (BV)	David Hand
8	120.7	Jaws (1975) (Univ)	Steven Spielberg
9	120.1	Doctor Zhivago (1965) (MGM)	David Lean
10	118.9	The Lion King (1994) (BV)	Roger Allers, Rob Minkoff

图 4-1

4.5.2 如何操作

(1) 引入csv模块。

```
>>> import csv
```

(2) 打开文件，创建一个读取器，并遍历文件以显示所有行的表格数据(这里显示三行)。

```
>>> with open('top_films.csv') as file:
```

```
...     data = csv.reader(file)
...     for row in data:
...         print(row)
...
['Rank', 'Admissions\n(millions)', 'Title (year) (studio)', 'Director(s)']
['1', '225.7', 'Gone With the Wind (1939)\xa0(MGM)', 'Victor Fleming, George
Cukor, Sam Wood']
['2', '194.4', 'Star Wars (Ep. IV: A New Hope) (1977)\xa0(Fox)', 'George
Lucas']
...
['10', '118.9', 'The Lion King (1994)\xa0(BV)', 'Roger Allers, Rob Minkoff']
```

（3）打开文件并使用DictReader来使包括标题在内的数据结构化。

```
>>> with open('top_films.csv') as file:
...     data = csv.DictReader(file)
...     structured_data = [row for row in data]
...
>>> structured_data[0]
OrderedDict([('Rank', '1'), ('Admissions\n(millions)', '225.7'), ('Title (year)
(studio)', 'Gone With the Wind (1939)\xa0(MGM)'), ('Director(s)', 'Victor
Fleming, George Cukor, Sam Wood')])
```

（4）structured_data中的每一项都是一个完整的包含各自值的字典。

```
>>> structured_data[0].keys()
odict_keys(['Rank', 'Admissions\n(millions)', 'Title (year) (studio)',
'Director(s)'])
>>> structured_data[0]['Rank']
'1'
>>> structured_data[0]['Director(s)']
'Victor Fleming, George Cukor, Sam Wood'
```

4.5.3 其中原理

注意，使用了with上下文管理器来读取文件，这确保文件在块的末尾被关闭。

如“如何操作”小节中的第2步所示，csv.reader类允许我们按照表中数据的格式将返回的数据行细分为列表，进而重新构造它们。注意，所有值都被描述为字符串。csv.reader并不理解第一行是否为标题。

为了进行更加结构化的文件读取，在第3步中使用了csv.DictReader。默认情况下，它将第一行读取为定义稍后要描述的字段的标题，然后将每一行转换为具有这些字段的字典。

有时和本例中一样，文件中描述的字段名可能有点冗长。可以额外将字典转换成更加易于管理的字段名。

4.5.4 除此之外

由于CSV是一种定义非常松散的格式，因此它可以使用很多种方式存储数据，这在csv模块中称为方言(dialects)。例如，可以用逗号、分号或制表符来分隔值，可以调用csv.list_dialect来显示默认接受的方言列表。

默认情况下，方言是Excel，这是最常见的。甚至其他电子表格也会经常使用它。

也可以通过Sniffer类(嗅探器)从文件本身推断方言。Sniffer类分析文件的一个样品(或整个文件)，并返回一个dialect对象，以允许以正确的方式读取。

注意，文件是打开的，并且newline被设置为"，这样不会修改行的结尾符号。

```
>>> with open('top_films.csv', newline='') as file:
...     dialect = csv.Sniffer().sniff(file.read())
```

然后，方言可以在打开阅读器时使用。请再次注意newline，因为方言将正确地分隔这些行。

```
>>> with open('top_films.csv', newline='') as file:
...     reader = csv.reader(file, dialect)
...     for row in reader:
...         print(row)
```

完整的csv模块文档可以在这里找到:https://docs.python.org/3.6/library/csv.html。

4.5.5 另请参阅

- “处理编码”的方法。
- “读取文本文件”的方法。

4.6 读取日志文件

扫一扫，看视频

另一种常见的结构化文本文件格式是日志文件(log files)。日志文件由日志行组成，日志行是具有特定格式的文本行。通常，每个事件都有发生的时间，因此日志文件是事件的有序集合。

4.6.1 做好准备

example_log.log文件中包含5个销售日志，可以在GitHub仓库中获取：https://github.com/PacktPublishing/Python-Automation-Cookbook/blob/master/Chapter04/documents/example_logs.log。

它们的格式如下：

```
[<Timestamp in iso format>] - SALE - PRODUCT: <product id> - PRICE:
$<price of the sale>
```

使用Chapter01/price_log.py文件将每个日志处理到一个对象中。

4.6.2 如何操作

（1）引入PriceLog。

```
>>> from price_log import PriceLog
```

（2）打开日志文件并解析所有日志。

```
>>> with open('example_logs.log') as file:
...     logs = [PriceLog.parse(log) for log in file]
...
>>> len(logs)
5
>>> logs[0]
<PriceLog (Delorean(datetime=datetime.datetime(2018, 6, 17, 22, 11, 50,268396),
timezone='UTC'), 1489, 9.99)>
```

（3）确定所有销售收入总额。

```
>>> total = sum(log.price for log in logs)
>>> total
Decimal('47.82')
```

（4）确定每个product_id的商品已经售出了多少件。

```
>>> from collections import Counter
>>> counter = Counter(log.product_id for log in logs)
>>> counter
Counter({1489: 2, 4508: 1, 8597: 1, 3086: 1})
```

（5）过滤日志，找到所有销售ID 1489产品的事件。

```
>>> logs = []
>>> with open('example_logs.log') as file:
...     for log in file:
...         plog = PriceLog.parse(log)
```

```
...         if plog.product_id == 1489:
...             logs.append(plog)
...
>> len(logs)
2
>>> logs[0].product_id, logs[0].timestamp
(1489, Delorean(datetime=datetime.datetime(2018, 6, 17, 22, 11, 50,268396),
timezone='UTC'))
>>> logs[1].product_id, logs[1].timestamp
(1489, Delorean(datetime=datetime.datetime(2018, 6, 17, 22, 11, 50,268468),
timezone='UTC'))
```

4.6.3 其中原理

由于每条日志都是单独的一行，所以可以打开文件，逐个进行解析。解析代码可以在price_log.py中找到，可以查看它以获得更多细节。

在“如何操作”小节的第2步中，打开文件并依次处理每一行，以创建一个包含所有已处理日志的日志列表。然后在下一步中处理聚合操作。

第3步显示了如何聚合所有的值。本例为将日志文件中出售的所有项目的价格相加，以获得总收入。

第4步使用计数器确定日志文件中每个条目的数量。这将返回一个类字典的对象，其中包含要计数的值和它们出现的次数。

过滤也可以像第5步那样逐行进行。这与本章其他节中的过滤方法类似。

4.6.4 除此之外

记住，一旦获得了需要的所有数据，就可以停止处理文件。如果文件非常庞大（日志文件通常都是如此），这可能是一个非常好的策略。

计数器是一个快速计算的好工具。可以在Python文档中找到更多的细节：https://docs.python.org/2/library/collections.html#counter-objects。可以这样对各个元素出现次数进行排序。

```
>>> counter.most_common()
[(1489, 2), (4508, 1), (8597, 1), (3086, 1)]
```

4.6.5 另请参阅

- 第1章“让我们开始自动化之旅”中“使用第三方工具——parse”的方法。
- “读取文本文件”的方法。

4.7 读取文件元数据

文件元数据是与特定文件（不是数据本身）相关联的所有内容，如文件大小、创建时间或权限。

这些数据非常有用。例如，过滤比某个特定日期更早的文件，或者查找所有大于1MB的文件。在本节中将学习如何使用Python访问文件元数据。

4.7.1 做好准备

将以zen_of_python.txt文件为例，它可以在GitHub仓库中获取：https://github.com/PacktPublishing/Python-Automation-Cookbook/blob/master/Chapter04/documents/zen_of_python.txt。通过ls命令可以看到，这个文件有856字节，创建于6月14日。

```
$ ls -lrt zen_of_python.txt
-rw-r--r--@ 1 jaime staff 856 14 Jun 21:22 zen_of_python.txt
```

日期在计算机上可能会有所不同，因为它是取决于用户下载这个文件的时间。

4.7.2 如何操作

（1）引入os和datetime模块。

```
>>> import os
>>> from datetime import datetime
```

（2）检索zen_of_python.txt文件的统计信息。

```
>>> stats = os.stat(('zen_of_python.txt')
>>> stats
os.stat_result(st_mode=33188, st_ino=15822537, st_dev=16777224, st_nlink=1, st_
uid=501, st_gid=20, st_size=856, st_atime=1529461935, st_mtime=1529007749, st_
ctime=1529007757)
```

（3）获取文件大小，单位为字节。

```
>>> stats.st_size
856
```

（4）获取文件最后一次修改的时间。

```
>>> datetime.fromtimestamp(stats.st_mtime)
datetime.datetime(2018, 6, 14, 21, 22, 29)
```

（5）获取文件最后一次访问时间。

```
>>> datetime.fromtimestamp(stats.st_atime)
datetime.datetime(2018, 6, 20, 3, 32, 15)
```

4.7.3 其中原理

os.stats返回了一个stats对象，该对象包含了存储在文件系统中的元数据。元数据包括以下几种。

- 以字节为单位的文件大小，使用第3步所示的st_size函数。
- 文件最后修改的时间，使用第4步所示的st_mtime函数。
- 文件最后访问的时间，使用第5步所示的st_atime函数。

时间作为时间戳返回，因此在第4步和第5步中，从时间戳创建了一个datetime对象以更好地访问数据。

所有的这些值都可以用来过滤文件。

注意，不需要使用open()打开文件来读取它的元数据。检测一个文件在某个时间后是否被更改要比对比它的内容更快，所以可以利用元数据进行比较。

4.7.4 除此之外

为了能够依次获取统计数据，os.path中提供了一些方便的函数，它们都遵循get<value>的模式。

```
>>> os.path.getsize('zen_of_python.txt')
856
>>> os.path.getmtime('zen_of_python.txt')
1529531584.0
>>> os.path.getatime('zen_of_python.txt')
1529531669.0
```

该值以UNIX时间戳格式（自1970年1月1日起的秒数）指定。

注意，调用这三个函数将慢于调用os.stats再处理结果。此外，返回的stats还可以用来检测其他有用的值。

本节中介绍的方法适用于所有文件系统，但是还有更多其他可用的方法。

例如，要获取文件的创建日期，MacOS系统中可以使用st_birthtime参数，而Windows系统中可以使用st_mtime参数。

st_mtime总是可用的，但是它的含义在不同操作系统中是不同的。在UNIX系统中，当内容被修改时，它就会发生变化，所以这不是一个可靠的获取创建时间的方法。

os.stat将读取符号链接所指定的目录或文件的元数据。如果希望获得符号链接的统计信息，请使用os.lstat()。

查看关于可用的统计信息的完整文档：https://docs.python.org/3.6/library/os.html#os.stat_result。

4.7.5 另请参阅

- “读取文本文件”的方法。
- “读取图像”的方法。

4.8 读取图像

图像数据可能是最常见的非文本数据。图像有自己的一组特定元数据，可以读取这些元数据来过滤值或执行其他操作。

读取图像的主要挑战是处理多种格式和不同的元数据定义。本书中将展示如何从JPEG和PNG中获取信息，以及如何以不同的方式编码相同的信息。

4.8.1 做好准备

在Python中处理图像的最佳通用工具包可能就是Pillow。这个模块允许用户轻松读取最常见格式的文件并对它们执行操作。Pillow最初是PIL（Python Imaging Library，Python图像库）的一个分支，但是PIL已经很多年没有更新了。

还将使用xmltodict模块来将XML中的一些数据转换为更方便的字典。将两个模块都添加至requirements.txt，然后重新安装至虚拟环境中。

```
$ echo "Pillow==5.1.0" >> requirements.txt
$ echo "xmltodict==0.11.0" >> requirements.txt
$ pip install -r requirements.txt
```

照片文件中的元数据信息以EXIF (Exchangeable Image File，可交换图像文件)的格式定义。EXIF是一个存储关于照片信息的标准，包括照片由什么照相机拍摄、什么时候拍的、GPS定位、曝光、焦距、颜色信息等。

这里有一个很好的总结:https://www.slrphotographyguide. com/what-is-exif-metadata/。所有的信息都是可选的，但实际上所有的数码相机和处理软件都会存储一些数据。出于隐私方面的考虑，它的某些部分，如确切的位置，可以被禁用。

下面的图片将被作为本节的示例，可以在GiHub仓库中下载：https://github.com/PacktPublishing/Python-Automation-Cookbook/tree/master/Chapter04/images。

- photo-dublin-a1.jpg。
- photo-dublin-a2.png。
- photo-dublin-b.png。

其中，photo-dublin-a1.jpg和photo-dublin-a2.png两张是同一张图片，但是第1张是原始图片，而第2张经过了轻微的修改，改变了颜色并进行了裁剪。注意，它们一个是JPEG格式，另一个是PNG格式。第3张图片photo-dublin-b.png，是一个不同的画面。所有照片都是在都柏林拍摄，采用同样的手机相机，但是拍摄于两个不同的时间。

JPG文件中直接储存了EXIF信息，但是PNG文件中存储的是XMP信息，它是一种更加通用的、可以包含EXIF信息的标准。

有关XMP的更多信息可以参见:https://www.adobe.com/devnet/xmp.html。大多数情况下，它定义了一个XML树结构，该结构在原始情况下相对可读。

更复杂的是，XMP是RDF的子集，而RDF是描述信息编码方式的标准。

如果对EFIX、XMP和RDF感到困惑，不用担心，因为它们确实很容易让人迷茫。但是归根结底，它们只是用来存储我们感兴趣的值的标准，可以用Python自查工具检查细节、数据结构以及我们要查找的参数名称。

GPS信息可以存储在不同格式中，在GitHub中加入了一个名为gps_conversion.py的文件：https://github.com/PacktPublishing/Python-Automation-Cookbook/blob/master/Chapter04/gps_conversion.py。里面包含了exif_to_decimal和rdf_to_decimal两个函数，它们可以把这两种格式的GPS信息转换成小数，以便进行比较。

4.8.2 如何操作

（1）引入本节中使用的模块和函数。

```
>>> from PIL import Image
>>> from PIL.ExifTags import TAGS, GPSTAGS
>>> import xmltodict
>>> from gps_conversion import exif_to_decimal, rdf_to_decimal
```

（2）打开第1张图片。

```
>>> image1 = Image.open('photo-dublin-a1.jpg')
```

（3）获取这张图片的宽度、高度和格式。

```
>>> image1.height
```

```
3024
>>> image1.width
4032
>>> image1.format
'JPEG'
```

（4）检索图像的EXIF信息，并将其处理为一个方便的字典。展示相机、使用的镜头以及拍摄时间。

```
>>> exif_info_1 = {TAGS.get(tag, tag): value for tag, value in image1._
                   getexif().items()}
>>> exif_info_1['Model']
'iPhone X'
>>> exif_info_1['LensModel']
'iPhone X back dual camera 4mm f/1.8'
>>> exif_info_1['DateTimeOriginal']
'2018:04:21 12:07:55'
```

（5）打开第2张图片，获取XMP信息。

```
>>> image2 = Image.open('photo-dublin-a2.png')
>>> image2.height
2630
>>> image2.width
3943
>>> image2.format
'PNG'
>>> xmp_info = xmltodict.parse(image2.info['XML:com.adobe.xmp'])
```

（6）获取RDF描述字段，该字段中包含了所有我们要查找的值。检索相机（TITT值）、镜头型号（EXIF值）和创建日期（XMP值）。文件不是完全相同，请检查值是否与第4步相同。

```
>>> rdf_info_2 = xmp_info['x:xmpmeta']['rdf:RDF']['rdf:Description']
>>> rdf_info_2['tiff:Model']
'iPhone X'
>>> rdf_info_2['exifEX:LensModel']
'iPhone X back dual camera 4mm f/1.8'
>>> rdf_info_2['xmp:CreateDate']
'2018-04-21T12:07:55'
```

（7）获取两张图片中的GPS信息，转换为相同格式，并检查它们是否相同。注意，它们的分辨率是不一样的，但是它们匹配到了小数点后第4位。

```
>>> gps_info_1 = {GPSTAGS.get(tag, tag): value
                  for tag, value in exif_info_1['GPSInfo'].items()}
```

```
>>> exif_to_decimal(gps_info_1)
('N53.34690555555556', 'W6.247797222222222')
>>> rdf_to_decimal(rdf_info_2)
('N53.346905', 'W6.247796666666667')
```

（8）打开第3张图片，获取创建日期和GPS信息，发现它们和之前两张图片不同（尽管很接近），第2位和第3位小数不一样。

```
>>> image3 = Image.open('photo-dublin-b.png')
>>> xmp_info = xmltodict.parse(image3.info['XML:com.adobe.xmp'])
>>> rdf_info_3 = xmp_info['x:xmpmeta']['rdf:RDF']['rdf:Description']
>>> rdf_info_3['xmp:CreateDate']
'2018-03-08T18:16:57'
>>> rdf_to_decimal(rdf_info_3)
('N53.34984166666667', 'W6.260388333333333')
```

4.8.3 其中原理

Pillow能够用最常见的语言解释文件，并以JPEG格式打开它们，如“如何操作”小节的第2步所示。

Image对象包含了关于文件大小和格式的基本信息，如第3步所示。info属性包含了依赖于格式的信息。

JPG文件的EXIF元数据可以用._getexif()方法进行解析，但是需要正确地翻译它，因为它使用了原始的二进制定义。例如，42036对应于LensModel属性。幸运的是，PIL.ExifTags模块中有一个对所有标签的定义。在第4步中，对字典的标签进行了翻译，以获得更加可读的字典。

第5步中打开了一个PNG格式的图片，它同样具有与大小相关的属性，但是其元数据储存为XML/RDF格式，需要在xmltodict模块的帮助下才能进行解析。第6步展示了如何应对此元数据以提取与JPG格式相同的信息。即使它们的图像不同，但是数据是相同的，因为两个文件来自相同的原始图片。

xmltodict在尝试解析非XML格式的数据时会遇到一些问题。请检查输入的是否为有效的XML。

第7步提取了两张图片中以不同方式存储的GPS信息，并显示它们是相同的（尽管由于编码方式的不同，精度上略有不同）。

第8步显示了不同照片上附带的信息。

4.8.4 除此之外

Pillow还有很多修改图片的功能。使用它调整文件的大小或是对文件进行简单的修改（如旋转图片）非常容易。可以在这里找到完整的Pillow文档：https://pillow.readthedocs.io。

Pillow支持与图像有关的大量操作。除了简单的操作，如调整大小或将图片转换为其他格式外，还包括剪切图像、应用颜色过滤器或者生成GIF动画等。如果对使用Python进行图像处理感兴趣，那么它是值得深入了解的。

本节中的GPS坐标以DMS［Degrees（度）、Minutes（分）、Seconds（秒）］和DDM［Degrees（度）、Decimal Minutes（小数分钟）］表示，并将其转换为DD（Decimal Degrees，小数度）。可以在这里找到关于不同GPS格式的更多信息：http://www.ubergizmo.com/how-to/read-gps-coordinates/。如果好奇地去看一看，还会学到如何去搜索一个图片的确切拍摄位置。

读取图像的一个更高级用途是尝试处理他们进行OCR（Optical Character Recognition，光学字符识别），这意味着程序可以自动检测图像中的文本并对其进行提取和处理。可以使用开源模块tesseract来进行这一操作，它可以与Python和Pillow一起使用。

需要在系统中安装tesseract（https://github.com/tesseract-ocr/tesseract/wiki）和名为pytesseract的Python模块（使用pip install pytesseract命令进行安装）。可以从GitHub仓库中下载一个包含清晰文字的图片photo-text.jpg：https://github.com/PacktPublishing/Python-Automation- Cookbook/blob/master/Chapter04/images/photo-text.jpg。

```
>>> from PIL import Image
>>> import pytesseract
>>> pytesseract.image_to_string(Image.open('photo-text.jpg'))
'Automate!'
```

如果文本在图像中不是很清晰，或是与图像混合，或者使用了特殊的字体，那么OCR可能会非常困难。这里有一个文字与图像混合的示例photo-dublin-a-text.jpg（可以在GitHub仓库中找到：https://github.com/PacktPublishing/Python-Automation-Cookbook/blob/master/Chapter04/images/photo-dublin-a-text.jpg）。

```
>>> pytesseract.image_to_string(Image.open('photo-dublin-a- text.jpg'))
'fl\n\nAutomat'
```

有关tesseract的更多信息可以在以下链接中获得：

https://github.com/tesseract-ocr/tesseract

https://github.com/madmaze/pytesseract

为了更加正确地进行文字识别，图像可能需要进行预处理才能获得更好的结果。图像处理超出了本书的范围，但是可以使用OpenCV，它比Pillow更加强大。可以试着处理一个文件，然后用Pillow来打开它：http://opencv-python-tutroals.readthedocs.io/en/latest/py_tutorials/py_tutorials.html。

4.8.5 另请参阅

- “读取文本文件”的方法。

● “读取文件元数据”的方法。
● “遍历和搜索目录”的方法。

4.9 读取PDF文件

扫一扫，看视频

PDF（Portable Document Format，可移植文档格式）是一种常见的文档格式。起初它是一种用来向不同打印机传递同一文档的格式，所以PDF是一种能够确保文档按照显示的格式准确打印的格式，因此也是确保文档一致性的好方法。它已经成为共享文档尤其是只读 文档的强大标准。

4.9.1 做好准备

本节将用到PyPDF2模块。需要将它添加到虚拟环境。

```
>>> echo "PyPDF2==1.26.0" >> requirements.txt
>>> pip install -r requirements.txt
```

在GitHub的Chapter03/documents目录下，准备了两个文档——document-1.pdf和document-2.pdf，可在本节中使用。注意，它们主要包含用于占位的Lorem Ipsum文本。

Lorem Ipsum（乱数假文）文本通常用于排版设计时显示文本，而不需要在设计之前首先创建内容。在这里可以了解到更多相关信息:https://loremipsum.io/。

它们都是相同的测试文档，但是第二个文档只能用密码打开，密码是automate。

4.9.2 如何操作

（1）引入模块。

```
>>> from PyPDF2 import PdfFileReader
```

（2）打开document-1.pdf文件并创建一个PDF文档对象。注意，该文件需要打开以供完整阅读。

```
>>> file = open('document-1.pdf', 'rb')
>>> document = PdfFileReader(file)
```

（3）获取文件页数并检查是否加密。

```
>>> document.numPages
3
>>> document.isEncrypted
False
```

（4）从文档信息中获取创建日期（2018-Jun-24 11:15:18），并发现它是用Mac Quartz PDFContext创建的。

```
>>> document.documentInfo['/CreationDate']
"D:20180624111518Z00'00'"
>>> document.documentInfo['/Producer']
'Mac OS X 10.13.5 Quartz PDFContext'
```

（5）找到第1页，阅读上面的文字。

```
>>> document.pages[0].extractText()
'!A VERY IMPORTANT DOCUMENT \nBy James McCormac CEO Loose Seal Inc '
```

（6）对第2页执行相同的操作（这里对结果进行了一定编辑）。

```
>>> document.pages[1].extractText()
'"!This is an example of a test document that is stored in PDF format. It
contains some \nsentences to describe what it is and the it has lore ipsum
text.\n!"\nLorem ipsum dolor sit amet, consectetur adipiscing elit. ...$'
```

（7）关闭刚才的文件并打开document-2.pdf。

```
>>> file.close()
>>> file = open('document-2.pdf', 'rb')
>>> document = PdfFileReader(file)
```

（8）检查文件已经加密（需要密码），试图访问其内容会引发错误。

```
>>> document.isEncrypted
True
>>> document.numPages
...
PyPDF2.utils.PdfReadError: File has not been decrypted
```

（9）解密文件并访问其内容。

```
>>> document.decrypt('automate')
1
>>> document.numPages
3
>>> document.pages[0].extractText()
'!A VERY IMPORTANT DOCUMENT \nBy James McCormac CEO Loose Seal Inc '
```

（10）清空并关闭文件。

```
>>> file.close()
```

4.9.3 其中原理

如“如何操作”小节的第1步和第2步所示，程序试图打开文档时document对象可以提供对文件的访问。

其中最有趣的属性就是.numPages所提供的页面数量，以及.pages中可用的每个页面都可以像列表一样访问。

其他可访问的数据（例如有关创建者和创建时间的文件元数据）存储在.documentInfo中。

.documentInfo中的信息是可选的，有时可能不是最新的。它在很大程度上依赖于生成PDF的工具。

每个page对象都可以通过调用.extractText()来获取其文本，该方法将会返回页面中包含的所有文本，如“如何操作”小节的第5步和第6步所示。这种方法试图提取所有的文本，但是也有一些限制。对于结构良好的文本，如我们的示例，它可以非常有效、非常干净地处理生成的文本。但是对于多列文本或者处于奇怪位置的文本，它可能会很难进行处理。

注意，PDF文件需要在整个程序运行过程中打开，因此不能使用with上下文操作符。在离开with程序块之后，文件会被关闭，这是我们所不希望的。

第8步和第9步展示了如何处理加密文件。可以使用.isEncrypted检测文件是否加密，然后利用密码使用.decrypt方法解密。

4.9.4 除此之外

PDF是一种非常灵活又非常标准的格式，但这也就意味着它会很难进行解析和处理。

虽然大多数PDF文件包含的是文本信息，但是其中包含图像的情况也并不少见。例如，这种情况经常发生在扫描文档中，这意味着信息被储存为图像集合，而不是文本。这使得提取数据变得困难，我们将不得不使用像OCR这样的方法来将图像解析为文本。

PyPDF2没有提供很多处理图像的功能，可能需要将PDF转换为图像集合来处理它们。大多数PDF阅读器都可以做到这一点，或者可以使用命令行工具，如pdftooppm（https://linux.die.net/man/1/pdftoppm）或者QPDF（稍后会介绍）。有关OCR的内容，参见“读取图像”一节。

PyPDF2可能无法理解文件的某些加密方法，它会引发错误，并显示“NotImplementedError: only algorithm code 1 and 2 are supported”。如果发生这种情况，需要通过外部软件解密PDF，并在解密后重新打开它。可以像这样用QPDF创建一个没有密码的副本。

```
$ qpdf --decrypt --password=PASSWORD encrypted.pdf output-decrypted.pdf
```

完整的QPDF可以在这个网站中获得：http://qpdf.sourceforge.net/files/qpdf-manual.html。QPDF也可以在大多数软件包管理器中下载到。

QPDF能够进行大量的转换和深度分析PDF的工作。还有一个叫作pikepdf（https://pikepdf.readthedocs.io/en/stable/）的Python模块，它比PyPDF2更加难用，文本提取也不是那么直观。但是它对需要从PDF中提取图像之类的其他操作非常有帮助。

4.9.5 另请参阅

- “读取文本文件”的方法。
- “遍历和搜索目录”的方法。

4.10 读取 Word 文档

Word文档(.docx)是另一种常见的存储文本的文档。它们通常由Microsoft Office生成，但是其他工具也可以生成兼容的文件。它们可能是共享需要编辑的文件时的最常见格式，在分发文档时也很常见。

扫一扫，看视频

本节将了解如何从Word文档中提取文本信息。

4.10.1 做好准备

使用python-docx模块来读取和处理Word文档。

```
>>> echo "python-docx==0.8.6" >> requirements.txt
>>> pip install -r requirements.txt
```

准备一个名为document-1.docx的测试文档，可以在GitHub的Chapter04/documents目录下找到。注意，该文档遵循的Lorem Ipsun模式与“读取PDF文件”一节中的测试文档相同。

4.10.2 如何操作

（1）引入python-docx模块。

```
>> import docx
```

（2）打开document-1.docx文件。

```
>>> doc = docx.Document('document-1.docx')
```

（3）检查存储在core_properties中的一些元数据。

```
>> doc.core_properties.title
'A very important document'
>>> doc.core_properties.keywords
'lorem ipsum'
```

```
>>> doc.core_properties.modified
datetime.datetime(2018, 6, 24, 15, 1, 7)
```

（4）检查段落数。

```
>>> len(doc.paragraphs)
58
```

（5）遍历段落，找出包含文本的段落。注意，这里并没有显示所有的文本。

```
>>> for index, paragraph in enumerate(doc.paragraphs):
...     if paragraph.text:
...         print(index, paragraph.text)
...
30 A VERY IMPORTANT DOCUMENT
31 By James McCormac
32 CEO Loose Seal Inc
34
...
56 TITLE 2
57 ...
```

（6）取得与第1页标题和副标题相对应的第30和31段的文字。

```
>>> doc.paragraphs[30].text
'A VERY IMPORTANT DOCUMENT'
>>> doc.paragraphs[31].text
'By James McCormac'
```

（7）每个段落都有runs方法，这是文本中具有不同属性的部分。检查第30段文字为粗体，第31段文字为斜体。

```
>>> doc.paragraphs[30].runs[0].italic
>>> doc.paragraphs[30].runs[0].bold
True
>>> doc.paragraphs[31].runs[0].bold
>>> doc.paragraphs[31].runs[0].italic
True
```

（8）在本文档中，大多数段落只有一种属性，但是第48段是一个具有不同文本属性的很好的例子。显示其文本及不同的属性。例如，单词Word是粗体，而ipsum是斜体。

```
>>> [run.text for run in doc.paragraphs[48].runs]
['This is an example of a test document that is stored in ', 'Word', ' format',
'. It contains some ', 'sentences', ' to describe what it is and it has ',
'lore', 'm', ' ipsum', ' text.']
>>> run1 = doc.paragraphs[48].runs[1]
```

```
>>> run1.text
'Word'
>>> run1.bold
True
>>> run2 = doc.paragraphs[48].runs[8]
>>> run2.text
'ipsum'
>>> run2.italic
True
```


4.10.3 其中原理

Word文档最重要的特性是数据是段落结构而不是页面结构的。字体大小、行大小和其他相关因素都可能会改变页面的数量。

大多数段落通常也是空的，或者只包含新行、制表符或其他空白字符。检查段落是否为空来决定是否跳过它通常是一个好主意。

在“如何操作”小节的第2步中打开了文件，第3步中显示了如何访问核心属性。这些属性在Word中被定义为文档元数据，如作者或创建日期。

需要对这些信息的真实性持保留态度。因为许多生成Word文档的工具（除了Microsoft Office）并不一定会填充这些信息。在使用这些信息之前，一定要仔细检查。

文档的段落可以进行迭代并且不带格式地提取它们的文本，如第5步所示。这是不包含文字属性的信息，通常也是自动处理数据时最有用的信息。

如果要求样式信息，那么可以使用runs来提取文本属性，如第7步和第8步所示。每个段落可以使用一种属性或多种属性，带同一种属性的文本是共享相同样式的较小单元。例如，如果一个句子是“*Word1* word2 word3”，那么就会有三种格式，第1次使用斜体文本（*Word1*），第2次使用下划线（word2），还有一次使用粗体（word3）。甚至，只包含空白的常规文本可以有5种属性的文本，只需要向过渡的空白文本中插入不同格式。

样式可以在粗体、斜体或下划线等属性上单独检测。

文本属性的划分可能相当复杂。由于编辑器的工作方式，有时会出现半单词，即分为两个部分，但是属性相同的单词。不要依赖程序得出的带属性文本数量，而要仔细分析一下内容。特别要注意的是，如果要确定具有特定样式的一部分被拆分成两个或多个带属性部分，一定要仔细检查。一个很好的例子就是，第8步中的单词lore m（应该是lorem）。

注意，由于Word文档可以由很多工具生成，因此可能不会设置太多属性，而是由工具决定使用哪些特定的属性。例如，通常会保留默认字体，这就可能意味着字体信息被留空。

4.10.4 除此之外

进一步的样式信息可以在字体属性下找到，如small_caps或者size。

```
>>> run2.font.cs_italic
True
>>> run2.font.size
152400
>>> run2.font.small_caps
```

通常只关注原始文本是否被正确解析，而不关注其样式信息。但有时一个粗体字在一段话里会有特殊的意义，它可能是标题或者用户正在寻找的结果。因为它是被强调的，所以它很可能就是用户正在寻找的东西。在分析文档时一定要记住这一点。

可以在这里找到python-docx的完整文档：https://python-docx. readthedocs.io/en/latest/。

4.10.5 另请参阅

- “读取文本文件”的方法。
- “读取PDF文件”的方法。

4.11 扫描文档寻找关键字

扫一扫，看视频

本节中将综合前面所学的所有内容，并在某个目录下的文件中搜索特定关键字。这是本章其他小节内容的简要复习，并且包含了搜索不同类型文件的脚本。

4.11.1 做好准备

请确保将以下所有模块都添加到了requirements.txt文件中并在虚拟环境中进行了安装。

```
beautifulsoup4==4.6.0
Pillow==5.1.0
PyPDF2==1.26.0
python-docx==0.8.6
```

检查要搜索的目录下是否包含图4-2所示文件(所有文件都可以在GitHub的Chapter04/documents目录下找到)。注意，简单起见，file5.pdf和file6.pdf都是document-1.pdf的副本，而file1.txt ~ file4.txt全部都是空文件。

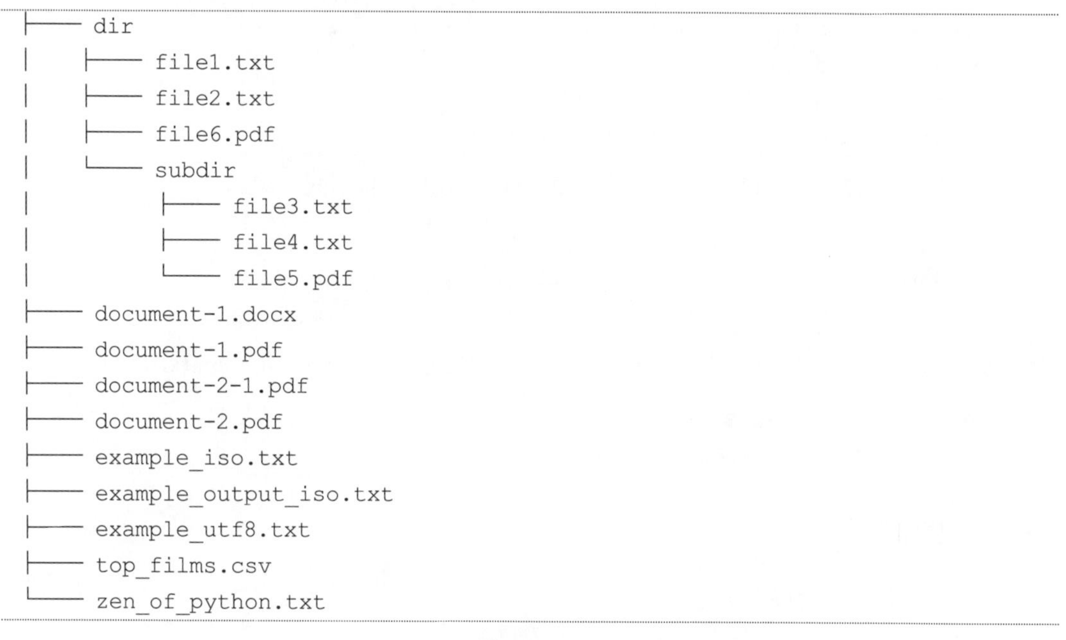

```
├── dir
│   ├── file1.txt
│   ├── file2.txt
│   ├── file6.pdf
│   └── subdir
│       ├── file3.txt
│       ├── file4.txt
│       └── file5.pdf
├── document-1.docx
├── document-1.pdf
├── document-2-1.pdf
├── document-2.pdf
├── example_iso.txt
├── example_output_iso.txt
├── example_utf8.txt
├── top_films.csv
└── zen_of_python.txt
```

图 4-2

我们已经准备了一个脚本scan.py，它将在所有.txt、.csv、.pdf和.docx文件中搜索一个单词。这个脚本可以在GitHub仓库的Chapter04 目录下找到。

4.11.2 如何操作

（1）使用-h参数查看如何使用scan.py脚本的帮助。

```
$ python scan.py -h
usage: scan.py [-h] [-w W]

optional arguments:
  -h, --help show this help message and exit
  -w W Word to search
```

（2）搜索单词the，它出现在了大多数文件中。

```
$ python scan.py -w the
>>> Word found in ./document-1.pdf
>>> Word found in ./top_films.csv
>>> Word found in ./zen_of_python.txt
>>> Word found in ./dir/file6.pdf
>>> Word found in ./dir/subdir/file5.pdf
```

（3）搜索单词lorem，它只出现在PDF和docx文件中。

```
$ python scan.py -w lorem
```

```
>>> Word found in ./document-1.docx
>>> Word found in ./document-1.pdf
>>> Word found in ./dir/file6.pdf
>>> Word found in ./dir/subdir/file5.pdf
```

（4）搜索单词20£，它仅出现在两个ISO文件中，并且有着不同的编码。

```
$ python scan.py -w 20£
>>> Word found in ./example_iso.txt
>>> Word found in ./example_output_iso.txt
```

（5）搜索不区分大小写。搜索单词BETTER，它只出现在zen_of_python.txt文件中。

```
$ python scan.py -w BETTER
>>> Word found in ./zen_of_python.txt
```

4.11.3 其中原理

scan.py文件中包含以下部分。

（1）解析输入参数并为命令行创建帮助的入口点。

（2）一个主函数，遍历目录并分析找到的每个文件。基于它们的扩展名，它会决定是否有可用的函数来处理和搜索它。

（3）一个EXTENSION（扩展名）字典，将扩展与函数配对以搜索关键字。

（4）search_txt、search_csv、search_pdf和search_docx函数将分别处理每种文件并搜索关键字。

关键词对比不区分大小写，因此关键词被转换为小写，所有被搜索的文本也全部被转换为小写。

每个搜索函数都有自己的特点。

（1）search_txt首先打开文件使用UnicodeDammit确定其编码，然后重新打开文件并逐行读取。如果找到这个单词，它会立即停止并返回成功。

（2）search_csv以CSV格式打开文件，逐行逐列迭代。只要找到这个单词就立即返回。

（3）search_pdf会打开文件，如果文件加密就退出。如果没有加密，程序就会逐页地提取文本，并将其与单词对比。一旦找到匹配项，程序就会返回。

（4）search_docx打开文件并遍历所有段落以进行匹配。一旦找到匹配项，函数就会返回。

4.11.4 除此之外

这里还有一些其他想法有待实施。

- 可以向脚本添加更多的搜索函数。本章中还讨论了搜索日志文件和图像的方法。
- 类似的结构还可以用于搜索文件并只返回最后10个文件。
- search_csv没有对文件进行嗅探以检测方言。这个也可以自行加入。
- 前面脚本是顺序读取文件的。并行读取和分析文件应该也是可行的，而且可以更快地返回结果。但是请注意，并行读取文件可能会导致排序问题，因为文件并不总是按照相同的顺序进行处理。

4.11.5　另请参阅

- “遍历和搜索目录”的方法。
- “读取文本文件”的方法。
- “处理编码”的方法。
- “读取CSV文件”的方法。
- “读取PDF文件”的方法。
- “读取Word文档”的方法。

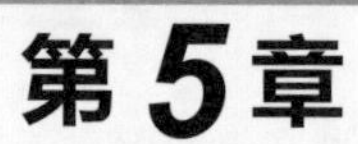

生成漂亮的报告

本章将介绍以下内容：

- 使用纯文本创建简单的报告。
- 使用报告模板。
- 用Markdown格式化文本。
- 编写基本的Word文档。
- 样式化Word文档。
- 在Word文档中生成结构。
- 向Word文档中添加图片。
- 编写简单的PDF文档。
- 构建PDF文档。
- 聚合PDF报告。
- 对PDF文档添加水印并加密。

5.1 引言

本章中将了解如何编写文档和执行简单操作，如处理不同格式的模板(包括纯文档和Markdown等)。将把大部分时间花在常见的、有用的格式，如Word和PDF上面。

5.2 使用纯文本创建简单的报告

最简单的报告就是生成一些文本并将其存储在文件中。

扫一扫，看视频

5.2.1 做好准备

本节中将生成一个文本格式的简短报告。需要的数据将会存储在一个字典中。

5.2.2 如何操作

(1) 引入datetime模块。

```
>>> from datetime import datetime
```

(2) 以文本格式创建报告模板。

```
>>> TEMPLATE = '''
Movies report
-------------


Date: {date}
Movies seen in the last 30 days: {num_movies}
Total minutes: {total_minutes}
'''
```

(3) 创建一个包含要存储的值的字典。注意，这是将要呈现在报告中的数据。

```
>>> data = {
        'date': datetime.utcnow(),
        'num_movies': 3,
        'total_minutes': 376,
 }
```

(4) 将数据添加到模板来构成一份报告。

```
>>> report = TEMPLATE.format(**data)
```

(5) 创建一个包含当前日期的新文件并存储报告。

```
>>> FILENAME_TMPL = "{date}_report.txt"
>>> filename = FILENAME_TMPL.format(date=data['date'].strftime('%Y-%m-%d'))
>>> filename
2018-06-26_report.txt
>>> with open(filename, 'w') as file:
...     file.write(report)
```

(6) 检查新创建的报告。

```
$ cat 2018-06-26_report.txt

Movies report
-------------

Date: 2018-06-26 23:40:08.737671
Movies seen in the last 30 days: 3
Total minutes: 376
```

5.2.3 其中原理

“如何操作”小节中第2步和第3步设置了一个简单的模板，并添加了一个包含报告所需的所有数据的字典。然后，在第4步中，这二者合并为一份特定的报告。

在第4步中,字典与模板相结合。注意,字典上的键对应于模板上的参数。模板的使用方法为,在format参数中采用“**”将字典中的每个键作为参数传递给format()。

在第5步中，使用with上下文管理器将结果报告(字符串)存储在新创建的文件中。open()函数以打开方式 'w' 创建了一个新文件，并在数据写入文件期间保持该文件处于打开状态。当程序离开这一部分时，文件被正确关闭。

打开方式决定了如何打开一个文件，是读还是写，以文本模式还是二进制模式。'w' 模式打开文件来写入，如果它已经存在，就会被覆盖重写。注意不要错误地删除现有的文件。

第6步检查文件是否已经使用正确的数据创建。

5.2.4 除此之外

为了最大限度降低覆盖文件的可能性，文件名以今天的日期创建。日期的格式，以年开头，以日结尾，因此文件将按照正确的顺序自然排序。

即使发生了异常，with上下文管理器也会正确关闭文件。如果读写出现异常就会引发IOError异常。

写操作中一些常见异常可能是权限问题、空间已满、路径问题(例如，尝试向不存在的目录中执行写操作)等引起的。

注意，在关闭或明确地刷新文件之前，文件可能不会完全提交到硬盘。一般来说，在处理文件时这不是问题，但是如果试图打开一个文件两次，分别用于读取和写入，需要注意这一点。

5.2.5 另请参阅

- “使用报告模板”的方法。
- “用Markdown格式化文本”的方法。
- “聚合PDF报告”的方法。

5.3 使用报告模板

HTML是一种非常灵活的格式，可以用来展示内容丰富的报告。虽然HTML模板可以被直接当作文本来创建，但是有一些工具允许您更好地处理结构化文本。这也将模板从代码中分离出来，将数据的生成与数据的展示分离开来。

扫一扫，看视频

5.3.1 做好准备

本节中将会使用jinja2读取模板文件并将需要显示的数据应用于该文件。

将从安装这个模块开始。

```
$ echo "jinja2==2.20" >> requirements.txt
$ pip install -r requirements.txt
```

jinja2使用自己的、HTML与Python混合的语法。它致力于HTML文档，因此可以轻松地执行一些类似于正确转义特殊字符的操作。

在GitHub仓库中，准备了一个叫作jinja_template.html的模板以供使用。

5.3.2 如何操作

(1) 引入jinja2中的Template和datetime模块。

```
>>> from jinja2 import Template
>>> from datetime import datetime
```

（2）将模板从文件读取到内存。

```
>>> with open('jinja_template.html') as file:
...     template = Template(file.read())
```

（3）创建要显示的数据。

```
>>> context = {
        'date': datetime.now(),
        'movies': ['Casablanca', 'The Sound of Music', 'Vertigo'],
        'total_minutes': 404,
}
```

（4）渲染模板并写入一个新文件report.html。其结果如下。

```
>>> with open('report.html', 'w') as file:
...     file.write(template.render(context))
```

（5）在浏览器中打开report.html文件，如图5-1所示。

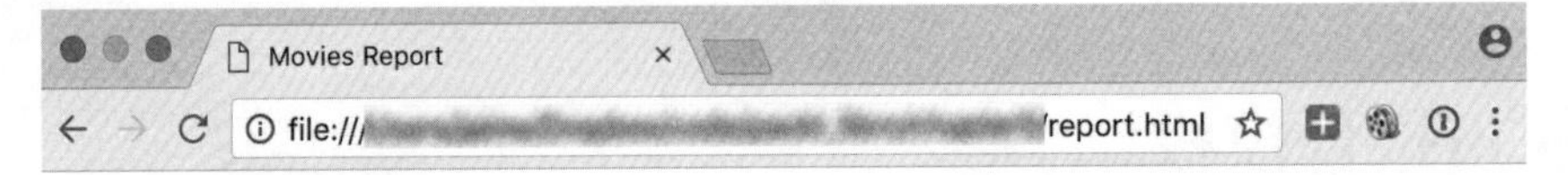

Movies Report

Date 2018-06-27 23:14:14.339608

Movies seen in the last 30 days: 3

1. Casablanca
2. The Sound of Music
3. Vertigo

Total minutes: 404

图 5-1

5.3.3 其中原理

“如何操作”小节中的第2步和第4步非常简单：它们读取模板并保存结果报告。

正如在第3步和第4步看到的，主要任务就是创建一个context字典，其中包含了要显示的数据。然后模板呈现这些信息，如第5步所示。jinja_template.html：

```
<!DOCTYPE html>
<html lang="en">
<head>
    <title> Movies Report</title>
</head>
<body>
```

```
    <h1>Movies Report</h1>
    <p>Date {{date}}</p>
    <p>Movies seen in the last 30 days: {{movies|length}}</p>
    <ol>
        {% for movie in movies %}
        <li>{{movie}}</li>
        {% endfor %}
    </ol>
        <p>Total minutes: {{total_minutes}} </p>
</body>
</html>
```

这些数据大多用来替代文中定义在两个花括号之间的值，如{{total_minutes}}。

注意{% for ... %}或{% endfor %}是定义一个循环的标签。这允许其基于Python复制生成多个行或元素。

也可以对变量应用过滤器来修改它们。在这个例子中，使用“|”符号的length过滤器被用于movies列表来获取大小，就像{{movies|length}}这样。

5.3.4 除此之外

除了{% for %}标签外，还有一种{% if %}标签，允许模板有条件地显示。

```
{% if movies|length > 5 %}
   Wow, so many movies this month!
{% else %}
   Regular number of movies
{% endif %}
```

已经有了许多预先定义好的过滤器(在这里查看完整列表:http://jinja.pocoo.org/docs/2.10/templates/#list-of-builtin-filters)。但是，也可以自己去定义一个。

注意，可以使用过滤器向模板添加许多处理和逻辑。尽管用一点点会使模板看起来更优秀，但是请尽量限制模板中的逻辑运算数量。大部分有关数据的运算应该在显示之前完成，让模板只承担显示值的工作。这会使上下文非常简单，并且简化了模板，使其易于修改。

在处理HTML文件时，最好让程序自动转义变量。这意味着有意义的字符，如“<”号，将被替换为能在HTML页面上显示的等价HTML代码。因此，请使用autoescape参数创建模板。可以检查以下两句的差异。

```
>>>Template('{{variable}}',autoescape=False).render({'variable':'<'})
'<'
>>>Template('{{variable}}', autoescape=True).render({'variable':'<'})
'&lt;'
```

转义可以使用e过滤器（意为escape，转义），而不使用safe过滤器（意为按原样呈现是安全的）。

jinja2模板是可扩展的，这意味着用户可以创建一个base_template.html然后更改其中的元素进行扩展。还可以把其他文件包括在内，把模板分成不同的部分。可以查阅完整文档获取更多细节。

jinja2非常强大，并且允许我们创建复杂的HTML模板。它也支持创建其他类似LaTeX或JavaScript格式的模板，只需要用户进行一些配置。会发现阅读它的完整文档来查看所有功能是相当值得的。

完整的jinja2文档可以在这里找到：http://jinja.pocoo.org/docs/2.10/。

5.3.5 另请参阅

- "使用纯文本创建简单的报告"的方法。
- "用Markdown格式化文本"的方法。

5.4 用 Markdown 格式化文本

扫一扫，看视频

Markdown是一种非常流行的标记语言，用于创建可转换为样式化HTML的原始文本。这是一种可读性高的、以原始文本格式构造文档，同时正确设置其样式的好方法。

本节将了解如何使用Python将Markdown文档转换为样式化HTML。

5.4.1 做好准备

首先需要安装mistune模块，它能够将Markdown文档编译为HTML。

```
$ echo "mistune==0.8.3" >> requirements.txt
$ pip install -r requirements.txt
```

在GitHub仓库中，有一个名为markdown_template.md的报告模板文件。本节将通过此文件生成HTML。

5.4.2 如何操作

（1）引入mistune和datetime模块。

```
>>> import mistune
>>> import datetime
```

（2）从文件中读取模板。

```
>>> with open('markdown_template.md') as file:
...     template = file.read()
```

（3）设置报告内所需的数据内容。

```
context = {
    'date': datetime.now(),
    'pmovies': ['Casablanca', 'The Sound of Music', 'Vertigo'],
    'total_minutes': 404,
}
```

（4）由于电影需要按项显示，因此将列表转换为合适的Markdown项目列表。此外，还存储了电影的数量。

```
>>> context['num_movies'] = len(context['pmovies'])
>>> context['movies'] = '\n'.join('* {}'.format(movie) for movie in
context['pmovies'])
```

（5）渲染模板并将生成的Markdown文件编译为HTML。

```
>>> md_report = template.format(**context)
>>> report = mistune.markdown(md_report)
```

（6）将生成的报告存储在report.html中。

```
>>> with open('report.html', 'w') as file:
...     file.write(report)
```

（7）在浏览器中打开report.html文件以查看结果，如图5-2所示。

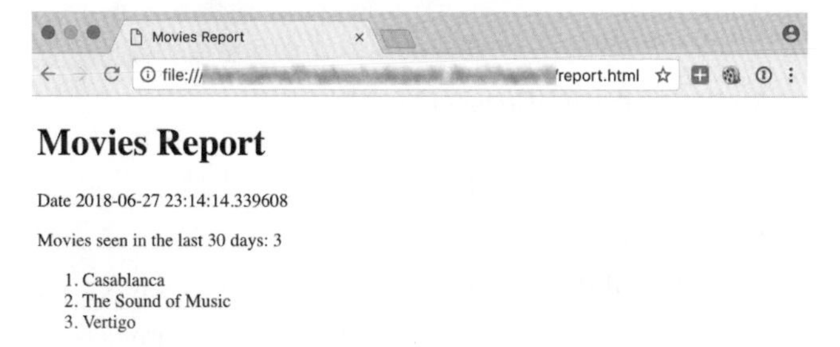

图 5-2

5.4.3 其中原理

“如何操作”小节中第2步和第3步准备了需要显示的模板和数据。在第4步中，生成了额外的数据——电影的数量，这是从movies元素派生出来的。然后，movies元素从一个Python列表转换为一个有效的Markdown元素。注意，里面每一项都有换行和初始的“*”，它们将被呈现为项目序号。

```
>>> '\n'.join('* {}'.format(movie) for movie in context['pmovies'])
'* Casablanca\n* The Sound of Music\n* Vertigo'
```

在第5步中，模板以Markdown格式生成。这种原始形态的格式非常易读，这也是Markdown的优点。

```
Movies Report
=======

Date: 2018-06-29 20:47:18.930655
Movies seen in the last 30 days: 3

*Casablanca
*The Sound of Music
*Vertigo

Total minutes: 404
```

然后，使用mistune将报告转换为HTML并存储在一个文件中，如第6步所示。

5.4.4 除此之外

学习Markdown是非常有用的，因为许多常见的网页都支持它，并将其作为支持文本输入的一种方式。这种方式很简单，并且可以呈现为样式化的格式，如GitHub、Stack Overflow以及大多数博客平台都对Markdown提供了支持。

实际上，Markdown语法不只有一种。这是因为官方的定义是有限或模棱两可的，而且不想要澄清或标准化它。这就导致了几种具有明显不同的实现方式，如GitHub Flavoured Markdown、MultiMarkdown和CommonMark。

Markdown中的文本非常容易阅读，但是如果需要交互式地查看它的编译结果，可以使用Dillinger在线编辑器：https://dillinger.io/。

Mistune的完整文档可以在这里找到：http://mistune.readthedocs.io/en/latest/。

完整的Markdown语法可以在这里找到：https://daringfireball.net/projects/markdown/syntax，以及一个优秀的、包括最常用的元素列表可以在这里找到：https://beegit.com/markdown-cheat-sheet。

5.4.5 另请参阅

- "使用纯文本创建简单的报告"的方法。
- "使用报告模板"的方法。

5.5 编写基本的Word文档

扫一扫，看视频

Microsoft Office是最常见的软件之一，并且MS Word在现实意义上几乎就是文档的标准。使用自动化脚本可以生成docx文件，这将有助于在许多业务中以非常易于阅读的格式分发报告。

本节将学习如何生成一个完整的Word文档。

5.5.1 做好准备

使用python-docx模块来处理Word文档。

```
>>> echo "python-docx==0.8.6" >> requirements.txt
>>> pip install -r requirements.txt
```

5.5.2 如何操作

（1）引入python-docx和datetime模块。

```
>>> import docx
>>> from datetime import datetime
```

（2）定义包含需要存储在报告中的数据的context对象。

```
context = {
    'date': datetime.now(),
    'movies': ['Casablanca', 'The Sound of Music', 'Vertigo'],
    'total_minutes': 404,
}
```

（3）创建一个新的docx文档，并加入一个标题Movies Report。

```
>>> document = docx.Document()
>>> document.add_heading('Movies Report', 0)
```

（4）添加一段描述日期的文字，并将日期以斜体标出。

```
>>> paragraph = document.add_paragraph('Date: ')
>>> paragraph.add_run(str(context['date'])).italic = True
```

（5）在不同段落中添加已看过电影的数量信息。

```
>>> paragraph = document.add_paragraph('Movies see in the last 30 days: ')
>>> paragraph.add_run(str(len(context['movies']))).italic = True
```

（6）依次添加电影作为要点。

```
>>> for movie in context['movies']:
...     document.add_paragraph(movie, style='List Bullet')
```

（7）添加总分钟数并保存文件。

```
>>> paragraph = document.add_paragraph('Total minutes: ')
>>> paragraph.add_run(str(context['total_minutes'])).italic = True
```

```
>>> document.save('word-report.docx')
```

(8)打开word-report.docx文件来检查它，如图5-3所示。

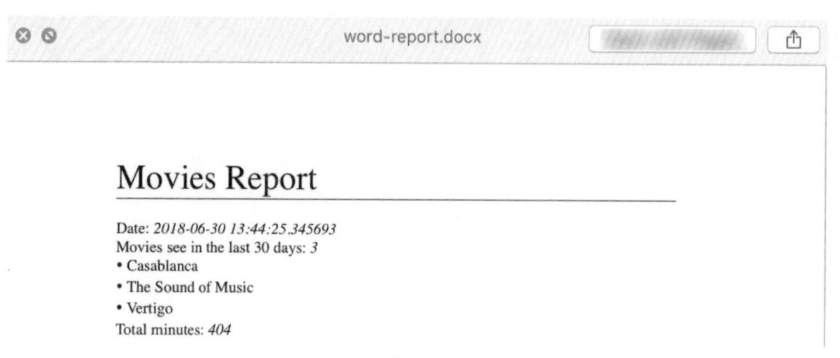

图 5-3

5.5.3 其中原理

Word文档的基础是它被分成若干个段落，而每个段落又被分为若干个小节(run)。小节是具有相同样式的一部分段落。

“如何操作”小节中第1步和第2步是为导入和定义需要存储在报告中的数据做准备。

第3步创建了一个文档并添加了适当的标题。这样会自动设置文本的样式。

第4步中介绍了如何处理段落。根据引入的文本和默认的样式，创建了一个新的段落，也可以通过添加新的段落小节(run)来修改文字样式。在这里用文本“Date:”添加了第一个小节，然后用特定的时间添加了另一个小节并将其标记为斜体。

在第5步和第6步中，看到了关于电影的信息。第一部分存储电影的数量，与第4步类似。之后，电影以要点的形式被逐个添加到了报告中。

最后，第7步以与第4步类似的方式存储了所有影片的总时长，并将文档储存在一个文件中。

5.5.4 除此之外

如果为了格式化目的需要在文档中引入额外的行，则直接添加空段落。

由于MS Word格式的工作方式，其没有简单的方法来确定文档的页数。因此，需要对文档大小进行一些测试，特别是当用户想要生成动态存储的文本的时候。

即使生成了docx文件，MS Office软件也不是必需的。还有一些其他应用程序可以作为替代方案打开和处理这些文件，如LibreOffice。

完整的python-docx文档可以在这里找到：https://python-docx.readthedocs.io/en/latest/。

5.5.5 另请参阅

- “样式化Word文档”的方法。

● “在Word文档中生成结构”的方法。

5.6 样式化 Word 文档

Word文档非常简单，但是可以通过添加样式来帮助正确理解显示的数据。Word有一组预定义的样式，可以用于修改文档并突出显示文档的重要部分。

5.6.1 做好准备

使用python-docx模块来处理Word文档。

```
>>> echo "python-docx==0.8.6" >> requirements.txt
>>> pip install -r requirements.txt
```

5.6.2 如何操作

（1）引入python-docx模块。

```
>>> import docx
```

（2）创建一个新文档。

```
>>> document = docx.Document()
```

（3）添加一个段落，这个段落中以不同方式突出显示了一些单词，如斜体、粗体和下划线。

```
>>> p = document.add_paragraph('This shows different kinds of emphasis:')
>>> p.add_run('bold').bold = True
>>> p.add_run(', ')
<docx.text.run.Run object at ...>
>>> p.add_run('italics').italic = True
>>> p.add_run(' and ')
<docx.text.run.Run object at ...>
>>> p.add_run('underline').underline = True
>>> p.add_run('.')
<docx.text.run.Run object at ...>
```

（4）创建一些段落，将它们设置为默认样式，如List Bullet、List Number、Quote。

```
>>> document.add_paragraph('a few', style='List Bullet')
<docx.text.paragraph.Paragraph object at ...>
>>> document.add_paragraph('bullet', style='List Bullet')
<docx.text.paragraph.Paragraph object at ...>
>>> document.add_paragraph('points', style='List Bullet')
```

```
<docx.text.paragraph.Paragraph object at ...>
>>>
>>> document.add_paragraph('Or numbered', style='List Number')
<docx.text.paragraph.Paragraph object at ...>
>>> document.add_paragraph('that will', style='List Number')
<docx.text.paragraph.Paragraph object at ...>
>>> document.add_paragraph('that keep', style='List Number')
<docx.text.paragraph.Paragraph object at ...>
>>> document.add_paragraph('count', style='List Number')
<docx.text.paragraph.Paragraph object at ...>
>>>
>>> document.add_paragraph('And finish with a quote', style='Quote')
<docx.text.paragraph.Paragraph object at 0x10d2336d8>
```

（5）用不同的字体和字号创建一个段落。字体使用Arial，字号为25，并且这个段落右对齐。

```
>>> from docx.shared import Pt
>>> from docx.enum.text import WD_ALIGN_PARAGRAPH
>>> p = document.add_paragraph('This paragraph will have a manual styling and
right alignment')
>>> p.runs[0].font.name = 'Arial'
>>> p.runs[0].font.size = Pt(25)
>>> p.alignment = WD_ALIGN_PARAGRAPH.RIGHT
```

（6）保存这个文档。

```
>>> document.save('word-report-style.docx')
```

（7）打开word-report-style.docx文档验证其内容，如图5-4所示。

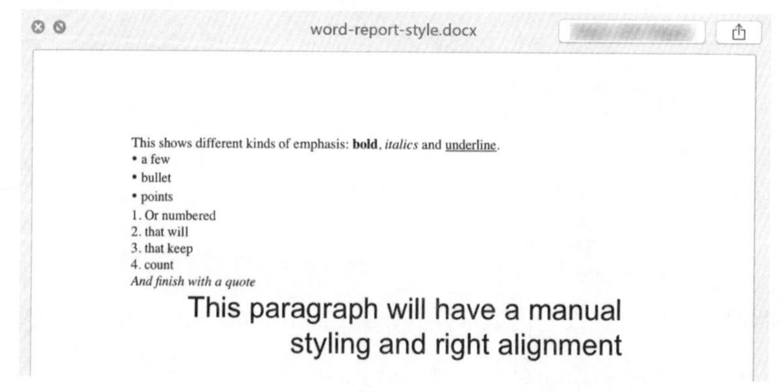

图 5-4

5.6.3 其中原理

在“如何操作”小节的第1步和第2步中创建一个文档之后，添加了一个具有多个格式小节的段落。在Word中，一个段落可以包含多个样式小节，这些小节可以具有不同的样式。一般来说，任何与单个单词相关的格式修改都会被应用在小节上，而影响段落的修改将会被应用在段落上。

默认情况下，程序会以Normal样式创建每个小节。如果某个小节需要一个样式或多个样式的组合，那么可以通过将.bold、.italic或者.underline的属性修改为True来进行设置。而将其设置为False可以禁用这些样式，设置为None则会保留默认设置。

注意，正确的单词应该是italic而不是italics。将属性设置为italics不会产生任何效果，但是也不会显示任何错误。

“如何操作”小节的第4步展示了如何为段落应用一些默认样式，在本例中使用了项目符号、标号列表和引用格式。还可以在这个文档中找到更多的样式：https://python-docx.readthedocs.io/en/latest/user/styles-understanding.html?highlight=List%20Bullet#paragraph-styles-in-default-template。可以试着找出最适合的文档的样式。

在第5步中使用了样式小节的.font属性。这允许用户手动设置特定的字体和字号。注意，这里需要使用适当的Pt（points）对象来指定大小。

段落的对齐设置在paragraph对象中，并使用常量定义它是左对齐、右对齐、居中对齐还是分散对齐。所有的对齐选项都可以在这里找到：https://python-docx.readthedocs.io/en/latest/api/enum/WdAlignParagraph.html。

最后，第7步保存文件到文件系统中。

5.6.4 除此之外

font属性还可用于设置文本的更多属性，如下标、阴影、浮雕或删除线。所有的功能都可以在这里找到：https:// python-docx.readthedocs.io/en/latest/api/text.html#docx.text.run.Font。

另一个可用的选项可以用来更改文本的颜色。注意，这里的小节可以是任何以前生成的样式小节。

```
>>> from docx.shared import RGBColor
>>> DARK_BLUE = RGBColor.from_string('1b3866')
>>> run.font.color.rbg = DARK_BLUE
```

颜色可以用字符串中常用的十六进制格式来描述。试着提前定义所要使用的颜色，以确保它们都是一致的，并在报告中尽量保持使用三种以内的颜色，以防印刷时费用过高。

可以使用在线颜色选择器：https://www.w3schools.com/colors/colors_picker.asp。记住不要在开头使用“#”。如果需要生成调色板，最好使用https://coolors.co/之类的工具来生成颜色组合。

完整的python-docx模块文档可以在这里找到：https://python-docx.readthedocs.io/en/latest/。

5.6.5 另请参阅

- “编写基本的Word文档”的方法。
- “在Word文档中生成结构”的方法。

5.7　在 Word 文档中生成结构

扫一扫，看视频

为了创建合适的专业报表，需要有合适的结构。MS Word文档没有页面的概念，因为它是由段落组成的，但是可以引入换行符、分页符和部分（section）来正确地划分文档。

本节将学习如何创建一个带结构的Word文档。

5.7.1　做好准备

使用python-docx模块来处理Word文档。

```
>>> echo "python-docx==0.8.6" >> requirements.txt
>>> pip install -r requirements.txt
```

5.7.2　如何操作

（1）引入python-docx模块。

```
>>> import docx
```

（2）创建一个新文档。

```
>>> document = docx.Document()
```

（3）创建一个有换行符的段落。

```
>>> p = document.add_paragraph('This is the start of the paragraph')
>>> run = p.add_run()
>>> run.add_break(docx.text.run.WD_BREAK.LINE)
>>> p.add_run('And now this in a different line')
>>> p.add_run(". Even if it's on the same paragraph.")
```

（4）添加分页符，并编写一个段落。

```
>>> document.add_page_break()
>>> document.add_paragraph('This appears in a new page')
```

（5）创建一个在横向页面上的新部分。

```
>>> section = document.add_section(docx.enum.section.WD_SECTION.NEW_PAGE)
>>> section.orientation = docx.enum.section.WD_ORIENT.LANDSCAPE
>>> section.page_height, section.page_width = section.page_width, section.page_height
>>> document.add_paragraph('This is part of a new landscape section')
```

（6）创建另一个恢复到纵向的部分。

```
>>> section = document.add_section( docx.enum.section.WD_SECTION.NEW_PAGE)
```

```
>>> section.orientation = docx.enum.section.WD_ORIENT.PORTRAIT
>>> section.page_height, section.page_width = section.page_width, section.
page_height
>>> document.add_paragraph('In this section, recover the portrait
orientation')
```

（7）保存文档。

```
>>> document.save('word-report-structure.docx')
```

（8）打开文档检查结果，如图5-5所示。

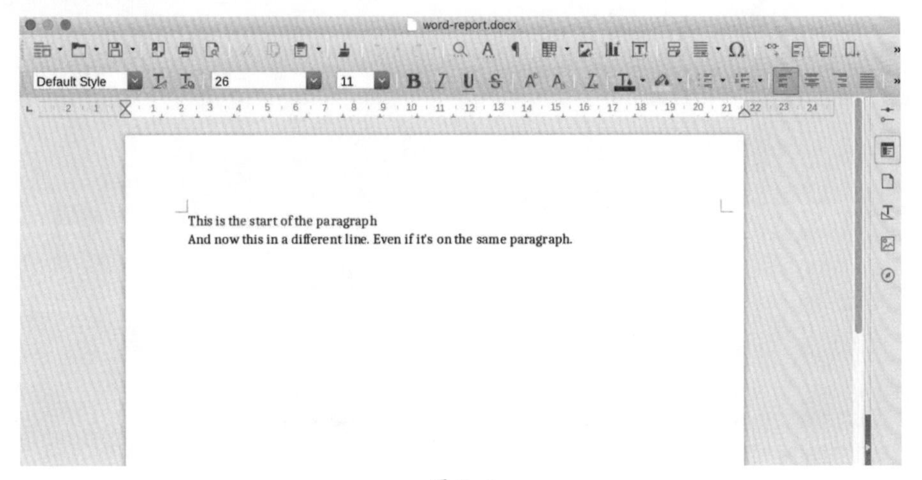

图 5-5

检查新的一页，如图5-6所示。

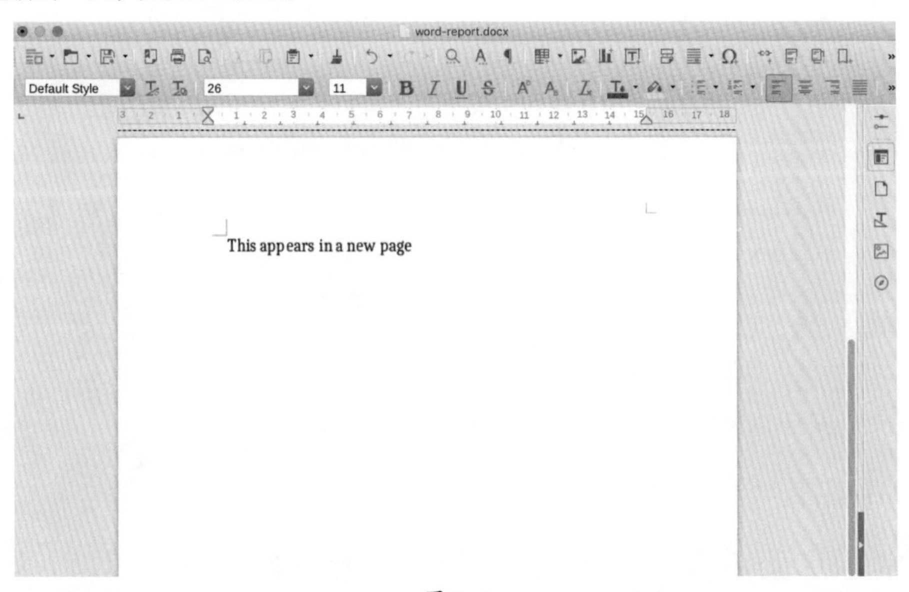

图 5-6

检查横向放置的一页，如图5-7所示。

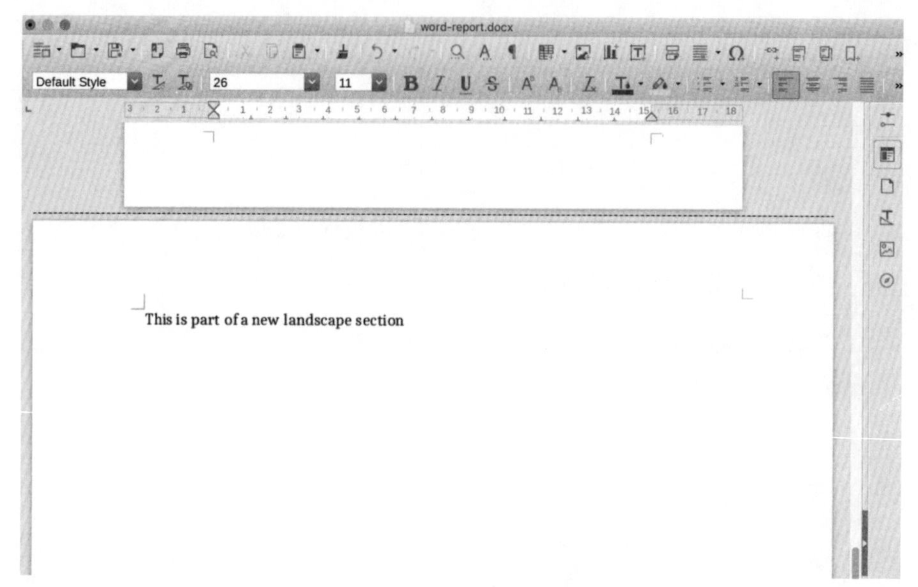

图 5-7

然后回到纵向，如图5-8所示。

图 5-8

5.7.3 其中原理

在“如何操作”小节的第2步创建文档之后，为第一部分添加了一个段落。注意，文档以一个部分开始。在第一部分的段落中间引入了一个换行符。

尽管在大多数情况下，换行符的用法非常相似，但是段落中的换行符和产生新段落的换行符之间实际上有一个小区别。可以试着做实验观察一下。

在第3步中在不改变section的情况下添加了一个分页符。

第4步在新页面上创建了一个新部分。第5步还将页面的方向修改为横向。在第6步中，引入了一个新的部分，并将页面方向恢复为纵向。

注意，在改变方向时，还需要交换宽度和高度。每个新部分都继承了前一部分的属性，因此需要在第6步中进行交换。

最后，文档在第7步中被保存。

5.7.4 除此之外

一个部分（section）规定了页面的组成，包括页面的方向和大小。页面的大小可以使用长度选项来更改，如Inches（英寸）或Cm（厘米）。

```
>>> from docx.shared import Inches, Cm
>>> section.page_height = Inches(10)
>>> section.page_width = Cm(20)
```

页边距也可以用同样的方法来定义。

```
>>> section.left_margin = Inches(1.5)
>>> section.right_margin = Cm(2.81)
>>> section.top_margin = Inches(1)
>>> section.bottom_margin = Cm(2.54)
```

section也可以强制不止可以从下一页开始，也可以从下一个奇数页开始，这样在双面打印时看起来会更好。

```
>>> document.add_section( docx.enum.section.WD_SECTION.ODD_PAGE)
```

完整的python-docx文档可以在这里找到：https://python-docx.readthedocs.io/en/latest/。

5.7.5 另请参阅

- “编写基本的Word文档”的方法。
- “样式化Word文档”的方法。

5.8 向 Word 文档中添加图片

扫一扫，看视频

Word文档能够添加图片来显示图形或其他类型的额外信息。添加图像是创建内容丰富的报告的一个好方法。

本节将会学习如何在Word文档中包含现有文件。

5.8.1 做好准备

使用python-docx模块来处理Word文档。

```
$ echo "python-docx==0.8.6" >> requirements.txt
$ pip install -r requirements.txt
```

需要准备一个添加到文档中的图像。将使用在GitHub中准备好的一个文件:https://github.com/PacktPublishing/Python-Automation-Cookbook/blob/master/ Chapter04/images/photo-dublin-a1.jpg，它显示了都柏林的景象。可以像以下这样在命令行中下载它。

```
$ wget
https://github.com/PacktPublishing/Python-Automation-Cookbook/blob/master/
Chapter04/images/photo-dublin-a1.jpg
```

5.8.2 如何操作

（1）引入python-docx模块。

```
>>> import docx
```

（2）创建一个新文档。

```
>>> document = docx.Document()
```

（3）创建一个带有一些文本的段落。

```
>>> document.add_paragraph('This is a document that includes a picture taken
in Dublin')
```

（4）添加图像。

```
>>> image = document.add_picture('photo-dublin-a1.jpg')
```

（5）适当缩放图像，使其适合页面（14 × 10）。

```
>>> from docx.shared import Cm
>>> image.width = Cm(14)
>>> image.height = Cm(10)
```

（6）这张图片已经被添加到一个新的段落中。将其中心对齐并添加描述性文本。

```
>>> paragraph = document.paragraphs[-1]
>>> from docx.enum.text import WD_ALIGN_PARAGRAPH
>>> paragraph.alignment = WD_ALIGN_PARAGRAPH.CENTER
>>> paragraph.add_run().add_break()
>>> paragraph.add_run('A picture of Dublin')
```

（7）添加一个带有额外文本的新段落。

```
>>> document.add_paragraph('Keep adding text after the image')
<docx.text.paragraph.Paragraph object at XXX>
>>> document.save('report.docx')
```


（8）检查结果，如图5-9所示。

图 5-9

5.8.3 其中原理

“如何操作”小节的第1步~第3步创建文档并添加了一些文本。

第4步从文件中添加图像，第5步将其调整为合适大小。默认情况下的图像太大。

调整大小时要记住图像的比例。注意，还可以使用其他度量方式，如定义在shared中的Inch。

插入图像也会创建一个新的段落，因此可以对这个段落进行样式设计，以对齐图像或添加更多文本，如引用或描述。在第6步中，这一段是通过document.paragraph属性获取到的，进而添加了合适的样式，并且居中对齐。实际上是添加了一个新行和一段带有描述性文字的样式小节。

第7步在图像之后添加了额外的文本并保存文档。

5.8.4 除此之外

图像的大小可以改变，但是正如之前看到的，改变大小时需要计算图像的比例。如果按照近似的方法来调整大小，结果可能不是很完美，如“如何操作”小节中的第5步所示。

注意，图像的完美比例不是10:14，而应该是10:13.33。对于图片来说，这个比例精度已经足够了，但是对于对比例变化更敏感的数据(比如图表)来说，可能更加需要注意图像的比例问题。

为了得到正确的比例关系，将高度除以宽度，然后再进行适当的缩放。

```
>>> image = document.add_picture('photo-dublin-a1.jpg')
>>> image.height / image.width
0.75
>>> RELATION = image.height / image.width
>>> image.width = Cm(12)
>>> image.height = Cm(12 * RELATION)
```

如果需要将值转化为特定的单位，可以使用cm、inches、mm或者pt属性。

```
>>> image.width.cm
12.0
>>> image.width.mm
120.0
>>> image.width.inches
4.724409448818897
>>> image.width.pt
340.15748031496065
```

完整的python-docx文档可以在这里找到:https://python-docx.readthedocs.io/en/latest/。

5.8.5 另请参阅

- “编写基本的Word文档”的方法 。
- “样式化Word文档”的方法。
- “在Word文档中生成结构”的方法。

5.9 编写简单的PDF文档

扫一扫，看视频

PDF文件是分享报告的一种常见方式。PDF文档的主要特性是精确定义文档的外观，并且在生成之后无法修改(只读)，这使得它们可以非常方便地进行分享。

本节将学习如何利用Python编写一个简单的PDF报告。

5.9.1 做好准备

使用fpdf模块来创建PDF文档。

```
>>> echo "fpdf==1.7.2" >> requirements.txt
>>> pip install -r requirements.txt
```

5.9.2 如何操作

（1）引入fpdf模块。

```
>>> import fpdf
```

（2）创建一个文档。

```
>>> document = fpdf.FPDF()
```

（3）定义标题的字体和颜色，并添加第一页。

```
>>> document.set_font('Times', 'B', 14)
>>> document.set_text_color(19, 83, 173)
>>> document.add_page()
```

（4）添加文档的标题。

```
>>> document.cell(0, 5, 'PDF test document')
>>> document.ln()
```

（5）编写一个长段落。

```
>>> document.set_font('Times', '', 12)
>>> document.set_text_color(0)
>>> document.multi_cell(0, 5, 'This is an example of a long paragraph. ' * 10)
[]
>>> document.ln()
```

（6）再编写一个长段落。

```
>>> document.multi_cell(0, 5, 'Another long paragraph. Lorem ipsum dolor sit
amet, consectetur adipiscing elit.' * 20)
```

（7）保存文档。

```
>>> document.output('report.pdf')
```

（8）检查report.pdf文档，如图5-10所示。

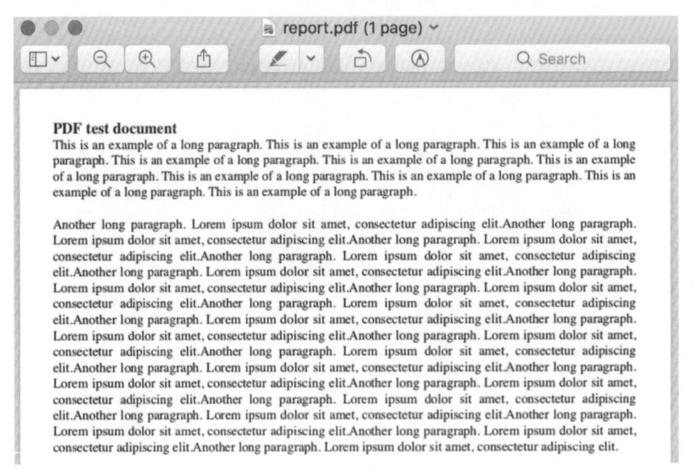

PDF test document

This is an example of a long paragraph. This is an example of a long paragraph. This is an example of a long paragraph. This is an example of a long paragraph. This is an example of a long paragraph. This is an example of a long paragraph. This is an example of a long paragraph. This is an example of a long paragraph. This is an example of a long paragraph. This is an example of a long paragraph.

Another long paragraph. Lorem ipsum dolor sit amet, consectetur adipiscing elit.Another long paragraph. Lorem ipsum dolor sit amet, consectetur adipiscing elit.Another long paragraph. Lorem ipsum dolor sit amet, consectetur adipiscing elit.Another long paragraph. Lorem ipsum dolor sit amet, consectetur adipiscing elit.Another long paragraph. Lorem ipsum dolor sit amet, consectetur adipiscing elit.Another long paragraph. Lorem ipsum dolor sit amet, consectetur adipiscing elit.Another long paragraph. Lorem ipsum dolor sit amet, consectetur adipiscing elit.Another long paragraph. Lorem ipsum dolor sit amet, consectetur adipiscing elit.Another long paragraph. Lorem ipsum dolor sit amet, consectetur adipiscing elit.Another long paragraph. Lorem ipsum dolor sit amet, consectetur adipiscing elit.Another long paragraph. Lorem ipsum dolor sit amet, consectetur adipiscing elit.Another long paragraph. Lorem ipsum dolor sit amet, consectetur adipiscing elit.Another long paragraph. Lorem ipsum dolor sit amet, consectetur adipiscing elit.Another long paragraph. Lorem ipsum dolor sit amet, consectetur adipiscing elit.Another long paragraph. Lorem ipsum dolor sit amet, consectetur adipiscing elit.Another long paragraph. Lorem ipsum dolor sit amet, consectetur adipiscing elit.Another long paragraph. Lorem ipsum dolor sit amet, consectetur adipiscing elit.Another long paragraph. Lorem ipsum dolor sit amet, consectetur adipiscing elit.Another long paragraph. Lorem ipsum dolor sit amet, consectetur adipiscing elit.Another long paragraph. Lorem ipsum dolor sit amet, consectetur adipiscing elit.

图 5-10

5.9.3 其中原理

fpdf模块创建了一个PDF文档并允许对它进行编辑。

由于PDF文档的特性，考虑它的最佳方式是想象一个光标在文档中写入并移动到下一个位置，就像一台打字机一样。

第1个操作是指定要使用的字体和字号，然后添加第1个页面，这些在“如何操作”小节中第3步中完成。第1种字体是粗体(第2个参数是'B')，字号比文档的其他部分更大，可以用于标题。同时还用.set_text_color以RGB形式设置了字体的颜色。

文本可以用'I'设置为斜体，用'U'添加下划线。也可以将它们组合在一起，因此'BI'将生成斜粗体的文本。

调用.cell以指定文本创建了一个文本框。前两个参数分别是宽度和高度。宽度为0指的是使用到右边缘的整个空间。高度5（mm）对于12号字是足够的。调用.ln会加入一个新行。

使用.multi_cell方法来编写多行段落。它的参数与.cell相同。“如何操作”小节的第5步和第6步添加了两个段落。注意添加段落前字体更换，以便将标题与报告主题区分开来。调用单参数的.set_text_color可以设置灰度值，在示例情况下设置成了黑色。

对于长文本，使用.cell将使其超出页边距并离开页面。因此，它只能用于一行以内的文本。可以使用.get_string_width方法查看文本的长度。

最后，第7步将文档保存到磁盘上。

5.9.4 除此之外

当multi_cell操作占用了一个页面中的所有空间时，文档会自动添加页面。调用.add_page方法将会直接前往一个新的页面。

可以使用默认的字体（Courier、Helvetica和Times），或者使用.add_font添加额外的字体。在这里查看文档以了解更多细节：http://pyfpdf.readthedocs.io/en/latest/reference/add_font/index.html。

Symbol和ZapfDingbats字体也是可用的，但是需要与符号一起使用。这在需要一些额外符号时可能很有帮助，但是在使用它们之前要先进行测试。其他默认字体还包括衬线字体、无衬线字体和固定宽度字体。在PDF中，使用的字体将被嵌入文档中，因此它们可以在任何地方正确显示。

最好在整个文档中保持高度一致，至少在相同大小的文本之间保持一致，定义一个熟悉的常量，然后在整个文本中使用它。

```
>>> BODY_TEXT_HEIGHT = 5
>>> document.multi_cell(0, BODY_TEXT_HEIGHT, text)
```

默认情况下，文本将被分散对齐，但这是可以修改的。可用的参数包括对齐参数J（分散对齐）、C（居中对齐）、R（右对齐）和L（左对齐）。例如，生成左对齐的文本。

```
>>> document.multi_cell(0, BODY_TEXT_HEIGHT, text, align='L')
```

完整的fpdf文档可以在这里找到：http://pyfpdf.readthedocs.io/en/latest/index.html。

5.9.5 另请参阅

- “构建PDF文档”的方法。
- “聚合PDF报告”的方法。
- “对PDF文档添加水印并加密”的方法。

5.10 构建 PDF 文档

在创建PDF文档时，程序可以自动生成一些元素以改进PDF文档的外观和结构。本节将学习如何添加页眉和页脚，以及如何创建到其他元素的链接。

扫一扫，看视频

5.10.1 做好准备

使用fpdf模块创建PDF文档。

```
>>> echo "fpdf==1.7.2" >> requirements.txt
>>> pip install -r requirements.txt
```

5.10.2 如何操作

(1)使用的structuring_pdf.py脚本可以在GitHub上获取:https://github. com/PacktPublishing/Python-Automation-Cookbook/blob/master/Chapter05/structuring_pdf.py。其中最重要的部分如下。

```
import fpdf
from random import randint

class StructuredPDF(fpdf.FPDF):
    LINE_HEIGHT = 5

    def footer(self):
        self.set_y(-15)
        self.set_font('Times', 'I', 8)
        page_number = 'Page {number}/{{nb}}'.format(number=self.page_no())
        self.cell(0, self.LINE_HEIGHT, page_number, 0, 0, 'R')

    def chapter(self, title, paragraphs):
        self.add_page()
        link = self.title_text(title)
        page = self.page_no()
        for paragraph in paragraphs:
            self.multi_cell(0, self.LINE_HEIGHT, paragraph)
            self.ln()
        return link, page

    def title_text(self, title):
        self.set_font('Times', 'B', 15)
        self.cell(0, self.LINE_HEIGHT, title)
        self.set_font('Times', '', 12)
        self.line(10, 17, 110, 17)
        link = self.add_link()
        self.set_link(link)
        self.ln()
        self.ln()
        return link

    def get_full_line(self, head, tail, fill):
         ...
    def toc(self, links):
        self.add_page()
        self.title_text('Table of contents')
        self.set_font('Times', 'I', 12)
```

```
    for title, page, link in links:
        line = self.get_full_line(title, page, '.')
        self.cell(0, self.LINE_HEIGHT, line, link=link)
        self.ln()

LOREM_IPSUM = ...

def main():
    document = StructuredPDF()
    document.alias_nb_pages()
    links = []
    num_chapters = randint(5, 40)
    for index in range(1, num_chapters):
        chapter_title = 'Chapter {}'.format(index)
        num_paragraphs = randint(10, 15)
        link, page = document.chapter(chapter_title,
        [LOREM_IPSUM] * num_paragraphs)
        links.append((chapter_title, page, link))

    document.toc(links)
    document.output('report.pdf')
```

（2）运行脚本将生成report.pdf文件，其中包含了一些章节和一个目录。注意，它会产生一些随机数来生成章节，因此具体的章节数目每次都可能有所不同。

```
$ python3 structuring_pdf.py
```

（3）检查结果。图5-11所示是一个例子。

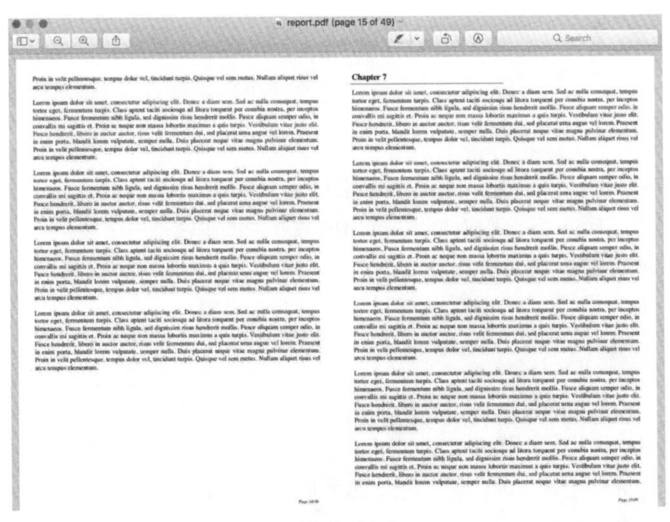

图 5-11

检查结尾处的目录，如图5-12所示。

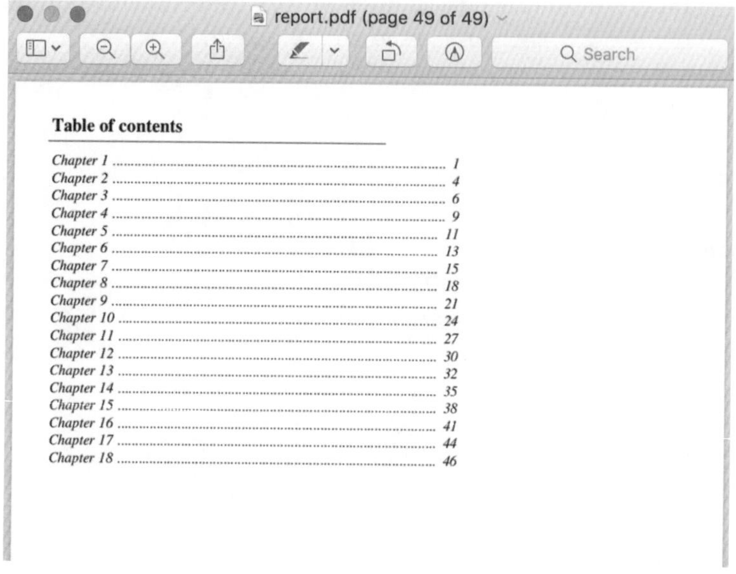

图 5-12

5.10.3 其中原理

下面仔细研究一下脚本的各个元素。

StructuredPDF定义了一个继承自FPDF的类。它会覆盖footer方法（该方法会在创建每个页面时自动创建一个页脚）。同时它还有助于简化main函数中的代码。

main函数创建了一个文档。然后它会打开这个文档，添加每个章节并收集它们的链接信息。最后，它调用了toc方法使用链接信息生成了一个目录。

要存储的文本是通过复制LOREM_IPSUM占位符文本生成的。

chapter方法首先打印一个标题部分，然后添加定义的每个段落。它会收集本章开始时的页码和title_text方法返回的链接并将它们返回到main函数中存储以备使用。

title_text方法用加大加粗的文本编写文本。然后，它会添加一条线来将标题与章节主题分开。它还用下面的代码生成并设置了一个指向当前页面的link对象。

```
link = self.add_link()
self.set_link(link)
```

此链接将在目录中用于添加指向本章的可单击的元素。

footer方法自动向每页中添加页脚。它设置了更小的字体并添加当前页面的页码（通过page_no获得）并使用{nb}来代表总页数。

main函数中对alias_nb_pages的调用确保了{nb}在生成文档时可以被自动替换。

最后，使用toc方法生成目录。它添加了一个标题，并将所有收集到的目录所需的链接、页码和章节名称的信息添加到目录中。

5.10.4 除此之外

注意randint的使用为文档添加了一定的随机性。这个方法存在于Python的标准库中，可以返回一个在定义的最大值和最小值区间内的数字(并且最大值和最小值都可以被取到)。

get_full_line方法可以为目录生成适当大小的行。它接受开头文字(章节名称)、结尾文字(页码)以及中间填充字符(点)，生成了具有适当宽度(120 mm)的一行文字。

脚本通过调用get_string_width来计算文本的大小，它已经将字体和字号因素考虑在内。

使用set_link(link, y=place, page=num_page)链接对象可以用来指向特定的页面的特定位置，而不只是当前页或者页面的开始处。检查文档可以在这里找到:http://pyfpdf.readthedocs.io/en/latest/reference/set_link/index.html。

可以通过试错来调整一些元素。例如，定位一条线的位置。长线条好看还是短线条好看可能与个人喜好有关。总之，不断进行实验和检查，直到产生预期的效果。

完整的FPDF文档可以在这里找到:http://pyfpdf.readthedocs.io/en/latest/index.html。

5.10.5 另请参阅

- “编写基本的Word文档”的方法。
- “聚合PDF报告”的方法。
- “对PDF文档添加水印并加密”的方法。

5.11 聚合 PDF 报告

扫一扫，看视频

本节将学习如何将两个PDF文件组合到一个文件中。这使我们能够将多个报告合并成一个大的报告。

5.11.1 做好准备

这里主要使用PyPDF2模块。这个脚本还依赖Pillow和pdf2image两个模块。

```
$ echo "PyPDF2==1.26.0" >> requirements.txt
```

```
$ echo "pdf2image==0.1.14" >> requirements.txt
$ echo "Pillow==5.1.0" >> requirements.txt
$ pip install -r requirements.txt
```

为了pdf 2image能够正常工作，需要安装pdftoppm，因此请查看这里的说明，以了解它在不同平台上的安装方法:https://github.com/Belval/pdf2image#first-you-need-pdftoppm。

需要两个PDF文件用来合并。本节中使用的两个PDF文件，其中一个是structuring_pdf.py 脚本（可以在GitHub上找到:https://github.com/PacktPublishing/Python-Automation-Cookbook/blob/master/Chapter05/structuring_pdf.py）生成的report.pdf；另一个是将刚才文件通过以下命令添加水印后生成的report2.pdf文件。

```
$ python watermarking_pdf.py report.pdf -u automate_user -o report2.pdf
```

这个命令需要使用水印脚本watermarking_pdf.py，可以在GitHub中找到:https://github.com/PacktPublishing/Python-Automation-Cookbook/blob/master/Chapter05/watermarking_pdf.py。

5.11.2 如何操作

（1）引入PyPDF2模块并创建要输出的PDF文件对象。

```
>>> import PyPDF2
>>> output_pdf = PyPDF2.PdfFileWriter()
```

（2）读取第1个文件并创建一个阅读器。

```
>>> file1 = open('report.pdf', 'rb')
>>> pdf1 = PyPDF2.PdfFileReader(file1)
```

（3）将所有页面添加到要输出的PDF中。

```
>>> output_pdf.appendPagesFromReader(pdf1)
```

（4）打开第2个文件，再创建一个阅读器，并将页面追加到要输出的PDF中。

```
>>> file2 = open('report2.pdf', 'rb')
>>> pdf2 = PyPDF2.PdfFileReader(file2)
>>> output_pdf.appendPagesFromReader(pdf2)
```

（5）创建输出文件并保存。

```
>>> with open('result.pdf', 'wb') as out_file:
...     output_pdf.write(out_file)
```

（6）关闭已打开的文件。

```
>>> file1.close()
>>> file2.close()
```

（7）检查输出的文件并确认它包含两个PDF文件中的所有页面。

5.11.3 其中原理

PyPDF2允许我们为每个输入文件创建一个阅读器，并将其所有页面添加到新创建的PDF编写器中。注意，文件都是以二进制模式（rb）打开的。

由于页面副本的工作方式，在保存结果文件之前，输入文件需要保持打开状态。如果输入文件被关闭，生成的文件可能会被存储为空文件。

生成的PDF最终被保存到一个新文件中。注意，文件需要以二进制模式（wb）打开并写入。

5.11.4 除此之外

使用.appendPagesFromReader方法可以非常方便地添加所有页面，也可以使用.addPage依次添加页面。例如，如果要添加第3页，代码可以这样写：

```
>>> page = pdf1.getPage(3)
>>> output_pdf.addPage(page)
```

PyPDF2的完整文档可以在这里找到：https://pythonhosted.org/PyPDF2/。

5.11.5 另请参阅

- “编写简单的PDF文档”的方法。
- “构建PDF文档”的方法。
- “对PDF文档添加水印并加密”的方法。

5.12 对 PDF 文档添加水印并加密

扫一扫，看视频

PDF文件有一些有趣的安全措施来限制文档的分发。例如，可以加密内容，使它必须输入密码才能读取。还会看到如何在非公开分发文档时添加水印，以清晰地标记文档来源，一旦文档泄露，就可以知道泄露文件的来源。

5.12.1 做好准备

使用pdf2image模块来将PDF文档转换为PIL图像。同时Pillow和PyPDF2也是必要的模块。

```
$ echo "pdf2image==0.1.14" >> requirements.txt
$ echo "Pillow==5.1.0" >> requirements.txt
$ echo "PyPDF2==1.26.0" >> requirements.txt
$ pip install -r requirements.txt
```

为了让pdf2image正常工作，需要安装pdftoppm，因此请在这个网站上查看不同平台上的安装方法：https://github.com/Belval/pdf2image#first-you-need-pdftoppm。

还需要一个PDF文件来添加水印和加密。将使用由structuring_pdf.py脚本（可以在GitHub中找到：https://github.com/PacktPublishing/Python-Automation-Cookbook/blob/master/chapter05/structuring_pdf.py）生成的report.pdf文件。

5.12.2 如何操作

（1）本节中使用的watermarking_pdf.py脚本可以在GitHub中找到：https://github.com/PacktPublishing/Python-Automation-Cookbook/blob/master/Chapter05/watermarking_pdf.py。其中最重要的代码如下。

```
def encrypt(out_pdf, password):
    output_pdf = PyPDF2.PdfFileWriter()

    in_file = open(out_pdf, "rb")
    input_pdf = PyPDF2.PdfFileReader(in_file)
    output_pdf.appendPagesFromReader(input_pdf)
    output_pdf.encrypt(password)

    # Intermediate file
    with open(INTERMEDIATE_ENCRYPT_FILE, "wb") as out_file:
        output_pdf.write(out_file)

    in_file.close()

    # Rename the intermediate file
    os.rename(INTERMEDIATE_ENCRYPT_FILE, out_pdf)

def create_watermark(watermarked_by):
    mask = Image.new('L', WATERMARK_SIZE, 0)
    draw = ImageDraw.Draw(mask)
    font = ImageFont.load_default()
    text = 'WATERMARKED BY {}\n{}'.format(watermarked_by, datetime.now())
    draw.multiline_text((0, 100), text, 55, font=font)

    watermark = Image.new('RGB', WATERMARK_SIZE)
    watermark.putalpha(mask)
    watermark = watermark.resize((1950, 1950))
    watermark = watermark.rotate(45)
    # Crop to only the watermark
    bbox = watermark.getbbox()
```

```
    watermark = watermark.crop(bbox)

    return watermark

def apply_watermark(watermark, in_pdf, out_pdf):
    # Transform from PDF to images
    images = convert_from_path(in_pdf)
    ...
    # Paste the watermark in each page
    for image in images:
        image.paste(watermark, position, watermark)

    # Save the resulting PDF
    images[0].save(out_pdf, save_all=True, append_images=images[1:])
```

（2）使用以下命令为PDF文件添加水印。

```
$ python watermarking_pdf.py report.pdf -u automate_user -o out.pdf Creating a
watermark
Watermarking the document
$
```

（3）检查是否.pdf的所有页面都添加了一个带有automate_user字样和时间戳的水印，如图5-13所示。

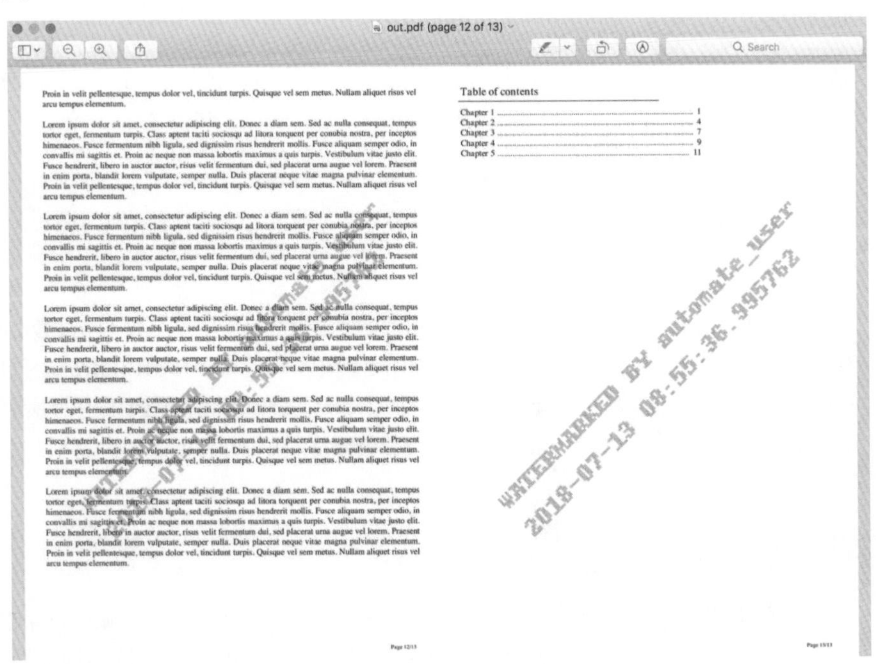

图 5-13

（4）使用以下命令添加水印并加密。注意，加密可能需要一段时间。

```
$ python watermarking_pdf.py report.pdf -u automate_user -o out.pdf -p
secretpassword
Creating a watermark
Watermarking the document
Encrypting the document
$
```

（5）打开生成的out.pdf 检查是否需要输入密码secretpassword才能够打开。文件里的时间戳也是新的。

5.12.3 其中原理

watermarking_pdf.py脚本首先使用argparse从命令行中获取参数，然后将其传递给main函数来调用另外三个函数，即create_watermark、apply_watermark和encrypt。

create_watermark生成带水印的图像。它使用Pillow的Image类以模式L创建了一个灰色图像并绘制文本。然后，将此图像作为alpha通道应用到新图像上，并将水印图像设置为半透明。

alpha通道以白色（颜色0）代表完全透明，以黑色（颜色255）代表完全不透明。在本例中，水印背景为白色（颜色0），文本为浅灰色（颜色55），在alpha通道中显示为半透明。

然后将图像旋转45°并裁剪，以减少可能出现的透明背景。这将使图像居中，并允许更精确的定位。

在接下来一步中，apply_watermark使用pdf2image模块将PDF转换为PIL Images序列，然后计算出水印的位置并粘贴水印。

图像需要位于文档的左上角。可以通过分别在高度和宽度上以页面值的一半减去水印值的一半来设置水印在文档中心。注意，这个脚本假设文档的所有页面的高度和宽度都是相等的。

最后，将结果保存到PDF文件中。注意save_all参数，这允许保存一个多页的PDF文件。

如果传递进来了一个密码，脚本就会调用encrypt函数。它会使用PdfFileReader打开输出的PDF，然后使用PdfFileWriter创建一个新的临时PDF。接着脚本会将输出PDF中的所有界面添加到新的PDF中，对新的PDF进行加密。最后使用os.rename将临时PDF重命名为与输出PDF相同的名字。

5.12.4 除此之外

注意，在添加水印的同时，页面由文本转换为了图像。这为文档增添了额外的保护，因为这样文本就无法被直接提取。它直接杜绝了复制和粘贴的可能，是保护一个文件不被盗版的好方法。

不过这算不上一个严密的安全措施，因为文本仍然可以通过OCR工具提取。但是，它在一定程度上可以防止他人随意抽取文本。

PIL的默认字体可能有点粗糙。但是可以调用以下命令使用TrueType或者OpenType文件。

```
font = ImageFont.truetype('my_font.ttf', SIZE)
```

注意，这里可能需要安装FreeType库，它通常是libfreetype包的一部分。可以在这里找到更进一步的文档：https://www.freetype.org/。根据字体和字号，有可能需要调整水印的大小。

完整的pdf2image文档可以在https://github.com/Belval/pdf2image上找到，完整的PyPDF2文档可以在https://pythonhosted.org/PyPDF2/上找到，Pillow的完整文档可以在https://pillow.readthedocs.io/en/5.2.x/上找到。

5.12.5 另请参阅

- “编写简单的PDF文档”的方法。
- “构建PDF文档”的方法。
- “聚合PDF文档”的方法。

第6章

轻松使用电子表格

本章将介绍以下内容：

- 编写CSV电子表格。
- 更新CSV电子表格。
- 读取Excel 电子表格。
- 更新Excel电子表格。
- 在Excel电子表格中创建新表。
- 在Excel电子表格中创建图表。
- 在Excel电子表格中处理格式。
- 在LibreOffice中创建宏。

6.1 引言

电子表格是计算机世界中最通用、应用最广泛的工具之一。几乎所有日常使用计算机操作的人都在使用它们直观的表格和单元。甚至有人开玩笑说，整个复杂的商业世界都是由简单的电子表格管理和描述的。总之，电子表格是一个相当强大的工具。

所以，自动读写电子表格的能力就相当重要了。在本章中将见到如何处理电子表格，尤其是在最常用的Excel格式下处理。最后两节将介绍免费的替代方案LibreOffice，以及如何在其中使用Python作为脚本语言。

6.2 编写 CSV 电子表格

扫一扫，看视频

CSV文件是易于共享的简单电子表格。它们基本上就是一个包含由逗号分隔的，以非常简单的表格式存储数据的文本文件(因此得名逗号分隔值)。CSV文件可以由Python的标准库创建，并且可以被大多数电子表格软件读取。

6.2.1 做好准备

本节中只用到Python的标准库。一切都已经准备好了！

6.2.2 如何操作

(1) 引入csv模块。

```
>>> import csv
```

(2) 定义标题，说明数据是如何进行排序和存储的。

```
>>> HEADER = ('Admissions', 'Name', 'Year')
>>> DATA = [
...     (225.7,'Gone With the Wind', 1939),
...     (194.4,'Star Wars', 1977),
...     (161.0,'ET: The Extra-Terrestrial', 1982)
...]
```

(3) 向CSV文件中写入数据。

```
... with open('movies.csv', 'w', newline='') as csvfile:
...     movies = csv.writer(csvfile)
...     movies.writerow(HEADER)
...     for row in DATA:
```

```
...     movies.writerow(row)
```

(4) 在电子表格中检查结果CSV文件。如图6-1所示，该文件由LibreOffice软件打开。

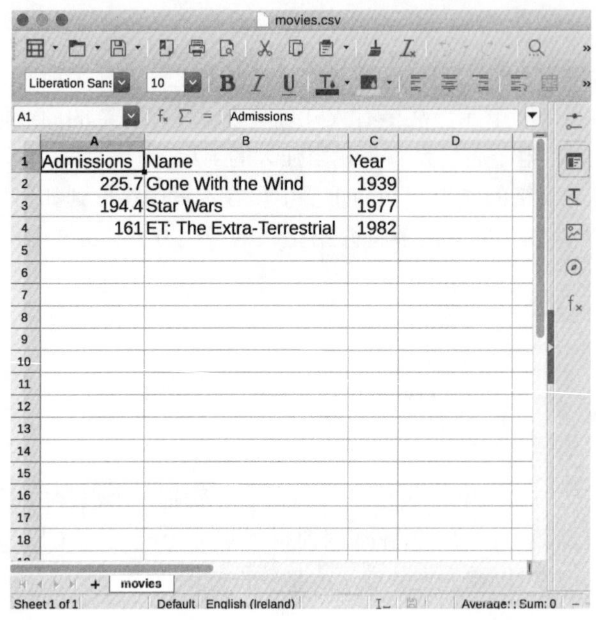

图 6-1

6.2.3 其中原理

在“如何操作”小节的第1步和第2步进行的准备工作之后，第3步是完成工作的部分。

脚本以写模式(w)打开了一个新文件movies.csv。然后csvfile中的原始文件对象创建了一个写入器。所有这些都发生在with代码块中，所以在代码运行结束后文件会被自动关闭。

注意newline=''的参数。这样做是为了让写入器直接存储换行以避免兼容性问题。

写入器使用.writerow逐行地写入元素。第1行是标题，然后是每一行数据。

6.2.4 除此之外

给出的代码以默认方言存储数据。方言定义了划分每行数据内容的符号(逗号或其他字符)、如何转义、换行等。如果需要调整方言。每个参数都可以在writer调用中定义。有关可定义的所有参数详见下面的列表。https://docs.python.org/3/library/csv.html#dialects-and-formatting-parameters。

CSV文件在比较简单的时候更好用。如果要存储的数据比较复杂，那么最好的选择可能不是CSV文件。但是CSV文件在处理表格数据的时候非常有用。它们几乎可以被所有程序理解，甚至在低性能设备上处理它们也很容易。

csv模块的完整文档可以在这里找到:https://docs.python.org/3/library/csv.html。

6.2.5 另请参阅

- 第4章“搜索和读取本地文件”中“读取CSV文件”的方法。
- “更新CSV电子表格”的方法。

6.3 更新 CSV 电子表格

既然CSV是简单的文本文件，那么更新其内容的最佳解决方案就是读取它们，将它们更改为内置Python对象，然后以相同的格式写入结果。本节将学习如何做到这一点。

6.3.1 做好准备

在本节中将使用movies.csv文件，这个文件可以在GitHub上得到:https://github.com/PacktPublishing/Python-Automation-Cookbook/blob/master/Chapter06/movies.csv。它包含了表6-1所示数据。

表 6-1

Admissions	Name	Year
225.7	Gone With the Wind	1939
194.4	Star Wars	1968
161.0	ET: The Extra-Terrestrial	1982

注意，Star Wars的年份是不正确的(它应该是1977年)。将在这一节中修改它。

6.3.2 如何操作

(1) 引入csv模块并定义文件名。

```
>>> import csv
>>> FILENAME = 'movies.csv'
```

(2) 使用DictReader读取文件内容并将其转换为包含有序行的列表。

```
>>> with open(FILENAME, newline='') as file:
...     data = [row for row in csv.DictReader(file)]
```

(3) 检查获得的数据，将1968改为1977。

```
>>> data
[OrderedDict([('Admissions', '225.7'), ('Name', 'Gone With the Wind'),('Year',
'1939')]), OrderedDict([('Admissions', '194.4'), ('Name','Star Wars'), ('Year',
'1968')]), OrderedDict([('Admissions', '161.0'),('Name', 'ET: The Extra-
Terrestrial'), ('Year', '1982')])]
>>> data[1]['Year']
'1968'
>>> data[1]['Year'] = '1977'
```

(4) 再次打开文件并存储值。

```
>>> HEADER = data[0].keys()
>>> with open(FILENAME, 'w', newline='') as file:
...     writer = csv.DictWriter(file, fieldnames=HEADER)
...     writer.writeheader()
...     writer.writerows(data)
```

(5) 在电子表格中检查结果。结果应该类似于"编写CSV电子表格"一节中"如何操作"小节第4步显示的结果。

6.3.3 其中原理

在"如何操作"小节的第2步引入csv模块之后，从文件中提取出了全部的数据。文件在with代码块中打开。DictReader可以方便地将其转换为字典列表，并将标题值设置为键。

然后格式化数据就可以方便地进行操作和更改。在第3步中将数据更改为正确的值。

本节中直接修改了特定位置的值，但是在一般情况下，可能需要先进行搜索。

第4步覆盖文件，并使用DictWriter存储数据。DictWriter要求以fieldnames定义列上的字段。为了获得这个字段，检索其中一行的键并将它们存储在HEADER中。

文件以w模式再次打开并对原文件进行了覆盖。DictWriter首先会使用.writeheader方法存储标题，然后调用.writerows存储所有的行。

也可以通过调用.writerow逐个添加行。

在关闭with代码块之后，文件被存储并且可以进行检查。

6.3.4 除此之外

CSV文件的方言通常是已知的，但是有时是未知的。在这种情况下，Sniffer类可以提供帮助。

它会分析文件的一个样本(或整个文件),以返回一个dialect对象,允许我们以正确的方式读取文件。

```
>>> with open(FILENAME, newline='') as file:
...     dialect = csv.Sniffer().sniff(file.read())
```

然后方言会在打开文件时传递给DictReader类。因此此类文件需要打开两次才能读取出其中内容。

请记住，在DictWriter类上也要使用方言，保证以相同的格式保存文件。

csv模块的完整文档可以在这里找到:https://docs.python.org/3.6/library/csv.html。

6.3.5 另请参阅

- 第4章“搜索和读取本地文件”中“读取CSV文件”的方法。
- “编写CSV电子表格”的方法。

6.4 读取 Excel 电子表格

扫一扫，看视频

MS Office可以说是最常见的办公软件，这也使得它的格式几乎成了标准。就电子表格而言，Excel有可能是最常用、最易于交换的一种格式。

本节中将了解如何使用openpyxl模块以编程方式获取Excel电子表格中的信息。

6.4.1 做好准备

首先需要安装openpyxl模块，将其添加到requirements.txt文件中。

```
$ echo "openpyxl==2.5.4" >> requirements.txt
$ pip install -r requirements.txt
```

在GitHub仓库中有一个名为movies.xlsx的Excel电子表格，其中包含了票房由高到低排列的前10部电影的信息。文件可以在这里下载到:https://github.com/PacktPublishing/Python-Automation-Cookbook/blob/master/Chapter06/movies.xlsx。

资料来源如下:http://www.mrob.com/pub/film-video/topadj.html。

6.4.2 如何操作

(1) 引入openpyxl模块。

```
>>> import openpyxl
```

(2)将文件载入内存中。

```
>>> xlsfile = openpyxl.load_workbook('movies.xlsx')
```

(3)列出所有的工作表并得到唯一包含数据的工作表1。

```
>>> xlsfile.sheetnames
['Sheet1']
>>> sheet = xlsfile['Sheet1']
```

(4)获取单元格B4和D4的内容(E.T.的票房和导演)。

```
>>> sheet['B4'].value
161
>>> sheet['D4'].value
'Steven Spielberg'
```

(5)获取行和列的大小。任何这个范围之外的单元格都会返回None。

```
>>> sheet.max_row
11
>>> sheet.max_column
4
>>> sheet['A12'].value
>>> sheet['E1'].value
```

6.4.3 其中原理

在“如何操作”小节的第1步导入模块之后，第2步将文件加载到Workbook对象的内存中。每个工作簿可以包含一个或多个包含单元格的工作表。

要确定可用的工作表，在第3步中获取了所有的工作表(本例中只有一个)，然后可以像查字典一样访问工作表以检索Worksheet对象。

Worksheet可以根据单元格的名称(如A4或者C3)访问所有单元格。每个单元格都返回一个Cell对象。可以通过.value属性将值存储在单元格中。

在本章的其他小节，将看到更多有关Cell对象的属性。

使用max_columns和max_rows可以获得存储数据的区域。这允许我们可以只在有数据的范围内进行搜索。

Excel将列定义为字母(A、B、C等),行定义为数字(1、2、3等)。记住总是先设置列再设置行(如D1而不是1D)，否则就会引发错误。

区域外的单元格是可访问的，但是不会返回数据。它们可以用来写入新的信息。

6.4.4 除此之外

单元格也可以用sheet.cell(column, row)检索，两个参数都从1开始。数据区域内的所有单元格可以进行迭代。例如：

```
>>> for row in sheet:
...     for cell in row:
...         # Do stuff with cell
```

这将返回一个以行为单位的单元格列表的列表：A1, A2, A3,... B1, B2, B3等。

也可以使用sheet.columns遍历列以检索列中的单元格：A1，B1，C1，以此类推，以及A2，B2，C2等。

检索单元格时，可以使用.coordinate、.row和.column找到它们的位置。

```
>>> cell.coordinate
'D4'
>>> cell.column
'D'
>>> cell.row
4
```

openpyxl的完整文档可以在这里找到：https://openpyxl.readthedocs.io/en/stable/index.html。

6.4.5 另请参阅

- “更新Excel电子表格”的方法。
- “在Excel电子表格中创建新表”的方法。
- “在Excel电子表格中创建图表”的方法。
- “在Excel电子表格中处理格式”的方法。

6.5 更新 Excel 电子表格

扫一扫，看视频

本节中将看到如何更新现有的Excel电子表格。这包括更改单元格的原始值以及设置在打开电子表格时计算的公式。还将看到如何向单元格中添加注释。

6.5.1 做好准备

使用openpyxl模块。将它添加到requirements.txt文件中并安装。

```
$ echo "openpyxl==2.5.4" >> requirements.txt
$ pip install -r requirements.txt
```

在GitHub仓库中，有一个名为movies.xlsx的电子表格，其中包含了票房按高低排序的前10部电影的信息。

文件可以在这里找到：https://github.com/PacktPublishing/Python-Automation-Cookbook/blob/master/Chapter06/movies.xlsx.

6.5.2 如何操作

（1）引入openpyxl模块和Comment类。

```
>>> import openpyxl
>>> from openpyxl.comments import Comment
```

（2）把文件加载到内存中得到工作表。

```
>>> xlsfile = openpyxl.load_workbook('movies.xlsx')
>>> sheet = xlsfile['Sheet1']
```

（3）获得D4单元格的值（E.T的导演）。

```
>>> sheet['D4'].value
'Steven Spielberg'
```

（4）将值修改为Spielberg。

```
>>> sheet['D4'].value = 'Spielberg'
```

（5）向此单元格添加一个注释。

```
>>> sheet['D4'].comment = Comment('Changed text automatically', 'User')
```

（6）添加一个新元素，这个元素将包含Admission列中所有值之和。

```
>>> sheet['B12'] = '=SUM(B2:B11)'
```

（7）保存电子表格至movies_comment.xlsx文件。

```
>>> xlsfile.save('movies_comment.xlsx')
```

（8）检查结果文件，其中应该包含注释以及A12单元格中对B列总和的计算结果，如图6-2所示。

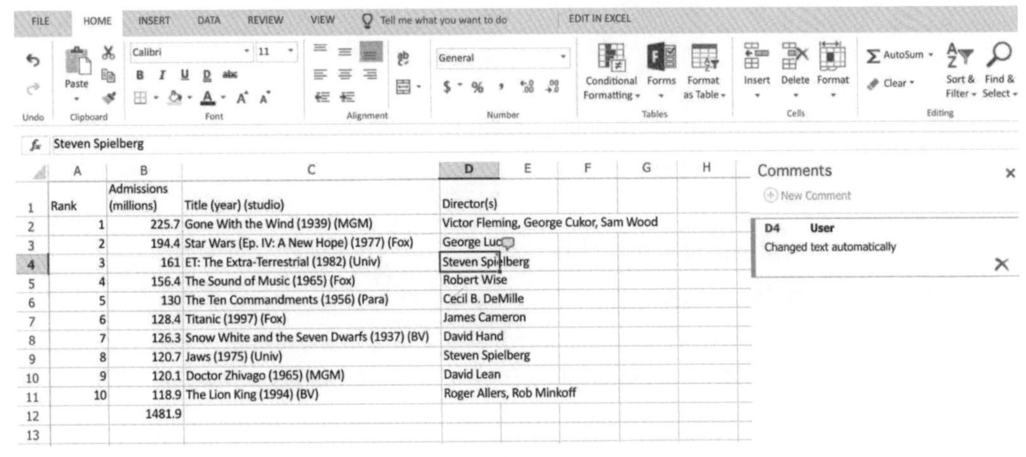

	A	B	C	D
1	Rank	Admissions (millions)	Title (year) (studio)	Director(s)
2	1	225.7	Gone With the Wind (1939) (MGM)	Victor Fleming, George Cukor, Sam Wood
3	2	194.4	Star Wars (Ep. IV: A New Hope) (1977) (Fox)	George Lucas
4	3	161	ET: The Extra-Terrestrial (1982) (Univ)	Steven Spielberg
5	4	156.4	The Sound of Music (1965) (Fox)	Robert Wise
6	5	130	The Ten Commandments (1956) (Para)	Cecil B. DeMille
7	6	128.4	Titanic (1997) (Fox)	James Cameron
8	7	126.3	Snow White and the Seven Dwarfs (1937) (BV)	David Hand
9	8	120.7	Jaws (1975) (Univ)	Steven Spielberg
10	9	120.1	Doctor Zhivago (1965) (MGM)	David Lean
11	10	118.9	The Lion King (1994) (BV)	Roger Allers, Rob Minkoff
12		1481.9		

图 6-2

6.5.3 其中原理

在“如何操作”小节的第1步引入了所需的模块，在第2步读取了电子表格，在第3步中选取了将要被修改的单元格。

在第4步中通过赋值更新了这个单元格的值。还使用.comment属性添加了一个新的Comment（注释）。注意，这里还需要提供一个参数，这个参数显示为添加评论的用户。

值中还可以包括公式的描述。在第6步中，添加了一个新的公式单元格B12。第8步中，在打开文件的同时对该公式进行了计算并显示出结果值。

公式的值不在Python对象中计算，这意味着该公式可能包含错误或者由于错误显示了意外的结果。一定要反复检查公式是否正确。

在第7步中，通过调用文件的.save方法将电子表格保存到磁盘。

结果文件的名称可以与输入文件的名称相同，以覆盖原文件。

可以通过外部软件访问文件来检查注释和值是否正确。

6.5.4 除此之外

可以将数据存储在多个值中，并将其转换为适合Excel的类型。例如，存储datetime将以适当的日期格式存储它。对于float（浮点数）或其他数字格式也是如此。

如果需要推断数据类型，可以在加载文件时启用guess_types参数。例如：

```
>>> xlsfile = openpyxl.load_workbook('movies.xlsx', guess_types=True)
```

```
>>> xlsfile['Sheet1']['A1'].value = '37%'
>>> xlsfile['Sheet1']['A1'].value
0.37
>>> xlsfile['Sheet1']['A1'].value = '2.75'
>>> xlsfile['Sheet1']['A1'].value
2.75
```

向自动生成的单元格添加注释可以帮助检查生成的文件，明确它们是如何生成的。

虽然可以添加公式来让Excel文件自动计算，但是这样调试结果时可能会比较棘手。在生成结果时，最好使用Python进行计算并将结果以原始格式存储。

完整的openpyxl文档可以在这里找到:https://openpyxl.readthedocs.io/en/stable/index.html。

6.5.5 另请参阅

- “读取Excel电子表格”的方法。
- “在Excel电子表格中创建新表”的方法。
- “在Excel电子表格中创建图表”的方法。
- “在Excel电子表格中处理格式”的方法。

6.6 在 Excel 电子表格中创建新表

扫一扫，看视频

本节将学习如何从头创建一个新的Excel电子表格，并添加和处理多个工作表。

6.6.1 做好准备

使用openpyxl模块。首先将其添加到requirements.txt文件中并安装。

```
$ echo "openpyxl==2.5.4" >> requirements.txt
$ pip install -r requirements.txt
```

把票房最多的电影信息保存在新文件中。数据是从这里提取的:http://www.mrob.com/pub/film-video/topadj.html。

6.6.2 如何操作

(1) 引入openpyxl模块。

```
>>> import openpyxl
```

(2) 创建一个新的Excel文件。它会创建一个默认的工作表，称为Sheet。

```
>>> xlsfile = openpyxl.Workbook()
```

```
>>> xlsfile.sheetnames
['Sheet']
>>> sheet = xlsfile['Sheet']
```

（3）将有关票房的数据添加到此工作表中。为了简单，只添加了前三个。

```
>>> data = [
...     (225.7, 'Gone With the Wind', 'Victor Fleming'),
...     (194.4, 'Star Wars', 'George Lucas'),
...     (161.0, 'ET: The Extraterrestrial', 'Steven Spielberg'),
... ]
>>> for row, (admissions, name, director) in enumerate(data, 1):
...     sheet['A{}'.format(row)].value = admissions
...     sheet['B{}'.format(row)].value = name
```

（4）创建一个新的工作表。

```
>>> sheet = xlsfile.create_sheet("Directors")
>>> sheet
<Worksheet "Directors">
>>> xlsfile.sheetnames
['Sheet', 'Directors']
```

（5）添加每部电影的导演姓名。

```
>>> for row, (admissions, name, director) in enumerate(data, 1):
...     sheet['A{}'.format(row)].value = director
...     sheet['B{}'.format(row)].value = name
```

（6）将文件存储为movie_sheets.xlsx。

```
>>> xlsfile.save('movie_sheets.xlsx')
```

（7）打开movie_sheets.xlsx文件，检查它是否有两个包含正确信息的工作表，如图6-3所示。

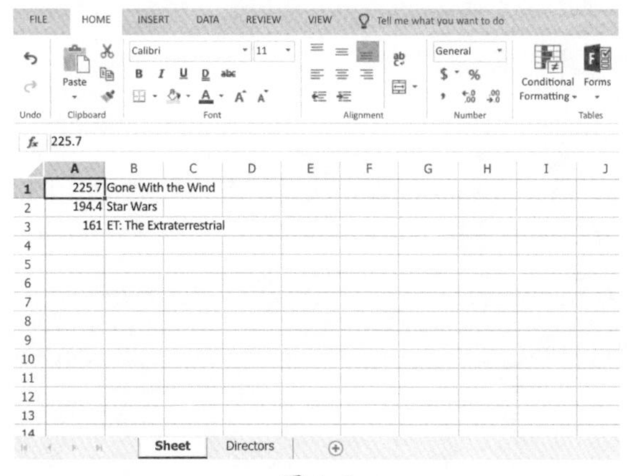

图 6-3

6.6.3 其中原理

“如何操作 ”小节的第1步导入了所需的模块，随后在第2步中创建了一个新的电子表格。这个新的电子表格只包含默认的工作表。

第3步中定义了要存储的数据。注意，数据中包含的信息将分别存放在两个工作表中(两个工作表都包含了电影名称，第1个表中包含了票房，第2个表中包含了导演姓名)。在这一步中填充了第1个工作表。

注意值存储的方式。正确的单元格定义为A列或B列，以及正确的行号(由1开始)组成。Enumerate函数会返回一个以第1个元素为索引，第2个元素为枚举参数(迭代器)的元组列表。

之后，第4步中使用.create_sheet方法创建了一个名为Directors的新工作表并将其返回。第5步中向Directors工作表存储了信息，第6步中保存了整个文件。

6.6.4 除此之外

现有工作表的名称可以通过.title属性修改。

```
>>> sheet = xlsfile['Sheet']
>>> sheet.title = 'Admissions'
>>> xlsfile.sheetnames
['Admissions', 'Directors']
```

注意，之后就不能再使用xlsfile['Sheet']访问这个工作表了，因为这个名字已经不存在了。

活动工作表(打开文件时将显示的工作表)可以通过.active属性获得，并可以使用._active_sheet_index进行修改。索引从第1个表的序号0开始。

```
>> xlsfile.active
<Worksheet "Admissions">
>>> xlsfile._active_sheet_index
0
>>> xlsfile._active_sheet_index = 1
>>> xlsfile.active
<Worksheet "Directors">
```

还可以使用.copy_worksheet复制工作表。注意，有些数据(如图表)将不会被保留。大多数情况下被复制的内容是单元格中的数据。

```
new_copied_sheet = xlsfile.copy_worksheet(source_sheet)
```

完整的openpyxl文档可以在这里找到:https://openpyxl.readthedocs.io/en/stable/index.html。

6.6.5 另请参阅

- “读取Excel电子表格”的方法。
- “更新Excel电子表格”的方法。
- “在Excel电子表格中创建图表”的方法。
- “在Excel电子表格中处理格式”的方法。

6.7 在 Excel 电子表格中创建图表

扫一扫，看视频

电子表格包含了许多处理数据的工具，包括用彩色图表呈现数据。下面看看如何以编程方式将图表附加到Excel电子表格中。

6.7.1 做好准备

使用openpyxl模块。首先将其添加到requirements.txt文件中并安装。

```
$ echo "openpyxl==2.5.4" >> requirements.txt
$ pip install -r requirements.txt
```

把票房最多的电影信息保存在新文件中。数据是从这里提取的:http://www.mrob.com/pub/film-video/topadj.html。

6.7.2 如何操作

(1) 引入openpyxl模块并创建一个新的Excel文件。

```
>>> import openpyxl
>>> from openpyxl.chart import BarChart, Reference
>>> xlsfile = openpyxl.Workbook()
```

(2) 将有关票房的数据添加到此工作表中。为了简单，只添加了前三个。

```
>>> data = [
...     ('Name', 'Admissions'),
...     ('Gone With the Wind', 225.7),
...     ('Star Wars', 194.4),
...     ('ET: The Extraterrestrial', 161.0),
... ]
>>> sheet = xlsfile['Sheet']
>>> for row in data:
... sheet.append(row)
```

（3）创建BarChart对象并填充一些基本信息。

```
>>> chart = BarChart()
>>> chart.title = "Admissions per movie"
>>> chart.y_axis.title = 'Millions'
```

（4）创建一个名为data的Reference对象来引用数据，并将data添加到图表中。

```
>>> data = Reference(sheet, min_row=2, max_row=4, min_col=1, max_col=2)
>>> chart.add_data(data, from_rows=True, titles_from_data=True)
```

（5）将图表添加到工作表中并保存文件。

```
>>> sheet.add_chart(chart, "A6")
>>> xlsfile.save('movie_chart.xlsx')
```

（6）在电子表格软件中检查结果图表，如图6-4所示。

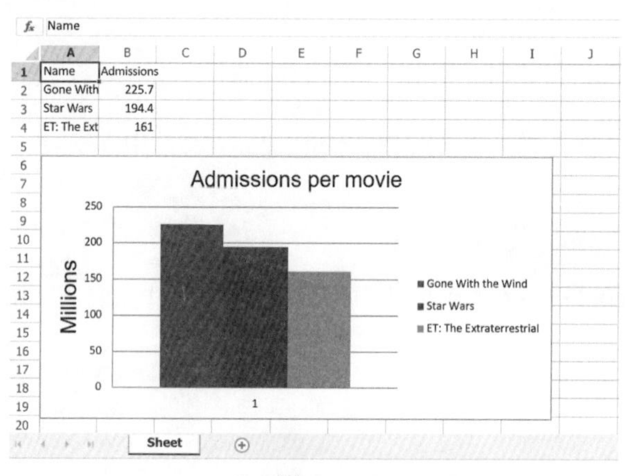

图 6-4

6.7.3 其中原理

“如何操作”小节的第1步和第2步中，将数据准备好并存放在单元格A1:B4的范围中。注意，A1和B1都包含了一个图表中不应该使用的标题。

第3步中，创建了新的图表，并加入了基本的数据，如标题和*Y*轴单位。

标题被修改为Millions；尽管更加正确的表达方式应该是Admissions(millions)，但是它与图表的完整标题有些重复。

第4步中通过一个Reference对象创建了一个对从第2行第1列到第4行第2列范围内数据的引用。这是需要的数据的存放区域，并且不包含数据的标题。使用.add_data可以将数据添加到图表中，from_rows使得每行成为不同的数据系列。titles_from_data将使第1列作为每个系列的名称。

第5步中将图表添加至A6单元格中并将整个文件保存到磁盘中。

6.7.4 除此之外

可以创建许多不同的图表，包括条形图、折线图、区域图（填充线与轴之间区域的折线图）、饼图或散点图（XY图，其中一系列的值与另一系列的值两两对应）。每种图表都有一个等价的类，如PieChart或者LineChart。

每一种图表同时都可以具有不同的类型。例如，BarChart的默认类型是纵向，垂直地打印条形图，但是也可以通过选择不同的类型进行横向打印。

```
>>> chart.type = 'bar'
```

查看openpyxl文档以查看全部可用的组合。

除了从数据中提取*X*轴标签的方式外，还可以使用set_categories显式地进行设置。例如，将“如何操作”小节中第4步与下列代码进行比较。

```
data = Reference(sheet, min_row=2, max_row=4, min_col=2, max_col=2)
labels = Reference(sheet, min_row=2, max_row=4, min_col=1, max_col=1)
chart.add_data(data, from_rows=False, titles_from_data=False)
chart.set_categories(labels)
```

除了使用Reference对象外，还可以通过输入文字标签来指定数据范围。

```
chart.add_data('Sheet!B2:B4', from_rows=False, titles_from_data=False)
chart.set_categories('Sheet!A2:A4')
```

如果需要以编程方式创建数据范围，那么这种描述方法可能更难处理。

在Excel中正确地定义图表有时会很困难。Excel从特定范围提取数据的方式有时会让人困惑。记住要留出时间来进行试错并进行处理。例如，在第4步中，可能会错误地用一个数据点定义了三个系列，而在之前的正确代码中，用三个数据点定义了一个系列。这些差异大多是细微的。最后，最重要的就是图表的最终稿外观。尝试使用不同的图表并学习它们之间的区别。

完整的openpyxl文档可以在这里找到：https://openpyxl.readthedocs.io/en/stable/index.html。

6.7.5 另请参阅

- “读取Excel电子表格”的方法。
- “更新Excel电子表格”的方法。
- “在Excel电子表格中创建新表”的方法。
- “在Excel电子表格中处理格式”的方法。

6.8 在 Excel 电子表格中处理格式

扫一扫，看视频

在电子表格中显示信息并不仅仅是将其组织成单元格或是在图表中以图形方式显示，还涉及更改格式以突出相关信息的要点。在这一节中将了解如何操作单元格的格式来增强数据并以最佳方式呈现数据。

6.8.1 做好准备

使用openpyxl模块。首先将其添加到requirements.txt文件中并安装。

```
$ echo "openpyxl==2.5.4" >> requirements.txt
$ pip install -r requirements.txt
```

把票房最多的电影信息保存在这个新文件中。数据是从这里提取的:http://www.mrob.com/pub/film-video/topadj.html。

6.8.2 如何操作

（1）引入openpyxl模块并创建一个新的Excel文件。

```
>>> import openpyxl
>>> from openpyxl.styles import Font, PatternFill, Border, Side
>>> xlsfile = openpyxl.Workbook()
```

（2）将有关票房的数据添加到此工作表中。为了简单，只添加了前四个。

```
>>> data = [
...     ('Name', 'Admissions'),
...     ('Gone With the Wind', 225.7),
...     ('Star Wars', 194.4),
...     ('ET: The Extraterrestrial', 161.0),
...     ('The Sound of Music', 156.4),
]
>>> sheet = xlsfile['Sheet']
>>> for row in data:
...     sheet.append(row)
```

（3）定义用于样式化电子表格的颜色。

```
>>> BLUE = "0033CC"
>>> LIGHT_BLUE = 'E6ECFF'
>>> WHITE = "FFFFFF"
```

（4）用蓝色背景和白色字体定义标题。

```
>>> header_font = Font(name='Tahoma', size=14, color=WHITE)
>>> header_fill = PatternFill("solid", fgColor=BLUE)
>>> for row in sheet['A1:B1']:
...     for cell in row:
...         cell.font = header_font
...         cell.fill = header_fill
```

（5）定义单元格的交替背景填充模式，以及标题之后每行的边框。

```
>>> white_side = Side(border_style='thin', color=WHITE)
>>> blue_side = Side(border_style='thin', color=BLUE)
>>> alternate_fill = PatternFill("solid", fgColor=LIGHT_BLUE)
>>> border = Border(bottom=blue_side, left=white_side, right=white_side)
>>> for row_index, row in enumerate(sheet['A2:B5']):
...     for cell in row:
...         cell.border = border
...         if row_index % 2:
...         cell.fill = alternate_fill
```

（6）保存文件为movies_format.xlsx。

```
>>> xlsfile.save('movies_format.xlsx')
```

（7）检查结果文件，如图6-5所示。

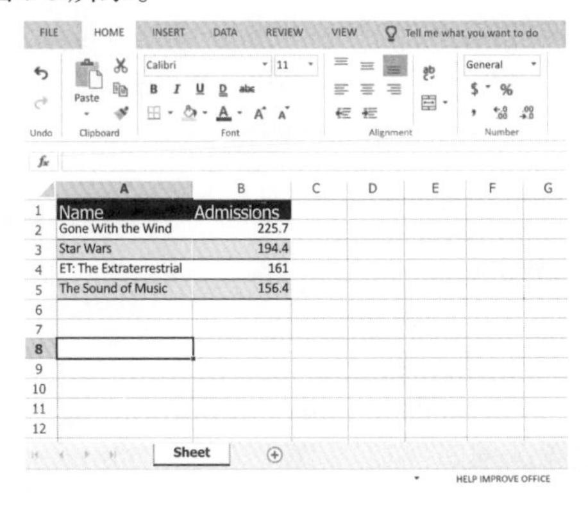

图 6-5

6.8.3 其中原理

在“如何操作”小节的第1步中引入了openpyxl模块并创建了一个新的Excel文件。在第2步中，将数据添加到第1个工作表。第3步是定义要使用的颜色的准备步骤，颜色以十六进制格式定义，这在计算机设计领域很常见。

有大量的在线颜色选择器或者系统内置的颜色选择器可供使用。类似于https://coolors.co/ 这样的工具对于定义要使用的调色板非常有用。

在第4步中，准备了定义标题的格式。标题将有一个不同的字体（Tahoma），更大的尺寸（14pt），并且是蓝底白字。为此，准备了一个设置了字体、字号和前景颜色的Font对象以及一个设置了背景颜色的PatternFill对象。

创建header_font和header_fill之后，用一个循环将字体和填充应用到适当的单元格中。

注意，在一个范围内的迭代始终是首先返回行，随后返回单元格，即使其中只涉及了一行。

在第5步中，应用了行边界和一个交替的背景。边界由蓝色的顶部和底部、白色的左侧和右侧组成。填充的创建方法与第4步类似，只是这里将填充的背景色设置为淡蓝色，并且背景只应用于偶数行。

注意，单元格的顶部边界是上面单元格的底部边界，反之亦然。这意味着可能在循环中重写了边界。

最后在第6步中保存整个文件。

6.8.4 除此之外

要定义字体，还可以使用其他选项，如粗体、斜体、删除线和下划线。如果需要修改字体的任何元素，则需要重新定义字体并应用它。记得检查字体是否可用。

另外，还有多种创建填充的方法。PatternFill接受多种填充模式，但是其中最有用的就是solid模式。GradientFill还可以用于向单元格应用两种颜色的渐变。

使用PatternFill时最好限制自己只使用solid填充。可以调整颜色使其能够达到你所希望的效果。记得要带上style='solid'参数，否则颜色可能不会出现。

也可以定义条件格式，但是最好尝试在Python中定义条件然后应用适当的格式。

数字格式也可以被正确设置。例如：

```
cell.style = 'Percent'
```

这里会把值0.37显示为37%。

完整的openpyxl文档可以在这里找到：https://openpyxl.readthedocs.io/en/stable/index.html。

6.8.5 另请参阅

- “读取Excel电子表格”的方法。
- “更新Excel电子表格”的方法。
- “在Excel电子表格中创建新表”的方法。

● “在Excel电子表格中创建图表”的方法。

6.9 在 LibreOffice 中创建宏

扫一扫，看视频

LibreOffice是一个免费的办公软件，可以用来代替Microsoft Office以及其他办公软件包。它包括一个文本编辑器和一个叫作Calc的电子表格程序。Calc能够理解常规的Excel格式，并且它可以完全通过UNO API编写内部脚本。UNO接口允许使用不同语言（如Java）对软件进行编程访问。

Python也是其支持的语言之一，这使得在完整的Python标准库的帮助下，以软件格式生成非常复杂的应用程序非常容易。

使用完整的Python标准库可以访问密码等元素、打开包括ZIP文件在内的外部文件或者链接到远程数据库。此外，注意使用Python语法，而避免使用LibreOffice BASIC语言。

本节中将学习如何将外部Python文件添加为宏，以修改电子表格的内容。

6.9.1 做好准备

首先需要安装LibreOffice，可以在https://www.libreoffice.org/下载。

下载安装之后，还需要进行配置以允许执行宏。

（1）前往Settings|Security找到Macro Security详细设置，如图6-6所示。

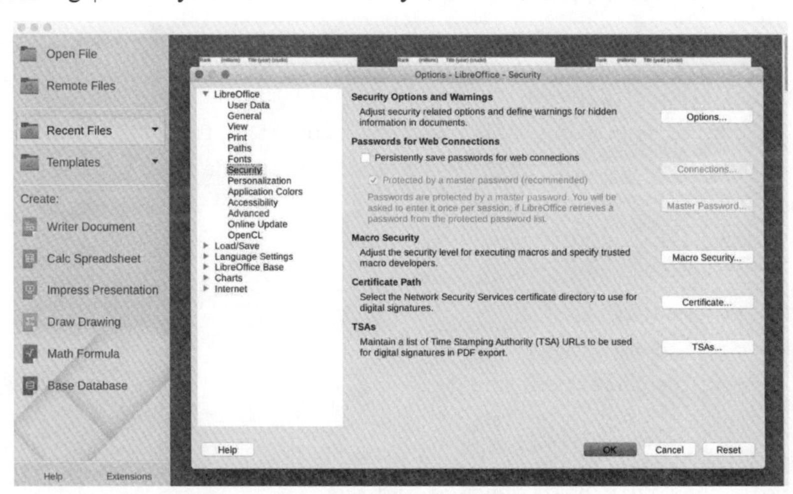

图 6-6

（2）打开Macro Security并选择Medium以允许执行宏。这将显示一个警告，之后才会允许我们运行宏，如图6-7所示。

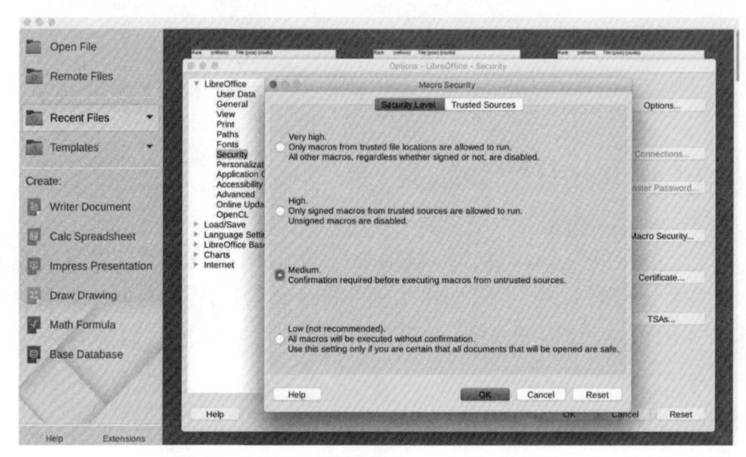

图 6-7

这里使用一个名为include_macro.py的脚本将宏插入文件中。可以在https://github.com/PacktPublishing/Python-Automation-Cookbook/blob/master/Chapter06/include_macro.py下载它。libreoffice_script.py可以作为带有宏的脚本使用，可以在这里找到:https://github.com/PacktPublishing/Python-Automation-Cookbook/blob/master/ Chapter06/libreoffice_script.py。

脚本放入的文件叫作movies.ods，也可以在GitHub上下载到：https://github.com/PacktPublishing/Python-Automation-Cookbook/blob/master/Chapter06/movies.ods。它包含了一个.ods格式（LibreOffice格式），其中列出票房最高的10部电影的表格。数据是从这里提取的：http://www.mrob.com/pub/film-video/topadj.html。

6.9.2 如何操作

（1）使用include_macro.py脚本将libreoffice_script.py附加到movies.ods宏文件中。

```
$ python include_macro.py -h
usage: It inserts the macro file "script" into the file "spreadsheet"
in .ods format. The resulting file is located in the macro_file
directory, that will be created
  [-h] spreadsheet script

positional arguments:
  spreadsheet File to insert the script
  script Script to insert in the file

optional arguments:
  -h, --help show this help message and exit

$ python include_macro.py movies.ods libreoffice_script.py
```

（2）在LibreOffice中打开结果文件macro_file/movies.ods。注意，它显示了一个启用宏的警

告(单击启用)。前往Tools| Macros| Run Macro，如图6-8所示。

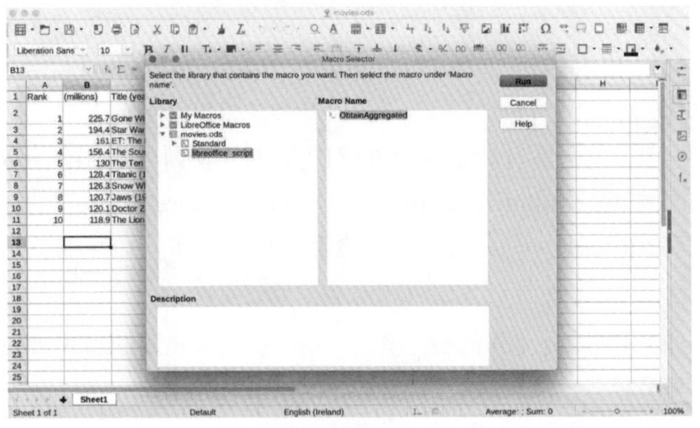

图 6-8

(3) 选择 movies.ods | libreoffice_script 宏下的ObtainAggregated，然后单击 Run 。它计算汇总票房并将其存储在B12单元格中。它还在A15单元格中添加了一个Total标签，如图6-9所示。

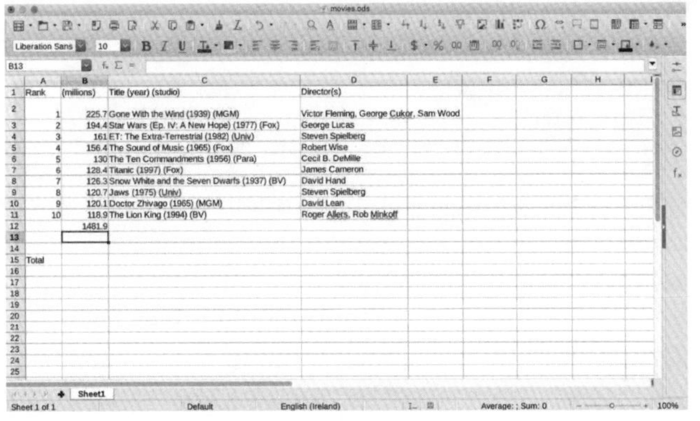

图 6-9

(4) 重复第(2)步和第(3)步再次运行它。现在它除了计算总票房外，还加上了B12单元格中的值，并将结果填入B13单元格中，如图6-10所示。

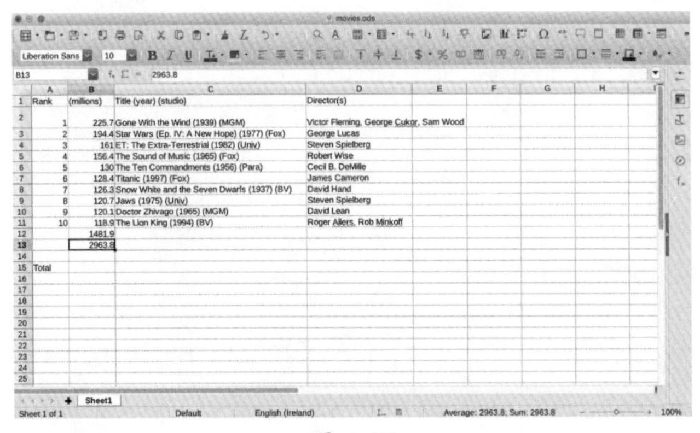

图 6-10

6.9.3 其中原理

“如何操作”小节第1步的主要工作是在include_macro.py脚本中完成的。它将文件复制到macro_file子目录中以避免修改文件。

在内部，.ods文件实际上是具有特定结构的ZIP文件。该脚本利用Python的ZIP操作模块将脚本添加到适当的子目录中并修改manifest.xml文件，以通知LibreOffice文件中有一个脚本。

第3步中执行的宏在libreoffice_script.py中的定义只包含了一个函数。

```
def ObtainAggregated(*args):
    """Prints the Python version into the current document"""
    # get the doc from the scripting context
    # which is made available to all scripts
    desktop = XSCRIPTCONTEXT.getDesktop()
    model = desktop.getCurrentComponent()
    # get the first sheet
    sheet = model.Sheets.getByIndex(0)

    # Find the admissions column
    MAX_ELEMENT = 20
    for column in range(0, MAX_ELEMENT):
        cell = sheet.getCellByPosition(column, 0)
        if 'Admissions' in cell.String:
            break
    else:
        raise Exception('Admissions not found')

    accumulator = 0.0
    for row in range(1, MAX_ELEMENT):
        cell = sheet.getCellByPosition(column, row)
        value = cell.getValue()
        if value:
            accumulator += cell.getValue()
        else:
            break

    cell = sheet.getCellByPosition(column, row)
    cell.setValue(accumulator)

    cell = sheet.getCellRangeByName("A15")
    cell.String = 'Total'
    return None
```

XSCRIPTCONTEXT变量是自动创建的，可以从中获取当前组件和第1个Sheet。之后，工作表迭代器通过.getCellByPosition找到Admissions列，并使用.String属性获取字符串的值。随后使用同样的方法，它聚合了列中的所有值，通过.getValue方法提取出了它们的数值。

循环会进行遍历直到找到一个空单元格时停止，第2次执行也是如此，不同的是第2次脚本会将B12单元格中的值也累加进去，B12单元格是前一次执行时的累加结果。这样做的目的是显示宏可以执行多次，获得不同的结果。

单元格还可以通过.getCellRangeByName使用字符串位置引用，从而将Total存储在A15单元格中。

6.9.4 除此之外

Python解释器是嵌入在LibreOffice中的，这意味着如果LibreOffice的版本发生改变，Python的版本也有可能随之发生变化。在编写本书时，LibreOffice的最新版本（6.0.5）中包含的Python版本是3.5.1。

UNO允许您访问许多高级元素。但是不幸的是，它的文档写得并不是很好，实现你的想法可能会很复杂或者很耗时。文档中是以Java或C++为主，也有使用LibreOffice BASIC或其他语言的，但是很少提到Python。完整的文档可以在https://api.libreoffice.org/找到，也可以查看下面的参考文献：https://api.libreoffice.org/docs/idl/ref/index.html。

例如，可以创建复杂的图表，甚至交互式的对话框来请求和处理用户的响应。论坛和以前的问答中有很多信息。BASIC中的代码在大多数情况下也适用于Python。

LibreOffice是之前一个名为OpenOffice的项目分支。UNO在当时已经可用，这意味着在搜索解决方法时可能会找到一些指向OpenOffice的参考文献。

记住，LibreOffice能够读取和编辑Excel文件，但是有些功能可能不是100%兼容的。例如，文档中会存在格式问题。

出于同样的原因，完全可以使用本章其他小节中描述的工具生成Excel格式的文件，并使用LibreOffice打开。这可能是一种很好的方法，因为openpyxl的文档支持更好。

调试有时也很棘手。记住，在使用新代码重新打开文件之前，一定要确保该文件已完全关闭。

UNO还可以与LibreOffice软件的其他部分一起工作，如创建文档。

6.9.5 另请参阅

- “编写CSV电子表格”的方法。
- “更新Excel电子表格”的方法。

第7章

创建令人惊叹的图表

本章将介绍以下内容：

- 绘制简单的销售图表。
- 绘制堆积条形图。
- 绘制饼图。
- 显示多条数据线。
- 绘制散点图。
- 可视化地图。
- 添加图例和注释。
- 结合图表。
- 保存图表。

7.1 引言

图表和图像是一种用易于理解的方式展现复杂数据的好方法。本章将使用强大的matplotlib库来学习如何创建各种图形。matplotlib是一个旨在以多种方式显示数据的库，它可以创建相当出色的图表，辅助我们以最佳方式传输和显示信息。

本章将从简单的条形图过渡到折线图或饼图，进而在同一图表中组合多个统计图，对它们进行注释，甚至绘制地理地图。

7.2 绘制简单的销售图表

本节将介绍如何通过绘制与不同时期销售额呈比例的条形图来绘制销售图表。

扫一扫，看视频

7.2.1 做好准备

使用以下命令在虚拟环境中安装matplotlib。

```
$ echo "matplotlib==2.2.2" >> requirements.txt
$ pip install -r requirements.txt
```

在一些系统中，可能会要求我们安装额外的软件包。例如，在Ubuntu中，它可能会要求我们运行apt-get install python3-tk。可以查看matplotlib文档了解详细信息。

如果正在使用macOS系统，可能会得到这样的错误——RuntimeError: Python is not installed as a framework。请查看matplotlib文档中关于如何修复这一点的内容：https://matplotlib.org/faq/osx_framework.html。

7.2.2 如何操作

（1）引入matplotlib模块。

```
>>> import matplotlib.pyplot as plt
```

（2）准备要显示在图表上的数据。

```
>>> DATA = (
...     ('Q1 2017', 100),
...     ('Q2 2017', 150),
...     ('Q3 2017', 125),
...     ('Q4 2017', 175),
... )
```

（3）将数据分割为图表的可用格式。这是一个准备步骤。

```
>>> POS = list(range(len(DATA)))
>>> VALUES = [value for label, value in DATA]
>>> LABELS = [label for label, value in DATA]
```

（4）使用数据创建一个条形图。

```
>>> plt.bar(POS, VALUES)
>>> plt.xticks(POS, LABELS)
>>> plt.ylabel('Sales')
```

（5）显示图表。

```
>>> plt.show()
```

（6）结果将在一个新窗口中显示，如图7-1所示。

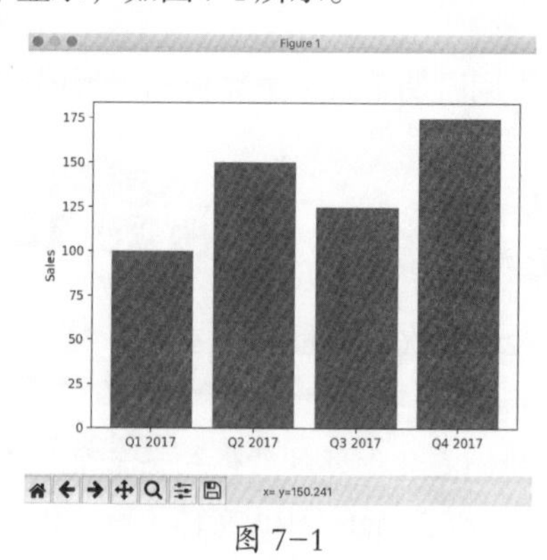

图 7-1

7.2.3 其中原理

在“如何操作”小节的第1步中引入模块后，第2步中以较为方便的格式给出了图表所需的数据，这种格式类似于最初存储数据的格式。

使用matplotlib会要求X和Y组件。在本例中，X组件只是一个和数据点一样多的整数序列。在POS中创建它。在VALUES中，将销售额存储为一个序列，并在LABELS中为每个数据点关联标签。这些准备工作都在第3步中完成。

第4步使用了序列X（POS）和Y（VALUES）创建条形图。这些内容定义了条形图。为了明确每个数据所对应的时间，使用.xticks在X轴上为每个值添加了标签。同样，为了阐明数据含义，使用.ylabel在Y轴上添加了标签。

第5步调用.show，打开了一个带有结果的新窗口进行显示。

调用.show blocks会阻塞程序的执行。当窗口关闭时程序将继续执行。

7.2.4 除此之外

可能希望更改显示值的格式。在例子中，数字可能代表数百万美元。为此，可以向*Y*轴添加一个格式并将其应用于上面的值。

```
>>> from matplotlib.ticker import FuncFormatter

>>> def value_format(value, position):
...     return '$ {}M'.format(int(value))

>>> axes = plt.gca()
>>> axes.yaxis.set_major_formatter(FuncFormatter(value_format))
```

value_format是一个函数，它会根据数据的值和位置返回一个值。在这里，输入100将会返回$ 100 M。

值将会被作为浮点数检索，所以需要将其转换为整数以便显示。

要应用一个格式，需要使用.gca（获取当前轴）检索axis对象。然后.yaxis获取设置好的格式。

条形图的颜色可以用color参数来确定。颜色可以以多种格式指定，详见https://matplotlib.org/api/colors_api.html，但我个人最喜欢的是下面的XKCD颜色表，需要使用xkcd:前缀（冒号后面没有空格）。

```
>>> plt.bar(POS, VALUES, color='xkcd:moss green')
```

完整的颜色表可以在这里找到：https://xkcd.com/color/rgb/。

最常见的颜色，如蓝色或红色，也可用于快速测试。不过，在好看的报告中，它们往往有些太鲜艳。

将颜色和轴的格式结合起来得到如图7-2所示结果。

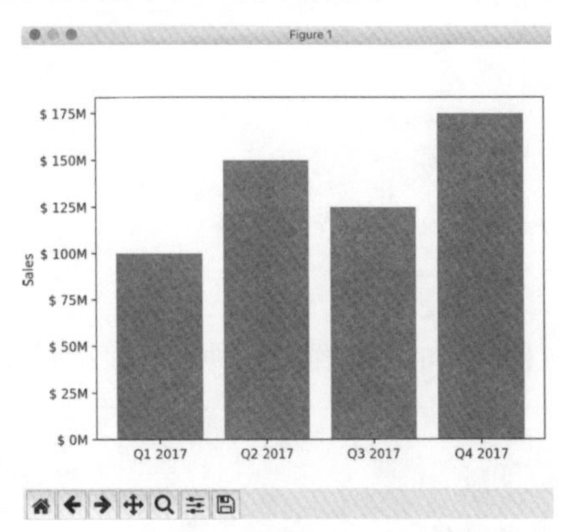

图 7-2

条形图不需要使用临时文件或参数。正如所看到的，matplotlib要求我们指定每条数据的X参数。它是一个能够生成各种图形的强大工具。

例如，可以将条形图显示为直方图，如显示人的身高分布。条形图将从一个较低的高度开始，增大到平均尺寸，然后回落。不要把自己局限在电子表格中！

matplotlib的完整文档可以在这里找到:https://matplotlib.org/。

7.2.5 另请参阅

- “绘制堆积条形图”的方法。
- “添加图例和注释”的方法。
- “结合图表”的方法。

7.3 绘制堆积条形图

扫一扫，看视频

显示不同类别的一个强大方法是将它们呈现为堆积条形图，这样每个类别和总和都将显示出来。本节将学习如何做到这一点。

7.3.1 做好准备

需要将matplotlib安装到虚拟环境中。

```
$ echo "matplotlib==2.2.2" >> requirements.txt
$ pip install -r requirements.txt
```

如果正在使用macOS系统，可能会得到这样的错误——RuntimeError: Python is not installed as a framework。请查看matplotlib文档中关于如何修复这一点的内容：https://matplotlib.org/faq/osx_framework.html。

7.3.2 如何操作

（1）引入matplotlib模块。

```
>>> import matplotlib.pyplot as plt
```

（2）准备数据。这里代表两种产品的销售额，一种是之前见到过的，另一种是新的。

```
>>>DATA = (
...     ('Q1 2017', 100, 0),
...     ('Q2 2017', 105, 15),
```

```
...     ('Q3 2017', 125, 40),
...     ('Q4 2017', 115, 80),
...)
```

（3）处理数据并将其转换为需要的格式。

```
>>> POS = list(range(len(DATA)))
>>> VALUESA = [valueA for label, valueA, valueB in DATA]
>>> VALUESB = [valueB for label, valueA, valueB in DATA]
>>> LABELS = [label for label, value1, value2 in DATA]
```

（4）创建条形图。这里需要两个图块。

```
>>> plt.bar(POS, VALUESB)
>>> plt.bar(POS, VALUESA, bottom=VALUESB)
>>> plt.ylabel('Sales')
>>> plt.xticks(POS, LABELS)
```

（5）显示条形图。

```
>>> plt.show()
```

（6）结果将显示在一个新窗口中，如图7-3所示。

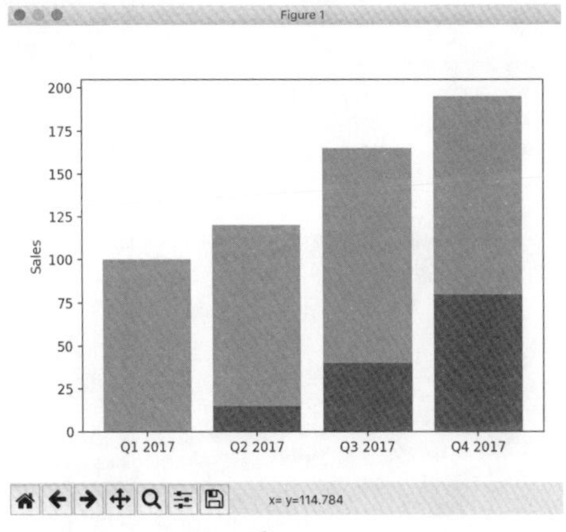

图 7-3

7.3.3 其中原理

导入模块之后，数据在“如何操作”小节第2步中以一种方便的形式显示，这种形式可能与最初存储数据的方式类似。

在第3步中，数据按VALUESA、VALUESB和LABELS三个序列来准备。还有一个POS序列用来定位每个数据条的位置。

第4步使用序列X（POS）和序列Y（VALUESB）创建条形图。第2个条序列VALUESA使用了bottom参数添加在了前一个条序列之上。这会使两个条堆积起来。

注意，首先堆积了第2个值VALUESB。第2个值代表的是市场上推出的新产品，而第1个值VALUESA是更加稳定的。这样更好地显示了新产品的增长。

每一段时间都用.xticks标记在X轴上。为了阐明数据的含义，使用.ylabel添加了一个标签。第5步调用.show方法，在新窗口中显示出结果图。

调用.show方法会阻塞程序的运行。程序将会在窗口关闭后继续运行。

7.3.4 除此之外

另一种表示堆叠条形图的方法是将它们以百分比的形式相加，因此总数不会改变，只会改变彼此之间的相对大小。

为此，VALUESA和VALUESB需要按百分比计算。方法如下。

```
>>> VALUESA = [100 * valueA / (valueA + valueB) for label, valueA, valueB in
DATA]
>>> VALUESB = [100 * valueB / (valueA + valueB) for label, valueA, valueB in
DATA]
```

这使得每个值等于总数的百分比，总和加起来是100。这样做会产生图7-4所示的图形。

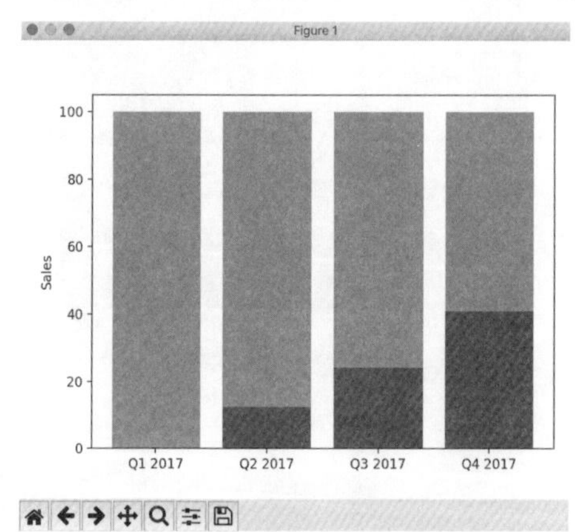

图 7-4

条形图也不一定需要堆积起来。有时候，将其中一个条与另一个条进行比较可能会很有趣。要做到这一点，需要移动第2个条序列的位置。还需要设置更窄的条宽以留出空间。

```
>>> WIDTH = 0.3
>>> plt.bar([p - WIDTH / 2 for p in POS], VALUESA, width=WIDTH)
>>> plt.bar([p + WIDTH / 2 for p in POS], VALUESB, width=WIDTH)
```

注意，参考条间距是1，现在将条宽设置为1/3。第1组数据的条移动到左边，第2组数据的条移动到右边以居中。bottom参数被删除，因为不再堆积它们，如图7-5所示。

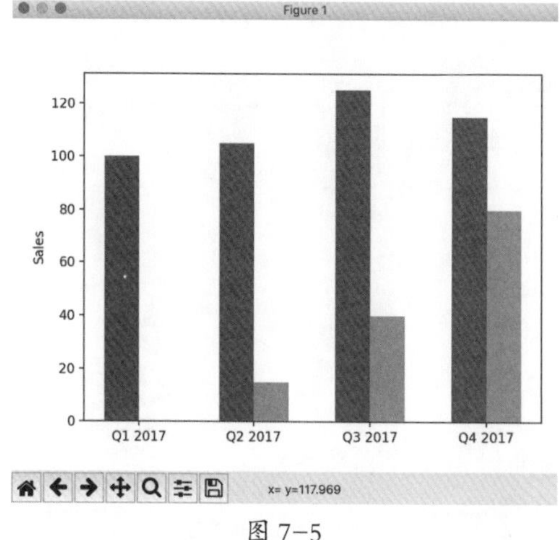

图 7-5

完整的matplotlib文档可以在这里找到:https://matplotlib.org/。

7.3.5 另请参阅

- “绘制简单的销售图表”的方法。
- “添加图例和注释”的方法。
- “结合图表”的方法。

7.4 绘制饼图

饼图，商业人士的最爱，也是一种常见的百分比表示方法。本节将看到如何使用不同的切片代表比例并绘制饼图。

扫一扫，看视频

7.4.1 做好准备

需要使用以下命令将matplotlib安装到虚拟环境中。

```
$ echo "matplotlib==2.2.2" >> requirements.txt
$ pip install -r requirements.txt
```

如果正在使用macOS系统，可能会得到这样的错误——RuntimeError: Python is not installed as a framework。请查看matplotlib文档中关于如何修复这一点的内容：https://matplotlib.org/faq/osx_framework.html。

7.4.2 如何操作

（1）引入matplotlib模块。

```
>>> import matplotlib.pyplot as plt
```

（2）准备数据。这代表了几类产品。

```
>>> DATA = (
...     ('Common', 100),
...     ('Premium', 75),
...     ('Luxurious', 50),
...     ('Extravagant', 20),
... )
```

（3）处理数据以准备需要的格式。

```
>>> VALUES = [value for label, value in DATA]
>>> LABELS = [label for label, value in DATA]
```

（4）创建饼图。

```
>>> plt.pie(VALUES, labels=LABELS, autopct='%1.1f%%')
>>> plt.gca().axis('equal')
```

（5）显示图表。

```
>>> plt.show()
```

（6）结果将显示在一个新窗口中，如图7-6所示。

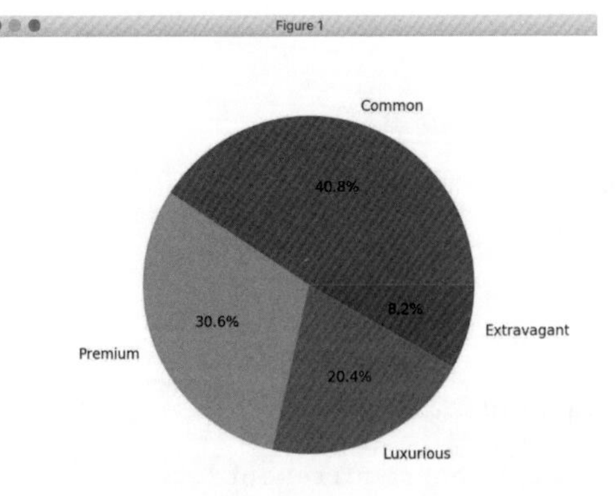

图 7–6

7.4.3 其中原理

“如何操作”小节中的第1步导入了模块，第2步准备了需要呈现的数据。在第3步中，数据被分成两部分——VALUES列表和LABELS列表。

图表的创建在第4步中进行。饼图是通过添加VALUES和LABELS创建的。autopct参数格式化了数据并使其以百分比的格式显示到小数点后第一位。

对axis的调用保证了饼图将是圆形的，而不是由于带有透视效果而显示为椭圆形。

第5步中调用.show打开了一个带有结果图的新窗口。

调用.show方法会阻塞程序的运行。程序将会在窗口关闭后继续运行。

7.4.4 除此之外

饼图在商业图表中有点被滥用。大多数情况下，带有百分比或数值的条形图是更好的数据可视化方法，特别是在显示了两三个以上选项的时候。尽量避免在报告和数据演示中使用饼图。

使用startangle参数可以旋转扇形的开始位置，设置扇形的方向由counterclock定义（默认为True）。

```
>>> plt.pie(VALUES, labels=LABELS, startangle=90, counterclock=False)
```

标签内的格式可以由函数设置。由于饼图中的值定义为百分比，因此查找原始值时可能有些棘手。以下代码片段创建了一个以百分比（不带%并取整）为索引的字典，可以用来检索引用的数据。注意，这种方法假设没有重复的百分比。如果不是这种情况，标签就可能不正确。在这种情况下，可能还需要使用小数点后一位来使其更加精确。

```
>>> from matplotlib.ticker import FuncFormatter

>>> total = sum(value for label, value in DATA)
>>> BY_VALUE = {int(100 * value / total): value for label, value in DATA}

>>> def value_format(percent, **kwargs):
...     value = BY_VALUE[int(percent)]
...     return '{}'.format(value)
```

还可以使用explode参数分离一个或多个扇形。这指定了扇形与中心的距离。

```
>>> explode = (0, 0, 0.1, 0)
>>> plt.pie(VALUES, labels=LABELS, explode=explode, autopct=value_format,
startangle=90, counterclock=False)
```

将这些选项结合起来，得到如图7-7所示结果。

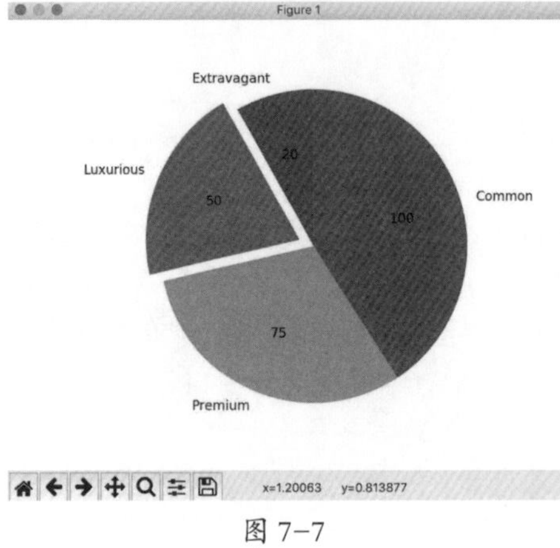

图 7-7

完整的matplotlib文档可以在这里找到：https://matplotlib.org/。

7.4.5 另请参阅

- “绘制简单的销售图表”的方法。
- “绘制堆积条形图”的方法。

7.5 显示多条数据线

扫一扫，看视频

本节将展示如何在图中显示多条线。

7.5.1 做好准备

需要在虚拟环境中安装matplotlib模块。

```
$ echo "matplotlib==2.2.2" >> requirements.txt
$ pip install -r requirements.txt
```

如果正在使用macOS系统，可能会得到这样的错误——RuntimeError: Python is not installed as a framework。请查看matplotlib文档中关于如何修复这一点的内容：https://matplotlib.org/faq/osx_framework.html。

7.5.2 如何操作

（1）引入matplotlib模块。

```
>>> import matplotlib.pyplot as plt
```

（2）准备数据。这代表了两种产品的销售情况。

```
>>>DATA = (
...     ('Q1 2017', 100, 5),
...     ('Q2 2017', 105, 15),
...     ('Q3 2017', 125, 40),
...     ('Q4 2017', 115, 80),
... )
```

（3）处理数据以准备需要的格式。

```
>>> POS = list(range(len(DATA)))
>>> VALUESA = [valueA for label, valueA, valueB in DATA]
>>> VALUESB = [valueB for label, valueA, valueB in DATA]
>>> LABELS = [label for label, value1, value2 in DATA]
```

（4）创建折线图。这里需要两条线。

```
>>> plt.plot(POS, VALUESA, 'o-')
>>> plt.plot(POS, VALUESB, 'o-')
>>> plt.ylabel('Sales')
>>> plt.xticks(POS, LABELS)
```

（5）显示图表。

```
>>> plt.show()
```

（6）结果将会显示在一个新窗口中，如图7-8所示。

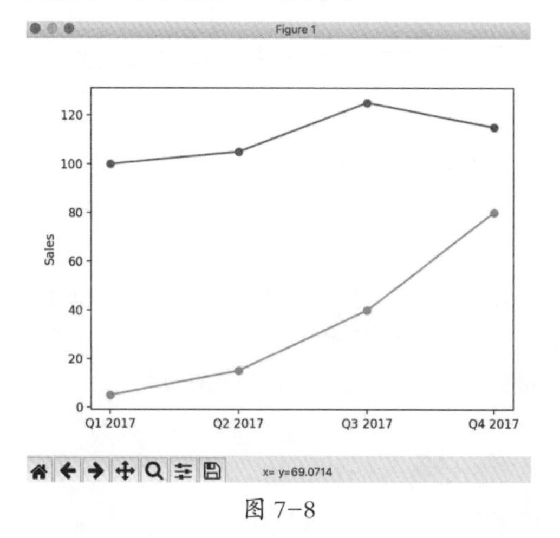

图 7-8

7.5.3 其中原理

“如何操作”小节的第1步中引入了模块，第2步中展示了需要格式化显示的数据。

在第3步中，数据被准备成三个序列:VALUESA、VALUESB以及LABELS。还添加了一个POS序列来正确定位每个点。

第4步使用X序列(POS)和Y序列(VALUESA),以及POS序列和VALUESB创建了图表。添加了'o-'参数在每个数据点上画一个圆,并在它们之间画了一条完整的线。

默认情况下,将会以实线绘图,并且每个点上没有标记。如果只使用标记参数(如'o'),就不会绘出线条。

每一段时间都用.xticks标记在*X*轴上。为了阐明数据的含义,使用.ylabel添加了一个标签。第5步调用.show方法,在新窗口中显示出结果图。

调用.show方法会阻塞程序的运行。程序将会在窗口关闭后继续运行。

7.5.4 除此之外

折线图看似简单,却能够创建许多有趣的表示。在显示数学图形时,它可能是最方便的。例如,可以用几行代码显示摩尔定律的图表。

摩尔定律是由戈登·摩尔观察到的,指的是集成电路中的元件数量每两年翻一番。它在1965年被首次提出,然后在1975年被修正。它似乎非常接近过去40年技术进步的速度。

首先创建一条描述理论的线,其中包含了1970年到2013年的数据点。从1000个晶体管开始,每两年将其加倍,直到2013年:

```
>>> POS = [year for year in range(1970, 2013)]
>>> MOORES = [1000 * (2 ** (i * 0.5)) for i in range(len(POS))]
>>> plt.plot(POS, MOORES)
```

根据一些文档,从这里提取出了一些示例商业CPU的发布年份和集成元件的数量:http://www.wagnercg.com/Portals/0/FunStuff/AHistoryofMicroprocessorTransistorCount.pdf。由于数字很大,将使用1_000_000代表100万,这在Python 3中是可行的。

```
>>> DATA = (
...     ('Intel 4004', 2_300, 1971),
...     ('Motorola 68000', 68_000, 1979),
...     ('Pentium', 3_100_000, 1993),
...     ('Core i7', 731_000_000, 2008),
... )
```

用程序画一条线来显示这些放在正确位置的点。'v'标记将会把点显示为三角形。

```
>>> data_x = [x for label, y, x in DATA]
```

```
>>> data_y = [y for label, y, x in DATA]
>>> plt.plot(data_x, data_y, 'v')
```

对于每个数据点，在适当的位置添加一个标签，并写上CPU的名称。

```
>>> for label, y, x in DATA:
>>>     plt.text(x, y, label)
```

最后，增长在线性图中没有意义，因此将刻度修改为对数，这使得指数增长看起来像是一条直线。但是为了保持数量感，添加了一个网格。调用.show来显示图表。

```
>>> plt.gca().grid()
>>> plt.yscale('log')
```

结果显示如图7-9所示。

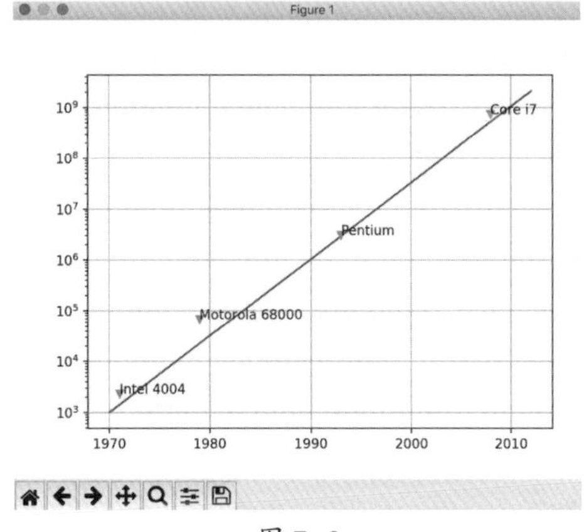

图 7–9

完整的matplotlib文档可以在这里找到:https://matplotlib.org/。特别是这里线(实线、虚线、点线等)和标记(点、圆、三角形、星号等)的可用格式:https://matplotlib.org/api/_as_gen/matplotlib.pyplot.plot.html。

7.5.5 另请参阅

- "添加图例和注释"的方法。
- "结合图表"的方法。

7.6 绘制散点图

扫一扫，看视频

散点图是指信息只以携带X和Y值的点的方式显示的图表。它们在展示样本时非常有用，并且可以查看两个变量中间是否存在相关性。本节将展示一个图表——将在网站上花费的时间和金钱进行对比，看看我们是否能找到其中的联系。

7.6.1 做好准备

需要将matplotlib安装到虚拟环境中。

```
$ echo "matplotlib==2.2.2" >> requirements.txt
$ pip install -r requirements.txt
```

如果正在使用macOS系统，可能会得到这样的错误——RuntimeError: Python is not installed as a framework。请查看matplotlib文档中关于如何修复这一点的内容：https://matplotlib.org/faq/osx_framework.html。

使用scatter.csv文件来读取数据作为数据点。这个文件可以在GitHub上找到：https://github.com/PacktPublishing/Python-Automation-Cookbook/blob/master/Chapter07/scatter.csv。

7.6.2 如何操作

（1）引入matplotlib模块，此外还引入了csv. FuncFormatter用于之后格式化坐标轴。

```
>>> import csv
>>> import matplotlib.pyplot as plt
>>> from matplotlib.ticker import FuncFormatter
```

（2）准备数据，使用csv模块从文件中读取数据。

```
>>> with open('scatter.csv') as fp:
...     reader = csv.reader(fp)
...     data = list(reader)
```

（3）准备绘图所需的数据，然后进行绘制。

```
>>> data_x = [float(x) for x, y in data]
>>> data_y = [float(y) for x, y in data]
>>> plt.scatter(data_x, data_y)
```

（4）通过格式化坐标轴来改进图表。

```
>>> def format_minutes(value, pos):
...     return '{}m'.format(int(value))
>>> def format_dollars(value, pos):
...     return '${}'.format(value)
>>> plt.gca().xaxis.set_major_formatter(FuncFormatter(format_minutes))
>>> plt.xlabel('Time in website')
>>> plt.gca().yaxis.set_major_formatter(FuncFormatter(format_dollars))
>>> plt.ylabel('Spending')
```

（5）显示图表。

```
>>> plt.show()
```

（6）结果将显示在一个新窗口中，如图7-10所示。

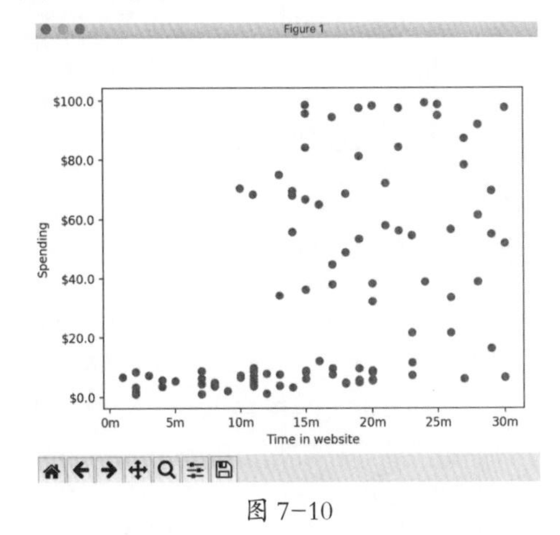

图 7-10

7.6.3 其中原理

"如何操作"小节的第1步和第2步分别引入了即将使用的模块和从CSV文件中读取了稍后将要使用的数据。数据在第3步中被转换为一个列表以允许我们对其进行多次迭代，这是非常有必要的。

第3步准备了两个数组中的数据，然后使用.scatter来绘制它们。与matplotlib的其他方法一样，.scatter的参数中分别需要包含*X*值和包含*Y*值的数组。这两个数组需要具有相同的大小。为了确保数字格式，数据将从文件格式转换为浮点数格式。

第4步改进数据在每个轴上显示的方式。同样的操作出现了两次——创建一个定义该轴上的值应该如何显示（以美元或者分钟）的函数。函数接收要显示的值和位置作为输入。通常，位置参数会被忽略。坐标轴的格式会被.set_major_formatter覆盖。注意，两个轴都是使用.gca（get current axes，获取当前坐标轴）获取的。

此外，还使用.xlabel和.ylabel为坐标轴添加了标签。

最后，第5步在一个新窗口中显示图形。分析结果可以发现，似乎有两种用户，一种消耗的时间少于10分钟，并且消费从来不超过10美元；另一种消耗的时间更多，但是消费可能也更多。

注意，这里所提供的数据是合成的，并且在生成数据时考虑了最终的结果。现实生活中的数据可能会更加分散。

7.6.4 除此之外

散点图不仅可以显示二维的点，还可以添加第三维（面积）甚至第四维（颜色）。

要添加这些元素，需要使用参数s（大小）和c（颜色）。

大小(Size)被定义为以点为中心的圆的直径平方。因此，对于直径为10的圆，需要使用100。颜色(Color)可以使用matplotlib中的任何常用颜色定义，如十六进制颜色、RGB等。更多细节请参见:https://matplotlib.org/users/colors.html。

例如，可以使用以下代码生成有四个维度的随机图。

```
>>> import matplotlib.pyplot as plt
>>> import random
>>> NUM_POINTS = 100
>>> COLOR_SCALE = ['#FF0000', '#FFFF00', '#FFFF00', '#7FFF00', '#00FF00']
>>> data_x = [random.random() for _ in range(NUM_POINTS)]
>>> data_y = [random.random() for _ in range(NUM_POINTS)]
>>> size = [(50 * random.random()) ** 2 for _ in range(NUM_POINTS)]
>>> color = [random.choice(COLOR_SCALE) for _ in range(NUM_POINTS)]
>>> plt.scatter(data_x, data_y, s=size, c=color, alpha=0.5)
>>> plt.show()
```

COLOR_SCALE设置为从黑色到灰色,每个点的大小设置为直径在0到50。结果如图7-11所示。

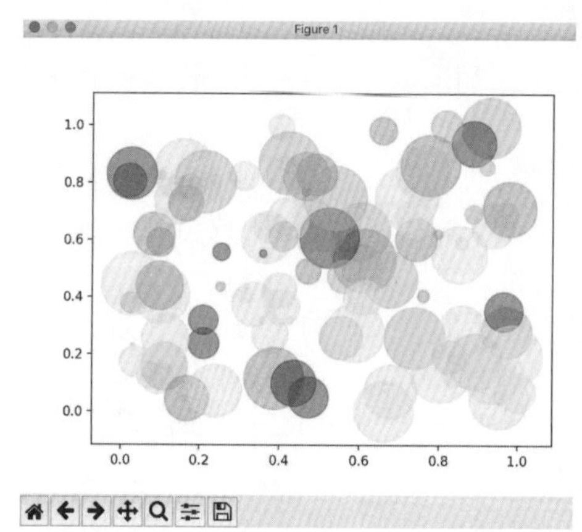

图 7-11

注意，它是随机的，所以每次都会生成一个不同的图。

alpha值使得每个点都是半透明的，这使得我们可以看到它们在哪里重叠。这个值越高，这个点就越不透明。由于它会将点与背景混合，所以在一定程度上影响显示的颜色。

除了可以在大小和颜色上显示两个独立的值之外，它们还可以与任何其他值相关。例如，令颜色取决于大小将使所有相同大小的点具有相同的颜色,这可能会有助于区分数据。请记住,图表的最终目标是使数据易于理解。可以尝试不同的方法来改进这一点。

完整的matplotlib文档可以在这里找到:https://matplotlib.org/。

7.6.5 另请参阅

- “显示多条数据线”的方法。
- “添加图例和注释”的方法。

7.7 可视化地图

为了显示地区之间变化的信息，最好的方法是呈现一份能够显示信息的地图，同时为数据提供区域感和位置信息。

在这一节中将使用fiona模块导入GIS信息，并使用matplotlib显示信息。本节将展示一幅西欧地图，并用颜色等级显示每个地区的人口。颜色越深，代表人口越多。

7.7.1 做好准备

需要将matplotlib和fiona安装到虚拟环境中。

```
$ echo "matplotlib==2.2.2" >> requirements.txt
$ echo "fiona==1.7.13" >> requirements.txt
$ pip install -r requirements.txt
```

如果正在使用macOS系统，可能会得到这样的错误——RuntimeError: Python is not installed as a framework。请查看matplotlib文档中关于如何修复这一点的内容：https://matplotlib.org/faq/osx_framework.html。

地图数据需要下载。幸运的是，可以找到很多免费的地理信息数据。搜索谷歌应该可以很快得到几乎所有需要的内容，包括关于地区、县、河流或其他任何类型数据的详细信息。

GIS信息可以以不同的格式从许多公共组织中获得。fiona能够理解最常见的格式，并且以对应的方式处理它们。可以通过阅读fiona文档了解更多细节。

本节使用的数据覆盖了欧洲所有国家和地区，可以直接在GitHub上下载：https://github.com/leakyMirror/map-of-europe/blob/master/GeoJSON/europe.geojson。注意它是储存在GeoJSON中的，这是一种非常易于使用的标准。

7.7.2 如何操作

（1）引入之后会使用到的模块如下。

```
>>> import matplotlib.pyplot as plt
>>> import matplotlib.cm as cm
```

```
>>> import fiona
```

(2) 加载需要显示的地区和人口。

```
>>> COUNTRIES_POPULATION = {
...     'Spain': 47.2,
...     'Portugal': 10.6,
...     'United Kingdom': 63.8,
...     'Ireland': 4.7,
...     'France': 64.9,
...     'Italy': 61.1,
...     'Germany': 82.6,
...     'Netherlands': 16.8,
...     'Belgium': 11.1,
...     'Denmark': 5.6,
...     'Slovenia': 2,
...     'Austria': 8.5,
...     'Luxembourg': 0.5,
...     'Andorra': 0.077,
...     'Switzerland': 8.2,
...     'Liechtenstein': 0.038,
... }
>>> MAX_POPULATION = max(COUNTRIES_POPULATION.values())
>>> MIN_POPULATION = min(COUNTRIES_POPULATION.values())
```

(3) 准备colormap对象，它将确定每个地区的颜色以绿色为基色。然后计算每个地区对应的颜色。

```
>>> colormap = cm.get_cmap('Greens')
>>> COUNTRY_COLOUR = {
...   countny_name: colormap(
...        (population - MIN_POPULATION) / (MAX_POPULATION - MIN_POPULATION)
...   )
...   for country_name, population in COUNTRIES_POPULATION.items()
... }
```

(4) 打开文件并读取数据，根据在第1步中定义的人口和国家进行过滤。

```
>>> with fiona.open('europe.geojson') as fd:
>>>     full_data = [data for data in full_data
...          if data['properties']['NAME'] in COUNTRIES_POPULATION]
```

(5) 用合适的颜色标出每个地区。

```
>>> for data in full_data:
...     area_name = data['properties']['NAME']
```

```
...     color = COUNTRY_COLOUR[area_name]
...     geo_type = data['geometry']['type']
...     if geo_type == 'Polygon':
...        data_x = [x for x, y in data['geometry']['coordinates'][0]]
...        data_y = [y for x, y in data['geometry']['coordinates'][0]]
...        plt.fill(data_x, data_y, c=color)
...     elif geo_type == 'MultiPolygon':
...        for coordinates in data['geometry']['coordinates']:
...            data_x = [x for x, y in coordinates[0]]
...            data_y = [y for x, y in coordinates[0]]
...            plt.fill(data_x, data_y, c=color)
```

（6）显示结果。

```
>>> plt.show()
```

（7）结果将在新窗口中显示，如图7-12所示。

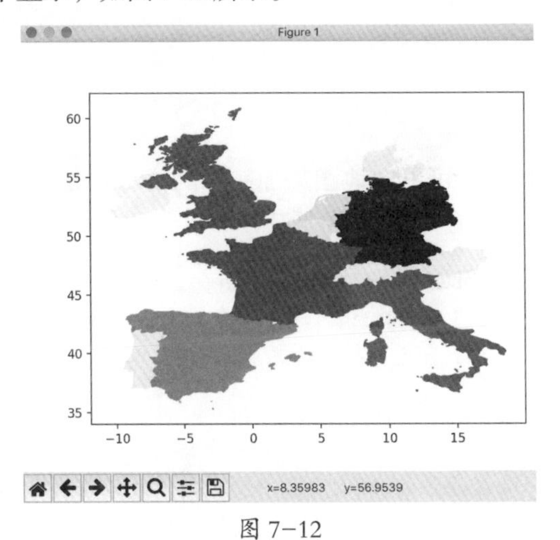

图 7−12

7.7.3 其中原理

在“如何操作”小节的第1步导入模块之后，需要被显示的数据在第2步中被定义。注意，名称需要与GEO文件中的名称格式相同。计算最小和最大人口，以便之后适当地平衡范围。

人口已经四舍五入到一个相当大的数字，并且是以百万为单位定义的。在本节中只定义了几个地区，但是GIS文件中有更多的地区，并且地图可以向东扩展。

在第3步中colormap定义了用绿色阴影（Greens）定义颜色范围的颜色映射。这是matplotlib中colormap的一个标准颜色映射，也可以使用其他颜色映射（https://matplotlib.org/examples/

color/colormaps_reference.html)，如橙色、红色或者热度颜色。

COUNTRY_COLOUR字典存储了colormap所定义的每个地区的颜色。人口数从0.0（最小人口）增长到1.0（最大人口），并传递到colormap以检索它们对应的颜色，存储在COUNTRY_COLOUR中。

然后在第4步中检索GIS信息。使用fiona读取europe.geojson文件并复制其中的数据，以便可以在之后的步骤中使用它。它只过滤出所定义的地区并处理，所以没有额外的地区被绘制。

第5步中的循环逐个地区进行，然后使用.fill进行绘制。它会绘制一个多边形，每个地区的几何形状要么是单个多边形(Polygon)，要么是多个多边形(MultiPolygon)。在每一个地区情况下，都绘制了适当的相同颜色的多边形。也就是说，MultiPolygon需要进行多次绘制。

GIS信息是以用于描述某点经纬度的坐标点形式储存的。地区，如国家，有一个坐标列表用于描述其中的一个区域。有些地图更加精确，有着更多的点来定义区域。定义一个国家可能需要多个多边形，因为有些部分可能彼此分离，岛屿就是最好的例子，飞地(某国或某市境内隶属外国或外市,具有不同宗教、文化或民族的领土,如圣马力诺和梵蒂冈)也是这样的。

最后调用.show显示数据。

7.7.4 除此之外

利用GIS文件中包含的信息，可以向地图添加额外的信息。properties对象中包含了有关国家名称、ISO名称、FID代码以及中心位置(LON和LAT)。可以使用.text来显示国家的名称。

```
long, lat = data['properties']['LON'], data['properties']['LAT']
iso3 = data['properties']['ISO3']
plt.text(long, lat, iso3, horizontalalignment='center')
```

这一段代码可以放在第5步的循环中。

如果分析该文件，会发现properties对象中包含关于人口的信息，存储为POP2005，因此可以直接从地图文件中绘制人口信息。这是一个练习。不同地图文件将包含不同的信息，所以一定要尝试释放所有的可能性。

此外，应该注意到，在某些情况下，地图可能是扭曲的。matplotlib将尝试在一个方框中显示地图，如果地图不是大致的正方形就会出现这种情况。例如，尝试只显示西班牙、葡萄牙、爱尔兰和英国。可以强迫图表使一个纬度和一个经度的长度相同，如果不需要在两极附近绘制一些内容，这将是一个很好的方法。这是通过调用坐标轴的.set_aspect方法实现的。当前坐标轴可以通过.gca方法得到。

```
>>> axes = plt.gca()
>>> axes.set_aspect('equal', adjustable='box')
```

另外，为了改善地图的外观，可以设置一个背景颜色，帮助区分背景和前景，并删除坐标轴上的标签，因为打印经纬度可能会分散注意力。通过使用.xticks和.yticks设置空标签，可以删除轴上的标签。背景颜色由坐标轴的前景色决定。

```
>>> plt.xticks([])
>>> plt.yticks([])
>>> axes = plt.gca()
>>> axes.set_facecolor('xkcd:light blue')
```

最后，为了更好地区分不同的区域，可以在每个区域的周围添加一条线。这可以通过使用与.fill方法中相同的数据绘制一条细线来完成。注意，这段代码将在第5步中重复两次。

```
plt.fill(data_x, data_y, c=color)
plt.plot(data_x, data_y, c='black', linewidth=0.2)
```

将所有元素应用到地图上，如图7-13所示。

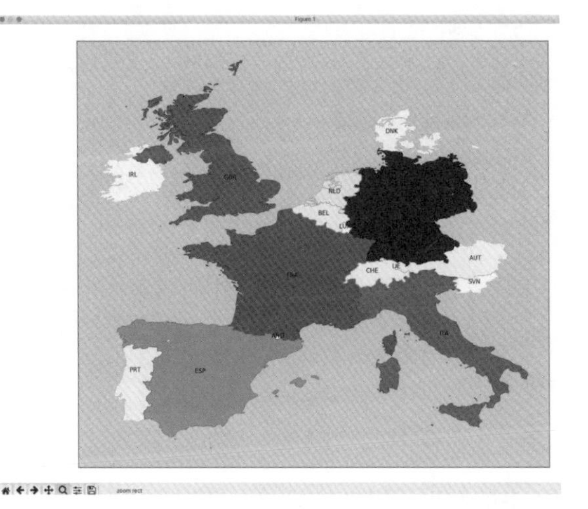

图 7-13

最终的代码可以在这里找到：https://github.com/PacktPublishing/Python-Automation-Cookbook/blob/master/Chapter07/visualising_maps.py。

正如所看到的，地图是用一般的多边形绘制的。不要害怕包含其他几何图形。可以定义自己的多边形并用.fill方法或一些额外的标签来打印它们。例如，较远的地区可能需要特殊标出以避免地图太大。或者，矩形可以用在地图的顶部来打印额外信息。

完整的fiona文档可以在这里找到:http://toblerity.org/fiona/。

完整的matplotlib文档可以在这里找到:https://matplotlib.org/。

7.7.5 另请参阅

- “添加图例和注释”的方法。
- “结合图表”的方法。

7.8 添加图例和注释

扫一扫，看视频

当绘制信息密集的图表时，可能需要一个图表来确定特定的颜色或帮助更好地理解表中所呈现的数据。在matplotlib中，图例可以非常丰富，并且具有多种呈现方式。注释可以将注意力吸引到特定的点上，这也是一个向观众集中传递信息的好方法。

本节将创建一个包含三个不同组件的图表，显示一个带有信息的图例来协助理解图表，同时注释出图表中最引人关注的点。

7.8.1 做好准备

需要将matplotlib安装到虚拟环境中。

```
$ echo "matplotlib==2.2.2" >> requirements.txt
$ pip install -r requirements.txt
```

如果正在使用macOS系统，可能会得到这样的错误——RuntimeError: Python is not installed as a framework。请查看matplotlib文档中关于如何修复这一点的内容：https://matplotlib.org/faq/osx_framework.html。

7.8.2 如何操作

(1) 引入matplotlib模块。

```
>>> import matplotlib.pyplot as plt
```

(2) 准备要显示在图表上的数据，以及应该显示的图例。每条线都由时间标签、ProductA销售额、ProductB销售额、ProductC销售额组成。

```
>>> LEGEND = ('ProductA', 'ProductB', 'ProductC')
>>> DATA = (
...     ('Q1 2017', 100, 30, 3),
...     ('Q2 2017', 105, 32, 15),
...     ('Q3 2017', 125, 29, 40),
...     ('Q4 2017', 115, 31, 80),
... )
```

(3) 将数据分割为图表的可用格式。这是一个准备步骤。

```
>>> POS = list(range(len(DATA)))
>>> VALUESA = [valueA for label, valueA, valueB, valueC in DATA]
>>> VALUESB = [valueB for label, valueA, valueB, valueC in DATA]
>>> VALUESC = [valueC for label, valueA, valueB, valueC in DATA]
>>> LABELS = [label for label, valueA, valueB, valueC in DATA]
```

（4）创建一个带数据的条形图。

```
>>> WIDTH = 0.2
>>> plt.bar([p - WIDTH for p in POS], VALUESA, width=WIDTH)
>>> plt.bar([p for p in POS], VALUESB, width=WIDTH)
>>> plt.bar([p + WIDTH for p in POS], VALUESC, width=WIDTH)
>>> plt.ylabel('Sales')
>>> plt.xticks(POS, LABELS)
```

（5）添加一个显示图表中最大增长的注释。

```
>>> plt.annotate('400% growth', xy=(1.2, 18), xytext=(1.3, 40),
                 horizontalalignment='center', arrowprops=dict(facecolor='black',
                 shrink=0.05))
```

（6）添加legend图例。

```
>>> plt.legend(LEGEND)
```

（7）显示图表。

```
>>> plt.show()
```

（8）结果将会在新窗口中显示，如图7-14所示。

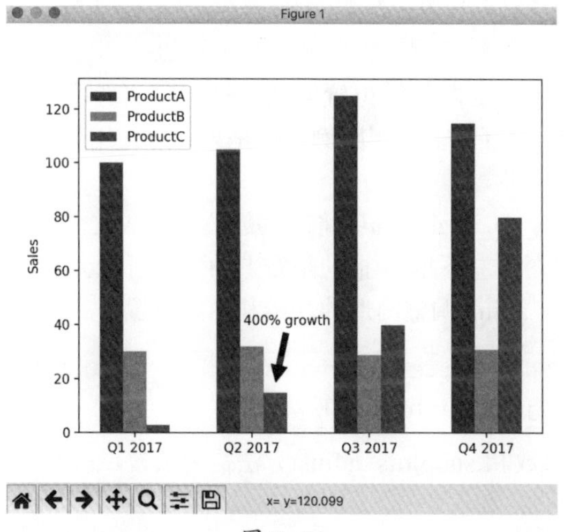

图 7-14

7.8.3 其中原理

“如何操作”小节的第1步和第2步引入了模块并以接近实际输入数据的格式准备了要显示在条形图中的数据。第3步中将数据分割成不同的数组，准备用于matplotlib的输入。基本上，每个数据序列都存储在一个不同的数组中。

第4步绘制数据。每个数据序列都对.bar进行了调用，以指定其位置和值。标签同样使用位置参数对.xticks进行了调用。为了将标签周围的每一个数据条区分开，第1个被移到了左边，而第3个被移到了右边。

在第二季度的ProductC数据条上方添加了一个注释。注意，注释需要xy中的点和xytext中的文本位置。arrowprops详细设定了指向数据的箭头属性。

在第6步中添加图例。注意，需要按照输入数据的相同顺序添加标签。图例会自动位于不包含任何数据的区域。

最后，在第7步中调用.show绘制图表。

调用.show方法会阻塞程序的运行。程序将会在窗口关闭后继续运行。

7.8.4 除此之外

大多数情况下，只要调用.legend就会自动显示图例。如果需要自定义它们出现的顺序，可以将每个标签引用到特定的元素。例如(注意，这里把valueC标为了ProductA)：

```
>>> valueA = plt.bar([p - WIDTH for p in POS], VALUESA, width=WIDTH)
>>> valueB = plt.bar([p for p in POS], VALUESB, width=WIDTH)
>>> valueC = plt.bar([p + WIDTH for p in POS], VALUESC, width=WIDTH)
>>> plt.legend((valueC, valueB, valueA), LEGEND)
```

还可以通过loc参数手动改变图例的位置。默认情况下它选取的是最佳位置，会在数据重叠最少(理想情况下没有重叠)的区域上绘制图例。但是也可以使用如right、upper left等值或特定的(X,Y)元组进行设置。

另一种方法是使用bbox_to_anchor选项将图例放置在图表之外。在本例中，图例附加到边框的(X, Y)上，其中，0指的是图的左下角，1指的是右上角。这可能会导致图例被外部窗口边框剪切，因此可能需要使用.subplots_adjust调整图形的开始和结束位置。

```
>>> plt.legend(LEGEND, title='Products', bbox_to_anchor=(1, 0.8))
>>> plt.subplots_adjust(right=0.80)
```

调整bbox_to_anchor参数和.subplots_adjust方法需要反复试验直到产生预期的结果。

.subplots_adjust将这些位置引用为将要显示它的坐标轴的位置。意思是，right=0.80将会在图表的右边留下20%的空间，而左边的默认值为0.125，即会在图表的左边留下12.5%的空间。更多细节请参见文档:https://matplotlib.org/api/_as_ gen/matplotlib.pyplot.subplots_adjust.html。

注释可以使用不同的样式，也可以使用不同的连接方式等进行调整。例如，这段代码将使用fancy样式创建一个曲线连接的箭头，如图7-15所示。

```
plt.annotate('400% growth', xy=(1.2, 18), xytext=(1.3, 40),
             horizontalalignment='center',
```

```
            arrowprops={'facecolor':'black',
                        'arrowstyle': "fancy",
                        'connectionstyle': "angle3",
                        })
```

本节没有精确地注释到数据条的顶端，而是略高于它以留下一定的余地。

调整注释的确切位置和文本的放置位置需要进行一些测试。文本的最佳位置也是要求与数据条和文字不重叠。在.legend和.annotate的调用中都可以使用fontsize和color参数更改字号大小和颜色。

应用所有这些元素可以得到类似于图7-15所示的图。图7-15可以通过调用legend_and_annotation.py生成，脚本可以在GitHub上下载：https://github.com/PacktPublishing/Python-Automation-Cookbook/blob/master/ Chapter07/adding_legend_and_annotations.py。

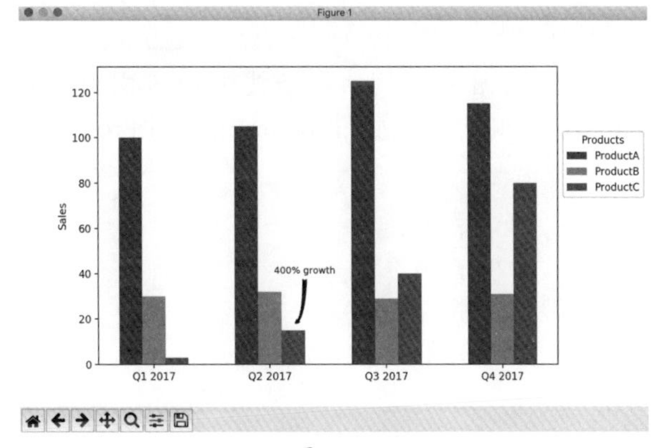

图 7-15

完整的matplotlib文档可以在这里找到:https://matplotlib.org/。图例的使用说明可以在这里找到:https://matplotlib.org/users/legend_guide.html#plotting-guide-legend，以及注释的说明在这里：https://matplotlib.org/users/annotations.html。

7.8.5 另请参阅

- “绘制堆积条形图”的方法。
- “结合图表”的方法。

7.9 结合图表

在一个图表中可以组合多个统计图。本节将看到如何在同一图表中，在两个不同的轴上显示数据，以及如何在同一图表中添加更多的统计图。

扫一扫，看视频

7.9.1 做好准备

需要将matplotlib安装到虚拟环境中。

```
$ echo "matplotlib==2.2.2" >> requirements.txt
$ pip install -r requirements.txt
```

如果正在使用macOS系统，可能会得到这样的错误——RuntimeError: Python is not installed as a framework。请查看matplotlib文档中关于如何修复这一点的内容：https://matplotlib.org/faq/osx_framework.html。

7.9.2 如何操作

（1）引入matplotlib模块。

```
>>> import matplotlib.pyplot as plt
```

（2）准备要显示在图上的数据和图例。每条线都应该由时间标签、ProductA销售额、ProductB销售额和ProductC销售额组成。注意，ProductB的值比ProductA高得多。

```
>>> DATA = (
...     ('Q1 2017', 100, 3000, 3),
...     ('Q2 2017', 105, 3200, 5),
...     ('Q3 2017', 125, 2900, 7),
...     ('Q4 2017', 115, 3100, 3),
... )
```

（3）将数据处理为独立数组。

```
>>> POS = list(range(len(DATA)))
>>> VALUESA = [valueA for label, valueA, valueB, valueC in DATA]
>>> VALUESB = [valueB for label, valueA, valueB, valueC in DATA]
>>> VALUESC = [valueC for label, valueA, valueB, valueC in DATA]
>>> LABELS = [label for label, valueA, valueB, valueC in DATA]
```

注意，这里将展开数据并为每个值创建一个列表。

值也可以通过这样的方法进行扩展——LABELS, VALUESA, VALUESB, VALUESC = ZIP(*DATA)。

（4）创建第1个子图。

```
>>> plt.subplot(2, 1, 1)
```

（5）使用VALUESA的信息创建一个条形图。

```
>>> valueA = plt.bar(POS, VALUESA)
>>> plt.ylabel('Sales A')
```

（6）创建一个不同的*Y*轴，并添加VALUESB的信息作为一个折线图。

```
>>> plt.twinx()
>>> valueB = plt.plot(POS, VALUESB, 'o-', color='red')
>>> plt.ylabel('Sales B')
>>> plt.xticks(POS, LABELS)
```

（7）创建另一个子图并使用VALUESC的值进行填充。

```
>>> plt.subplot(2, 1, 2)
>>> plt.plot(POS, VALUESC)
>>> plt.gca().set_ylim(ymin=0)
>>> plt.xticks(POS, LABELS)
```

（8）显示图表。

```
>>> plt.show()
```

（9）结果将在新窗口中显示，如图7-16所示。

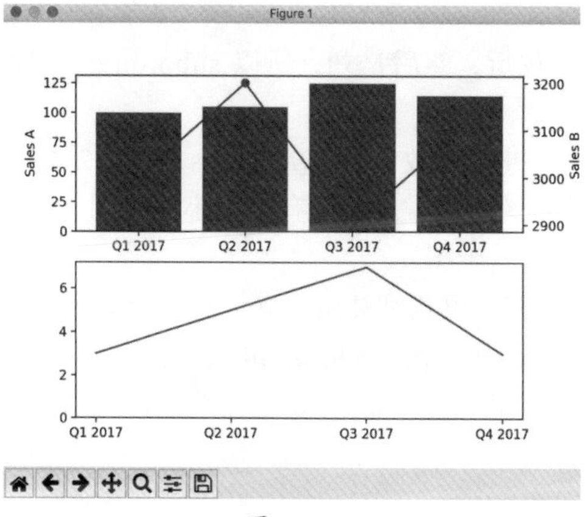

图 7-16

7.9.3 其中原理

“如何操作”小节的第1步导入模块之后，数据在第2步中以方便的格式显示出来，这种格式和最初存储数据的格式相似。第3步是一个准备步骤，它将数据分割成不同的数组以供下一步使用。

第4步创建一个新的.subplot对象。这将图表分成两个元素。它的参数包括行数、列数和选中的子图。所以，在这一列中创建了两个，并绘制了第1个子图。

第5步使用VALUESA的数据在这个子图中打印了一个.bar对象（条形图），并使用.ylabel将Y轴标记为Sales A。

第6步使用.twinx方法创建了一个新的Y轴，通过使用.plot方法将VALUESB的数据绘制为折线图。并且使用.ylabel将这个轴标记为Sales B。X轴也使用.xticks方法进行了标记。

VALUESB图被设置为红色，以避免两个图具有相同的颜色。默认情况下，它们的首选颜色是相同的，这样会产生混淆。数据点使用了'o'选项进行标记。

在第7步中，使用.subplot方法将当前图表更改为第2个子图。这个子图将VALUESC的数据打印为一条折线，然后再次使用.xticker方法为X轴添加标签，并且将Y轴的最小值设置为0。然后在第8步中显示该图。

7.9.4 除此之外

通常情况下，具有多个坐标轴的图读起来很复杂。只有当有充分的理由并且数据高度相关时才会使用它们。

默认情况下，折线图的Y轴将会试图显示最小值和最大值之间的信息。但是截断坐标轴通常不是呈现信息的最佳方式，因为它会扭曲感知到的差异。例如，将数值由10改为11，如果图表的Y轴是10到11就会显得变化巨大，但是实际上数值只变化了10%。使用plt.gca().set_ylim(ymin=0)将Y轴最小值设置为0是一个好主意，尤其是在使用两个不同的坐标轴时。

选取子图的函数将首先查找行，然后是列，所以.subplot(2, 2, 3)将会选取放置在第2行第1列的子图。

划分好的子图网格也可以进行修改。第1次调用.subplot(2, 2, 1)和.subplot(2, 2, 2)，随后调用.subplot(2, 1, 2)，将会创建一个结构，第1行有两个小的子图，第2行有一个更大的子图。但是这样会覆盖之前在相应位置绘制的子图。

完整的matplotlib文档可以在这里找到：https://matplotlib.org/。图例的使用说明可以在这里找到：https://matplotlib.org/users/legend_guide.html#plotting-guide-legend，以及注释的说明在这里：https://matplotlib.org/users/annotations.html。

7.9.5 另请参阅

- “绘制多条数据线”的方法。
- “可视化地图”的方法。

7.10 保存图表

扫一扫，看视频

图表准备好之后，就可以将其存储在硬盘上以便在其他文档中引用。本节将了解如何以不同的格式保存图表。

7.10.1 做好准备

需要将matplotlib安装到虚拟环境中。

```
$ echo "matplotlib==2.2.2" >> requirements.txt
$ pip install -r requirements.txt
```

如果正在使用macOS系统，可能会得到这样的错误——RuntimeError: Python is not installed as a framework。请查看matplotlib文档中关于如何修复这一点的内容：https://matplotlib.org/faq/osx_framework.html。

7.10.2 如何操作

（1）引入matplotlib模块。

```
>>> import matplotlib.pyplot as plt
```

（2）准备需要显示在图表中的数据并将其拆分为不同的数组。

```
>>> DATA = (
...     ('Q1 2017', 100),
...     ('Q2 2017', 150),
...     ('Q3 2017', 125),
...     ('Q4 2017', 175),
... )
>>> POS = list(range(len(DATA)))
>>> VALUES = [value for label, value in DATA]
>>> LABELS = [label for label, value in DATA]
```

（3）使用数据创建一个条形图。

```
>>> plt.bar(POS, VALUES)
>>> plt.xticks(POS, LABELS)
>>> plt.ylabel('Sales')
```

（4）将图表保存到硬盘。

```
>>> plt.savefig('data.png')
```

7.10.3 其中原理

在"如何操作"小节的第1步和第2步中引入模块和准备数据之后，第3步中调用.bar生成了一个条形图。使用.ylabel给Y轴添加了标签，并且使用.xticks在X轴上为每个数据条添加了适当的时间描述。

第4步将文件保存到硬盘上并命名为data.png。

7.10.4 除此之外

图像的分辨率可以通过dpi参数来设置。这会影响文件的大小。分辨率介于72和300之间。较低分辨率的图像会难以阅读，较高的则没有太大意义，除非图表包含的数据量非常庞大。

```
>>> plt.savefig('data.png', dpi=72)
```

matplotlib模块知道如何存储最常见的文件格式，如JPEG、PDF和PNG。当文件名中包含这些扩展名时，模块将自动调用正确的文件格式。

请使用PNG格式，除非有特殊的需求。与其他格式相比，它能够非常有效地存储颜色种类不多的图表。如果需要找到所有支持的文件类型，可以调用plt.gcf().canvas.get_supported_filetypes()来进行查看。

完整的matplotlib文档可以在这里找到：https://matplotlib.org/。图例的使用说明可以在这里找到：https://matplotlib.org/users/legend_guide.html#plotting-guide-legend，以及注释的说明在这里：https://matplotlib.org/users/annotations.html。

7.10.5 另请参阅

- “绘制简单的销售图表”的方法。
- “添加图例和注释”的方法。

第8章

处理通信渠道

本章将介绍以下内容：

- 使用电子邮件模板。
- 发送个人电子邮件。
- 读取电子邮件。
- 向电子邮件时事通信添加订阅者。
- 通过电子邮件发送通知。
- 生成SMS短信。
- 接收SMS短信。
- 创建一个Telegram聊天机器人。

8.1 引言

自动化处理通信渠道可以产生巨大的收益。本章将了解如何使用两种最常见的通信渠道——电子邮件(包括时事通信)以及通过手机发送和接收短消息。

在过去的几年里，很多通信方法被滥用，如垃圾邮件或者不请自来的营销信息，因此很有必要与外部工具合作以避免信息被自动过滤器拒绝。我们将在适当的地方提出适当的注意事项。我们所提及的工具都有非常优秀的文档，要多去阅读它们。它们也有很多特性，并且可能对您正在试图做的事情有很大帮助。

8.2 使用电子邮件模板

扫一扫，看视频

要发送一封电子邮件，首先需要生成它的内容。本节将学习如何生成一个合适的模板，包括纯文本样式和HTML。

8.2.1 做好准备

首先安装mistune模块，它能够将Markdown编译成HTML。使用jinja2模块来将HTML与文本结合。

```
$ echo "mistune==0.8.3" >> requirements.txt
$ echo "jinja2==2.20" >> requirements.txt
$ pip install -r requirements.txt
```

在GitHub仓库中，有一些会使用到的模板——email_template.md（https://github.com/PacktPublishing/Python-Automation-Cookbook/blob/master/ Chapter08/email_template.md）以及一个样式模板email_styling.html（https://github.com/PacktPublishing/Python-Automation-Cookbook/blob/master/ Chapter08/email_styling.html）。

8.2.2 如何操作

（1）引入模块。

```
>>> import mistune
>>> import jinja2
```

（2）从磁盘中读取两个模板。

```
>>> with open('email_template.md') as md_file:
...     markdown = md_file.read()
>>> with open('email_styling.html') as styling_file:
```

```
...     styling = styling_file.read()
```

（3）定义要包含在模板中的数据。模板非常简单，只接收一个参数。

```
>>> data = {'name': 'Seamus'}
```

（4）渲染Markdown模板。这将生成data的纯文本版本。

```
>>> text = markdown.format(**data)
```

（5）渲染Markdown文档并添加样式。

```
>>> html_content = mistune.markdown(text)
>>> html = jinja2.Template(styling).render(content=html_content)
```

（6）将文本和HTML版本保存到磁盘以便检查。

```
>>> with open('text_version.txt', 'w') as fp:
...     fp.write(text)
>>> with open('html_version.html', 'w') as fp:
...     fp.write(html)
```

（7）检查文本版本。

```
$ cat text_version.txt
Hi Seamus:

This is an email talking about **things**

### Very important info

1.  One thing
2.  Other thing
3.  Some extra detail

Best regards,

  *The email team*
```

（8）在浏览器中检查HTML版本，如图8-1所示。

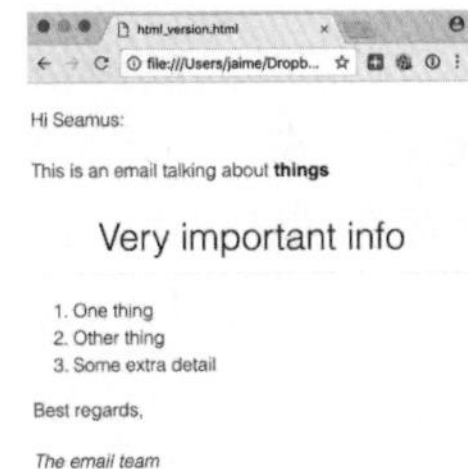

图 8-1

8.2.3 其中原理

“如何操作”小节第1步引入了模块，第2步读取了要呈现的两个模板。email_template.md是内容的基础，而且它是一个Markdown模板。email_styling.html是一个HTML模板，包含了基本的HTML环境和CSS样式信息。

基本结构是用Markdown格式创建的内容。这是一个可读的纯文本文件，可以作为电子邮件的一部分发送。这些内容可以被转换为HTML，并使用一些样式来创建HTML函数。email_styling.html中有一个内容区域用于放置由Markdown呈现的HTML。

第3步定义了将在email_template.md中呈现的数据。它是一个非常简单的模板，只需要一个名为name的参数。

在第4步中，Markdown模板将与data一起呈现。这将生成电子邮件的纯文本版本。

HTML版本在第5步中呈现。纯文本版本使用mistune呈现为HTML，然后使用jinja2模块打包为email_styling.html。最终版本是一个自包含的HTML文档。

最后，在第6步中将纯文本（作为text）版本和HTML（作为html）版本都保存到文件中。第7步和第8步检查存储的值。信息是相同的，但是在HTML版本中是有样式的。

8.2.4 除此之外

使用Markdown使得同时具有文本和HTML的电子邮件非常易于生成。Markdown文本格式的可读性很强，并且可以自然地呈现为HTML。也就是说，它允许更多的定制和对HTML特性的利用，进而可以生成一个完全不同的HTML版本。

完整的Markdown语法可以在https://daringfireball.net/projects/markdown/syntax上找到，还有一个包含最常用元素清单的网站位于https://beegit.com/markdown-cheat-sheet。

虽然创建纯文本版本的电子邮件并不是很必要，但这的确是一个很好的实践，并且表明您更关心阅读电子邮件的人。因为虽然大多数电子邮件客户端接受HTML，但是它仍不是完全通用的。

对于HTML电子邮件，注意整个样式应该包含在电子邮件中。这意味着CSS需要嵌入HTML中。避免外部调用，这可能会导致电子邮件在某些电子邮件客户端中无法正确呈现，甚至被定义为垃圾邮件。

email_styling.html文件中的样式基于非常朴素的风格，可以在http://markdowncss.github.io/中找到它。还可以通过谷歌搜索更多的CSS样式。如前面所述，记得删除其中所有的外部引用。

图像可以通过编码为base64格式保存在HTML中，这样它就可以直接嵌入HTML的img标签中，而不需要添加引用。

```
>>> import base64
>>> with open("image.png",'rb') as file:
```

```
...     encoded_data = base64.b64encode(file)
>>> print "<img src='data:image/png;base64,{data}'/>".format(data=encoded_data)
```

可以在这篇文章中找到关于此方法的更多信息:https://css-tricks.com/data-uris/。

mistune模块的完整文档可以在这里找到:http://mistune.readthedocs.io/en/latest/ ，jinja2的文档在http://jinja.pocoo.org/docs/2.10/ 中可以找到。

8.2.5 另请参阅

- 第5章“生成漂亮的报告”中“用Markdown格式化文本”的方法。
- 第5章“生成漂亮的报告”中“使用报告模板”的方法。
- “发送个人电子邮件”的方法。

8.3 发送个人电子邮件

扫一扫，看视频

发送邮件最基本的方式是从电子邮件账户发送个人邮件。这个选项只建议偶尔使用，但是对于简单的目的，如每天向受控地址发送几封电子邮件，它就足够了。

不要使用此方法将大量电子邮件发送到分发列表或电子邮件地址未知的客户。由于反垃圾邮件规则，您可能会被您的服务商停止服务。更多相关选项，请参阅本章的其他小节。

8.3.1 做好准备

本节中需要一个服务提供商的电子邮件账户。不同提供商所提供的服务有一些微小差异，本节中将使用Gmail账户，因为它很常见并且可以免费访问。

由于Gmail的安全性，需要创建一个特定的用于发送电子邮件的应用程序密码。请查看这里的说明:https://support.google.com/accounts/answer/185833。这有助于生成用于本节的密码。在访问邮件之前一定要创建密码，之后可以再删除它。

将使用smtplib模块，它是Python标准库的一部分。

8.3.2 如何操作

(1) 引入smtplib和email模块。

```
>>> import smtplib
>>> from email.mime.multipart import MIMEMultipart
>>> from email.mime.text import MIMEText
```

（2）设置凭证，输入自己的凭证。为了进行测试，将发送到相同的电子邮件地址，但是也可以使用不同的地址。

```
>>> USER = 'your.account@gmail.com'
>>> PASSWORD = 'YourPassword'
>>> sent_from = USER
>>> send_to = [USER]
```

（3）定义要发送的数据。请注意这里有两种选择：纯文本和HTML。

```
>>> text = "Hi!\nThis is the text version linking to
https://www.packtpub.com/\nCheers!"
>>> html = """<html><head></head><body>
... <p>Hi!<br>
... This is the HTML version linking to <a
href="https://www.packtpub.com/">Packt</a><br>
... </p>
... </body></html>
"""
```

（4）将消息组合为包括Subject、From和To的MIME Maltipart。

```
>>> msg = MIMEMultipart('alternative')
>>> msg['Subject'] = 'An interesting email'
>>> msg['From'] = sent_from
>>> msg['To'] = ', '.join(send_to)
```

（5）填写邮件的数据部分。

```
>>> part_plain = MIMEText(text, 'plain')
>>> part_html = MIMEText(html, 'html')
>>> msg.attach(part_plain)
>>> msg.attach(part_html)
```

（6）使用SMTP SSL协议发送邮件。

```
>>> with smtplib.SMTP_SSL('smtp.gmail.com', 465) as server:
...     server.login(USER, PASSWORD)
...     server.sendmail(sent_from, send_to, msg.as_string())
```

（7）邮件发送完毕。检查电子邮件账户内的信息。检查原始电子邮件时，可以看到完整的原始电子邮件，其中包含HTML和纯文本元素。邮件内容如图8-2所示。

```
Return-Path: <          @gmail.com>
Received: from          .local ([        .159])
        by smtp.gmail.com with ESMTPSA id 1                          .45.01
        for <          @gmail.com>
        (version=TLS1_2 cipher=ECDHE-RSA-AES128-GCM-SHA256 bits=128/128);
        Thu, 09 Aug 2018 13:45:01 -0700 (PDT)
Message-ID: <5b6ca7cd.          .85cd@mx.google.com>
Date: Thu, 09 Aug 2018 13:45:01 -0700 (PDT)
Content-Type: multipart/alternative; boundary="===============4673407806445885785=="
MIME-Version: 1.0
Subject: An interesting email
From:          @gmail.com
To:          @gmail.com

--===============4673407806445885785==
Content-Type: text/plain; charset="us-ascii"
MIME-Version: 1.0
Content-Transfer-Encoding: 7bit

Hi!
This is the text version linking to https://www.packtpub.com/
Cheers!
--===============4673407806445885785==
Content-Type: text/html; charset="us-ascii"
MIME-Version: 1.0
Content-Transfer-Encoding: 7bit


<html>
  <head></head>
  <body>
    <p>Hi!<br>
       This is the HTML version linking to <a href="https://www.packtpub.com/">Packt</a><br>
    </p>
  </body>
</html>

--===============4673407806445885785==--
```

图 8-2

8.3.3 其中原理

在“如何操作”小节第1步中引入stmplib和email模块之后，第2步定义了从Gmail获得的凭据。

第3步展示了将要发送的HTML和文本。它们是可供选择的，但是它们应该会以不同的格式显示相同的信息。

第4步中设置了基本的消息信息。它指定了电子邮件的主题、发件人和收件人。第5步添加了多个部分，每个部分都具有对应的MIMEText类型。

最后一部分是由MIME决定的首选格式，所以添加了最后的HTML部分。

第6步设置了与服务器的连接，使用凭证登录并发送消息。它使用with上下文管理器来获取链接。如果凭证出现错误，将引发一个不被接受的用户名和密码异常。

8.3.4 除此之外

注意，sent_to是一个地址列表。可以将电子邮件发送到多个地址。唯一需要注意的是，在“如何操作”小节第4步中，地址列表需要被转换为逗号分隔符列表。

虽然可以将sent_from标记为与发送电子邮件的地址不同，但是不建议这样做。这可能会被解释为试图伪造电子邮件的来源，并引起服务器对垃圾邮件源的检测。

这里使用的smtp.gmail.com是Gmail指定的服务器，并且为SMTPS（secure SMTP）定义的端口是465。Gmail同样接受标准的587端口，但是这会要求用户调用.starttls来指定会话的类型。如下面的代码所示。

```
with smtplib.SMTP('smtp.gmail.com', 587) as server:
    server.starttls()
    server.login(USER, PASSWORD)
    server.sendmail(sent_from, send_to, msg.as_string())
```

如果对这两种协议的差异和更多细节感兴趣，可以在本文中找到更多信息：https://www.fastmail.com/help/technical/ssltlsstarttls.html。

完整的smtplib文档可以在https://docs.python.org/3/library/smtplib.html找到。email模块的有关不同格式邮件信息和MIME类型的示例可以在这里找到：https://docs.python.org/3/library/email.html。

8.3.5 另请参阅

- “使用电子邮件模板”的方法。
- “发送个人电子邮件”的方法。

8.4 读取电子邮件

扫一扫，看视频

本节中将看到如何从账户中读取电子邮件。将使用最常见的IMAP4标准读取电子邮件。

读取之后，程序就可以自动处理和分析电子邮件，以执行智能自动响应、自动转发邮件、聚合结果以进行监视等操作。没有任何的应用限制。

8.4.1 做好准备

本节需要一个服务提供商的电子邮件账户。不同提供商所提供的服务有一些微小差异，本节使用Gmail账户，因为它很常见并且可以免费访问。

由于Gmail的安全性，我们需要创建一个特定的用于发送电子邮件的应用程序密码。请查看这里的说明：https://support.google.com/accounts/answer/185833。这有助于生成用于本节的密码。在访问邮件之前一定要创建密码，之后可以再删除它。

将使用imaplib模块，它是Python标准库的一部分。

本节将读取最近收到的电子邮件，也可以使用它更好地控制将要读取的内容。将首先发送一封简短的寻求帮助的电子邮件。

8.4.2 如何操作

（1）引入imaplib和email模块。

```
>>> import imaplib
>>> import email
>>> from email.parser import BytesParser, Parser
>>> from email.policy import default
```

（2）设置自己的凭证。

```
>>> USER = 'your.account@gmail.com'
>>> PASSWORD = 'YourPassword'
```

（3）连接到邮件服务。

```
>>> mail = imaplib.IMAP4_SSL('imap.gmail.com')
>>> mail.login(USER, PASSWORD)
```

（4）选择收件箱文件夹。

```
>>> mail.select('inbox')
```

（5）读取所有电子邮件UID并检索最新收到的电子邮件。

```
>>> result, data = mail.uid('search', None, 'ALL')
>>> latest_email_uid = data[0].split()[-1]
>>> result, data = mail.uid('fetch', latest_email_uid, '(RFC822)')
>>> raw_email = data[0][1]
```

（6）将邮件解析为Python对象。

```
>>> email_message = BytesParser(policy=default).parsebytes(raw_email)
```

（7）显示邮件的主题和发件人。

```
>>> email_message['subject']
'[Ref ABCDEF] Subject: Product A'
>>> email.utils.parseaddr(email_message['From'])
('Sender name', 'sender@gmail.com')
```

（8）检索文本的有效部分。

```
>>> email_type = email_message.get_content_maintype()
>>> if email_type == 'multipart':
...     for part in email_message.get_payload():
...         if part.get_content_type() == 'text/plain':
...             payload = part.get_payload()
... elif email_type == 'text':
...     payload = email_message.get_payload()
>>> print(payload)
Hi:
```

```
I'm having difficulties getting into my account. What was the URL, again?

  Thanks!
    A confuser customer
```

8.4.3 其中原理

在引入要使用的模块并设置凭证之后，“如何操作”小节的第3步中连接到了邮件服务器。第4步进入inbox收件箱。这是Gmail中的一个用于存放收到的电子邮件的默认文件夹。

当然，也有可能需要读取另外的文件夹。可以调用mail.list()获得所有文件夹的列表。

在第5步中，脚本首先调用.uid('search', None, "ALL")检索了所有电子邮件UID并生成列表。然后，通过使用fetch参数，调用.uid('fetch', latest_email_uid, '(RFC822)')从服务器获取之前检索到的最近一封电子邮件。这里将使用标准的RFC822格式获取电子邮件。注意，检索到的电子邮件被标记为只读。

.uid命令允许我们调用IMAP4命令，以返回一个带有结果（OK或NO）和数据的元组。如果出现错误，则会引起相关异常。

BytesParser模块用于将原始RFC822电子邮件转换为Python对象。这是在第6步中完成的。

元数据（包括主题、发送者和时间戳等细节）可以像查字典一样访问，如第7步所示。除此之外，还可以按照原始文本格式解析邮件地址，并且可以使用email.utils.parseaddr来分割各个部分。

最后，内容被展开和提取。如果电子邮件的类型是多部分的，则可以通过.get_payload()迭代提取每个部分。比较容易处理的是plain/text，第8步中的代码对其进行了提取。

电子邮件的主题存储在payload变量中。

8.4.4 除此之外

在“如何操作”小节的第5步中，检索了收件箱中的所有电子邮件，这并不是必要的。搜索可以过滤，如只检索最后一天的电子邮件。

```
import datetime
since = (datetime.date.today() -
datetime.timedelta(days=1)).strftime("%d-%b-%Y")
result, data = mail.uid('search', None, f'(SENTSINCE {since})')
```

这将根据电子邮件的日期进行搜索。注意，结果是以天为单位的。

使用IMAP4可以执行更多操作。查阅这些网址可以获得有关RFC3501（https://tools.ietf.org/html/rfc3501）和RFC6851（https://tools.ietf.org/html/rfc6851）的更多细节。

RFC描述了IMAP4协议，并且可能会有些枯燥。可以通过谷歌搜索示例，检查可用的操作以详细了解IMAP4协议。

邮件的主题和主体，以及其他元数据（日期、发件人、收件人等）都可以被解析和处理。例如，本节中检索到的主题可以通过以下方式进行处理。

```
>>> import re
>>> re.search(r'\[Ref (\w+)] Subject: (\w+)', '[Ref ABCDEF] Subject:
Product A').groups()
('ABCDEF', 'Product')
```

请参阅第1章“让我们开始自动化之旅”了解更多关于正则表达式和其他解析方法的信息。

8.4.5 另请参阅

第1章“让我们开始自动化之旅”中“引入正则表达式”的方法。

扫一扫，看视频

8.5 向电子邮件时事通信添加订阅者

电子邮件通信是一种常见的营销工具。它们是一种向多个目标发送信息的方便方式。一个优秀的通信系统可能很难完成，所以推荐使用市场上已有的通信系统。其中一个较为知名的就是MailChimp（https://mailchimp.com/）。

MailChimp有很多特性，但是对于本书而言，最重要的就是它的API，可以用于编写脚本来实现自动化操作。这个RESTful API可以通过Python进行访问。本节中将看到如何向现有列表添加更多订阅者。

8.5.1 做好准备

既然要使用MailChimp，就需要一个可用的账户。可以在https://login.mailchimp.com/signup/免费创建一个账户。

创建账户之后，请确保至少有一个可以添加订阅者的列表。作为注册的其中一步，它可能已经自动被创建。它会出现在Lists项的下面，如图8-3所示。

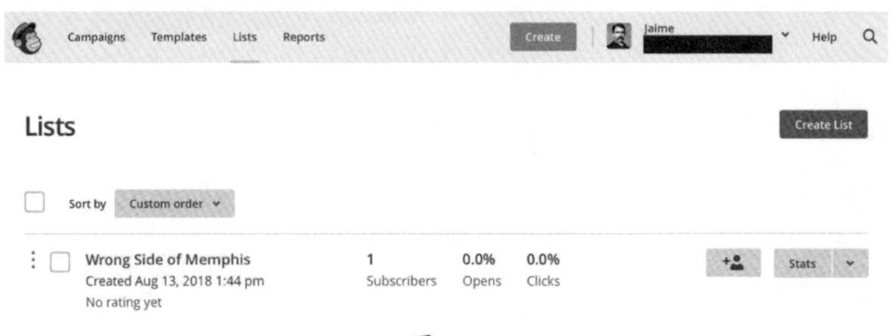

图 8-3

这个列表将包含订阅的用户。

要使用API，需要一个API密钥。可以依次单击Account | Extras | API keys 创建一个新的，如图8-4所示。

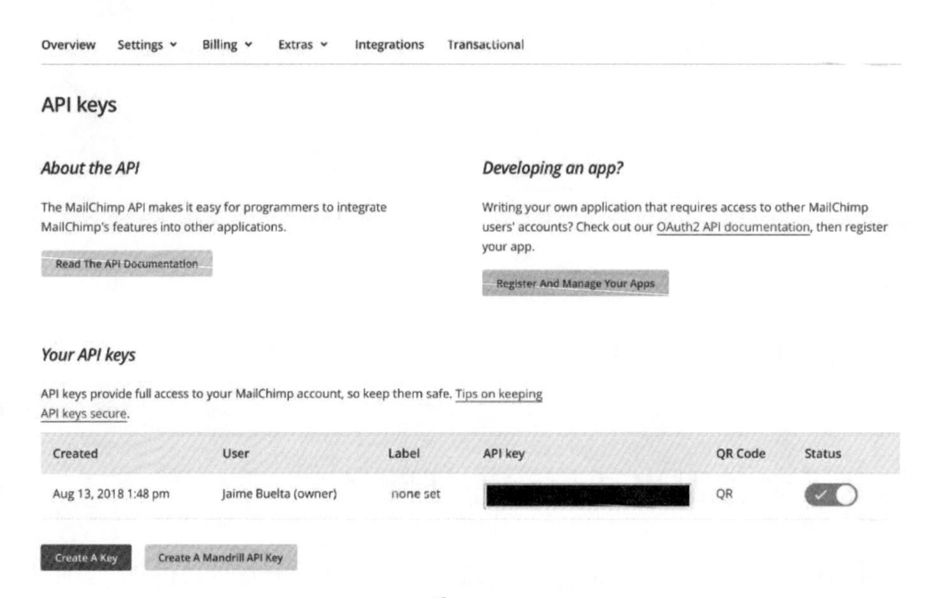

图 8-4

使用requests模块来访问API。首先将其添加到虚拟环境中。

```
$ echo "requests==2.18.3" >> requirements.txt
$ pip install -r requirements.txt
```

MailChimp API使用了DC（Data Center，数据中心）的概念，这和账户所使用的相同。它可以从API的最后一个数字或者从MailChimp管理站点的URL开头获取。例如，在之前的所有截图中，DC都是us19。

8.5.2 如何操作

（1）引入requests模块。

```
>>> import requests
```

（2）定义身份验证信息和基本URL。基本URL要求您的dc写在开头（如us19）。

```
>>> API = 'your secret key'
>>> BASE = 'https://<dc>.api.mailchimp.com/3.0'
>>> auth = ('user', API)
```

（3）获取所有列表。

```
>>> url = f'{BASE}/lists'
>>> response = requests.get(url, auth=auth)
>>> result = response.json()
```

（4）过滤您的列表以获取所需列表的href。

```
>>> LIST_NAME = 'Your list name'
>>> this_list = [l for l in result['lists'] if l['name'] == LIST_NAME][0]
>>> list_url = [l['href'] for l in this_list['_links'] if l['rel'] == 'self'][0]
```

（5）从列出的URL列表中可以获得列表成员的URL。

```
>>> response = requests.get(list_url, auth=auth)
>>> result = response.json()
>>> result['stats']
{'member_count': 1, 'unsubscribe_count': 0, 'cleaned_count': 0, ...}
>>> members_url = [l['href'] for l in result['_links'] if l['rel'] ==
'members'][0]
```

（6）成员列表可以通过对members_url的GET请求来检索。

```
>>> response = requests.get(members_url, json=new_member, auth=auth)
>>> result = response.json()
>>> len(result['members'])
1
```

（7）向列表添加新成员。

```
>>> new_member = {
  'email_address': 'test@test.com',
  'status': 'subscribed',
 }
>>> response = requests.post(members_url, json=new_member, auth=auth)
```

（8）使用GET检索用户列表，得到仅有的两个用户。

```
>>> response = requests.post(members_url, json=new_member, auth=auth)
>>> result = response.json()
>>> len(result['members'])
2
```

8.5.3 其中原理

在“如何操作”小节的第1步中引入requests模块之后，在第2步中定义了连接所需的基本参数，包括基本URL和凭据。注意，身份验证只需要API密钥作为密码。MailChimp文档中进行了介绍：https://developer.mailchimp.com/documentation/mailchimp/guides/ get-started-with-mailchimp-api-3/。

第3步调用合适的URL检索所有列表，并以JSON格式返回结果。函数调用时包含了带有已定义凭证的auth参数，后续所有调用都将使用该auth参数进行身份验证。

第4步展示了如何过滤返回的列表，以获取一系列特定的URL。每个返回的调用都包含一个带有相关信息的_links列表，这使得遍历API成为可能。

列表中的URL在第5步中进行了调用。这将返回包含基本统计信息在内的列表信息。使用与第4步类似的过滤方法，检索到了成员的URL。

由于大小限制以及为了显示相关数据，并没有把所有检索到的元素都显示出来。可以自由地分析它们并找出它们的特点。得到的数据结构良好，遵循可寻的RESTful原则。此外，Python优秀的内省能力同样使得数据非常容易阅读和理解。

第6步对members_url发出GET请求以检索成员列表，结果按照单个用户来返回。具体可以查看“做好准备”小节的网页。

第7步创建了一个新用户，并通过带有所需信息（JSON格式）的json参数传递给members_url。更新后的数据在第7步中进行检索，可以看到列表中有了一个新用户。

8.5.4 除此之外

完整的MailChimp API非常强大，并且可以执行大量任务。可以查看完整的MailChimp文档以发现更多可能性：https://developer.mailchimp.com/。

这条提醒的内容超出了本书的范围，简单说明一下，请注意向自动通信列表添加订阅者的法律影响。垃圾邮件是一个很严重的问题，并且现在已有新的法律法规（如GPDR）用于保护客户的权利。确保您的用户允许您发送电子邮件。一个比较好的事情就是MailChimp有一些自动工具可以用于权限操作，如自动退订按钮等。

通常MailChimp文档也非常有趣，它会展示很多可能性。MailChimp能够管理时事通信和通常的分发列表，但是它同样也能够实现诸如定制和生成信息流、安排电子邮件的发送以及根据用户的生日等参数自动发送信息的功能。

8.5.5 另请参阅

“发送个人电子邮件”的方法。

8.6 通过电子邮件发送通知

本节将介绍如何向客户发送电子邮件。响应用户操作而发送的电子邮件，如确认邮件或者警告邮件，称为事务性邮件。由于反垃圾邮件等规则的限制，最好借助外部工具来发送这类邮件。

本节将使用Mailgun（https://www.mailgun.com），它能够发送这类电子邮件以及响应通信。

8.6.1 做好准备

需要在Mailgun中创建一个账户，前往https://signup.mailgun.com就可以进行创建。注意，信用卡信息是一个可选项。

注册成功后，转到Domains中查看是否有一个沙箱环境。可以使用它来测试功能，它只能将电子邮件发送到注册的测试电子邮件账户中。API密钥也会显示在这里，如图8-5所示。

图 8-5

需要注册账户，这样才能以授权收件人（authorized recipient）的身份接收电子邮件。可以在这里添加，如图8-6所示。

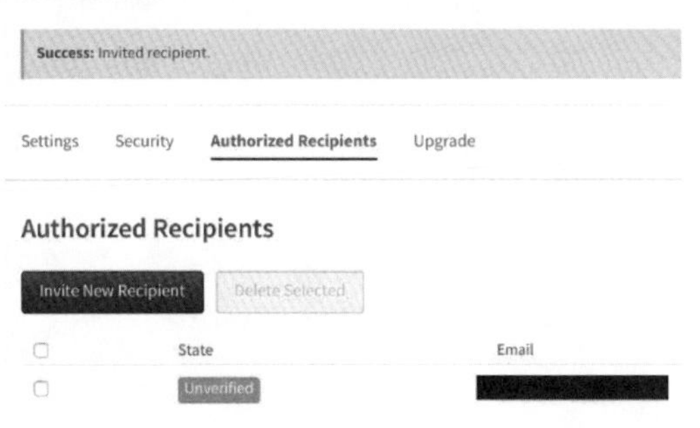

图 8-6

为了核实账号，请查看授权收件人的电子邮件并确认。现在邮件地址已经准备好接收测试邮件，如图8-7所示。

图 8-7

使用requests模块来连接Mailgun API。首先将其安装到虚拟环境中。

```
$ echo "requests==2.18.3" >> requirements.txt
$ pip install -r requirements.txt
```

发送电子邮件的一切准备工作都做好了，但是请注意只能发送到授权收件人处。向其他邮箱发送电子邮件需要设置一个域，具体请查看Mailgun文档：https://documentation.mailgun.com/en/latest/quickstart-sending. html#verify-your-domain。

8.6.2 如何操作

(1) 引入requests模块。

```
>>> import requests
```

(2) 准备凭证以及发件人、收件人信息。注意，使用的是模拟信息。

```
>>> KEY = 'YOUR-SECRET-KEY'
>>> DOMAIN = 'YOUR-DOMAIN.mailgun.org'
>>> TO = 'YOUR-AUTHORISED-RECEIVER'
>>> FROM = f'sender@{DOMAIN}'
>>> auth = ('api', KEY)
```

(3) 准备好需要发送的邮件。这里有HTML版本和纯文本版本。

```
>>> text = "Hi!\nThis is the text version linking to
https://www.packtpub.com/\nCheers!"
>>> html = '''<html><head></head><body>
...     <p>Hi!<br>
...     This is the HTML version linking to <a
href="https://www.packtpub.com/">Packt</a><br>
...     </p>
...   </body></html>'''
```

(4) 设置发送给Mailgun的数据。

```
>>> data = {
...     'from': f'Sender <{FROM}>',
...     'to': f'Jaime Buelta <{TO}>',
...     'subject': 'An interesting email!',
...     'text': text,
...     'html': html,
... }
```

(5) 调用API。

```
>>> response = requests.post(f"https://api.mailgun.net/v3/{DOMAIN}/messages",
```

```
auth=auth, data=data)
>>> response.json()
{'id': '<YOUR-ID.mailgun.org>', 'message': 'Queued. Thank you.'}
```

（6）检索事件记录以检查邮件是否已经发送。

```
>>> response_events =
requests.get(f'https://api.mailgun.net/v3/{DOMAIN}/events', auth=auth)
>>> response_events.json()['items'][0]['recipient'] == TO
True
>>> response_events.json()['items'][0]['event']
'delivered'
```

（7）电子邮件应该会出现在收件箱中。由于它是通过沙箱环境发送的，如果没有在收件箱中显示，请检查一下垃圾邮件文件夹。

8.6.3 其中原理

"如何操作"小节的第1步导入了requests模块。第2步中定义了发送消息所需的凭证和基本信息，这些可以从Mailgun网页中提取。

第3步定义了将要发送的电子邮件。第4步按照Mailgun的格式构造信息，注意它有html和text两个字段。默认情况下，它将HTML作为首选，把纯文本作为替代选项。TO和FROM的格式应该是Name <address>。还可以使用逗号分隔多个收件人。

对API的调用在第5步中完成。它是对消息端口的一次POST调用。数据以标准的方式进行传输，并用auth参数进行基本身份验证。注意第2步中的定义，所有对Mailgun的调用都应该包含这个参数。它会返回一条消息，通知您发送成功并且消息已经在队列中。

在第6步中，调用GET请求来检索事件。这将显示最近执行的操作，最后一个就是刚刚执行的发送操作。有关邮件是否送达的信息也可以在这里找到。

8.6.4 除此之外

要真正发送电子邮件，需要设置发送电子邮件的域，而不是使用沙箱环境，可以在这里找到说明：https://documentation. mailgun.com/en/latest/quickstart-sending.html#verify-your-domain。这会要求您更改您的DNS记录以验证您是它们的合法拥有者，并提高电子邮件的可交付性。

电子邮件可以通过以下方式添加附件。

```
attachments = [("attachment", ("attachment1.jpg",
open("image.jpg","rb").read())),
  ("attachment",("attachment2.txt",
open("text.txt","rb").read()))]
response = requests.post(f"https://api.mailgun.net/v3/{DOMAIN}/messages",
                                    auth=auth, files=attachments, data=data)
```

数据还可以包含其他信息，如cc（Carbon Copy，抄送）或者bcc（Blind Carbon Copy，暗抄送），

还可以使用o:deliverytime参数将交付时间延迟三天。

```
import datetime
import email.utils
delivery_time = datetime.datetime.now() + datetime.timedelta(days=1)
data = {
    ...
    'o:deliverytime': email.utils.format_datetime(delivery_time),
}
```

Mailgun还可以用来接收电子邮件，并在收到邮件时进行处理，如按照规则转发它们。可以查看Mailgun文档以了解更多信息。

完整的Mailgun文档可以在这里找到：https://documentation.mailgun.com/en/latest/quickstart.html。一定要查看它们的Best Practices部分（https:// documentation.mailgun.com/en/latest/best_practices.html#email-best-practices）来了解如何发送电子邮件以及如何避免被标记为垃圾邮件。

8.6.5 另请参阅

- “使用电子邮件模板”的方法。
- “发送个人电子邮件”的方法。

8.7 生成 SMS 短信

扫一扫，看视频

使用最广泛的通信渠道之一就是短信。短信可以非常方便地分发信息。

SMS短信可以用于营销，也可以用于发送警报或者通知，或者还可以作为实现双因素身份验证的一种方式，这在最近几年非常常见。

本节将使用Twilio，它是一种可以简单地通过API发送SMS短信的服务。

8.7.1 做好准备

首先需要一个Twilio账户：https://www.twilio.com/。前往这个页面可以注册一个新账户。

需要按照说明设置一个电话号码来接收短信。需要输入被发送到这个手机号码上的代码或者接听一个电话来验证这条线路。

创建一个新项目并检查仪表盘。从这里可以创建第1个电话号码，能够用于接收和发送短信，如图8-8所示。

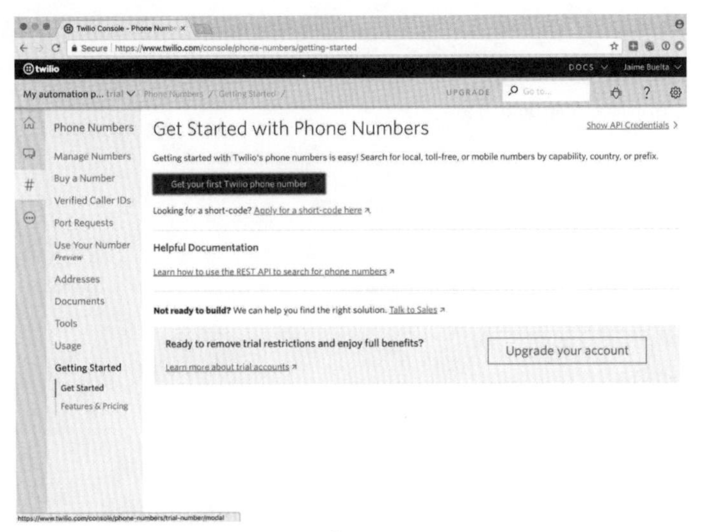

图 8-8

电话号码配置好后,它将出现在All Products 和 Services | Phone Numbers 的Active Numbers部分。

在主仪表盘上检查ACCOUNT SID和AUTH TOKEN，稍后将会用到它们。注意，这里同样需要一个认证密钥。

需要将twilio模块安装到虚拟环境中。

```
$ echo "twilio==6.16.1" >> requirements.txt
$ pip install -r requirements.txt
```

注意，试用账户中收件人的电话号码必须是之前认证过的。也可以认证多个号码，详情可以参见文档:https://support.twilio.com/hc/en-us/articles/223180048-Adding-a-Verified-Phone-Number-or-Caller-ID-with-Twilio。

8.7.2 如何操作

（1）从twilio模块中引入Client部分。

```
>>> from twilio.rest import Client
```

（2）设置之前从仪表盘上获得的身份验证凭证。此外，设置Twilio电话号码。在这个例子中，设置了+353 12 345 6789，它是一个假的爱尔兰号码。请根据你的国家来设置电话号码。

```
>>> ACCOUNT_SID = 'Your account SID'
>>> AUTH_TOKEN = 'Your secret token'
>>> FROM = '+353 12 345 6789'
```

（3）启动client访问API。

```
>>> client = Client(ACCOUNT_SID, AUTH_TOKEN)
```

（4）发送消息到授权电话号码。注意from_结尾的下划线。

```
>>> message = client.messages.create(body='This is a test message from
Python!',from_=FROM,to='+your authorised number')
```

(5) 收到一条手机短信，如图8-9所示。

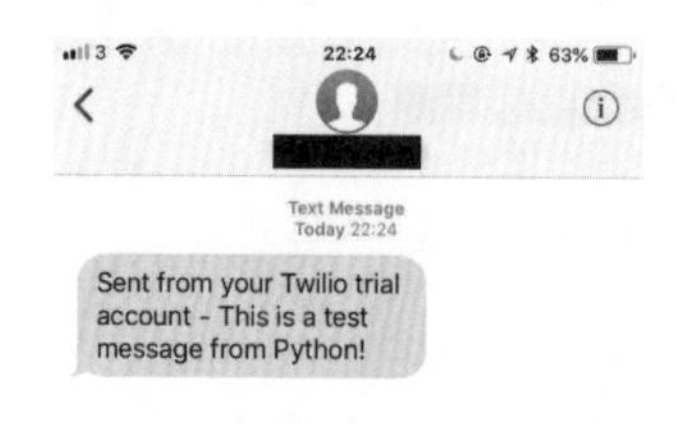

图 8-9

8.7.3 其中原理

使用Twilio客户端发送短信非常简单。

在“如何操作”小节的第1步中引入了Client。第2步中配置了凭证和电话号码。

第3步通过身份验证创建了客户端，并在第4步中发送短信。

注意，试用账户的短信收件人必须是经过验证的，否则就会产生错误。还可以添加更多经过身份验证的电话号码，详情参见Twilio文档。

从试用账户中发送的所有消息都将在接收号码的SMS客户端中显示，如第5步所示。

8.7.4 除此之外

在某些地区(撰写本文时是美国和加拿大)，SMS号码能够发送MMS彩信(包括图像的短信)。若想将图像附加在短信中，请添加media_url参数和要发送图像的URL。

```
client.messages.create(body='An MMS message',media_url='http://my.image.com/
image.png', from_=FROM,to='+your authorised number')
```

客户端是基于RESTful API的，因此它允许用户执行多种操作，如创建一个新的电话号码，或者先获取一个可用号码，然后再解析它。

```
available_numbers = client.available_phone_numbers("IE").local.list()
number = available_numbers[0]
new_number = client.incoming_phone_numbers.create(phone_number=number.phone_
number)
```

查看文档可以获得更多的可用操作，大多数仪表盘中能进行的操作都可以通过编程方式实现。

Twilio也可以执行其他电话服务，如电话呼叫或者语音信箱。具体请查看完整文档。

完整的Twilio文档可以在这里找到：https://www.twilio.com/docs/。

8.7.5 另请参阅

- "接收SMS短信"的方法。
- "创建一个Telegram聊天机器人"的方法。

8.8 接收 SMS 短信

SMS短信也可以自动接收和处理。这使得服务可以按照请求传递信息（如发送INFO GOALS来获取足球联赛的结果），或者实现更复杂的功能和流程（如机器人可以与用户进行简单的对话，从而调用大量的服务，如远程操纵空调等）。

每当Twilio收到一条来自注册号码的SMS短信时，它将执行一个到公开可用URL上的请求。这是在服务中配置的，完全在您的控制之下。这就需要您拥有一个在您控制下的URL网址，只有本地计算机是无法工作的，因为它不是可访问的。本节使用Heroku (http://heroku.com)来提供可用的服务。还有一些其他的方法同样可供使用，如Twilio文档中就有一些使用grok的例子，它允许在公共地址和本地开发环境之间创建隧道。在这个网站中可以找到更多细节：https://www.twilio.com/blog/2013/10/test-your-webhooks-locally-with-ngrok.html。

这种操作方式在通信API中很常见。此外，Twilio为WhatsApp提供了一个测试版API，其工作原理也与之类似。更多相关信息可以参见文档：https://www.twilio.com/docs/sms/whatsapp/quickstart/python。

8.8.1 做好准备

需要在https://www.twilio.com/上创建一个Twilio账户。参见8.7节"生成SMS短信"中的"做好准备"部分查看更多详细指导。

本节中需要在Heroku（https://www.heroku.com/）中设置一个网络服务，使其能够创建一个网络钩子，来接收SMS短信地址并传递到Twilio中。由于本节的主要目标是SMS部分的实现，我们只简略介绍Heroku的设置，阅读它的文档可以得到更详细的指引。它非常容易使用。

（1）创建一个Heroku账号。

（2）需要安装Heroku命令行接口（可以在https://devcenter.heroku.com/articles/getting-started-with-python#set-up 找到不同平台的安装说明），然后登录到命令行中。

```
$ heroku login
Enter your Heroku credentials.
Email: your.user@server.com
Password:
```

（3）从https://github.com/datademofun/heroku-basic-flask中下载一个基本的Heroku模板。将使用它作为服务器的基础。

（4）添加Twilio客户端到requirements.txt文件中。

```
$ echo "twilio" >> requirements.txt
```

（5）将app.py替换为另一个在GitHub中的同名文件：https://github.com/PacktPublishing/Python-Automation-Cookbook/blob/master/Chapter08/app.py。

可以保留现有的app.py文件来检查模板和Heroku的工作方式。可以在https://github.com/datademofun/heroku-basic-flask找到README指导。

（6）完成后将更改提交到Git。

```
$ git add .
$ git commit -m 'first commit'
```

（7）在Heroku中创建一个新服务。它将随机生成一个新的服务名称（这里使用service-name-12345）。这个网址是可访问的。

```
$ heroku create
Creating app... done, ⬢ SERVICE-NAME-12345
https://service-name-12345.herokuapp.com/ |
https://git.heroku.com/service-name-12345.git
```

（8）部署服务。在Heroku中，部署服务时将会把代码推送到远程Git服务器。

```
$ git push heroku master
...
remote: Verifying deploy... done.
To https://git.heroku.com/service-name-12345.git
b6cd95a..367a994 master -> master
```

（9）检查服务是否在网络钩子的URL上启动并运行。注意，它已经在前面的步骤中输出，也可以在浏览器中查看。

```
$ curl https://service-name-12345.herokuapp.com/
All working!
```

8.8.2 如何操作

（1）进入Twilio访问 PHONE NUMBER 部分。配置网络钩子的URL，这将使URL在收到SMS短信时被调用。前去 All Products and Services | Phone Numbers 的 Active Numbers 部分填写网络钩子的URL。注意网络钩子结尾有一个/sms。单击Save按钮，如图8-10所示。

（2）服务现在已经启动并且可用了。发送一条短信到您的Twilio电话号码，就可以收到一条自动回复，如图8-11所示。

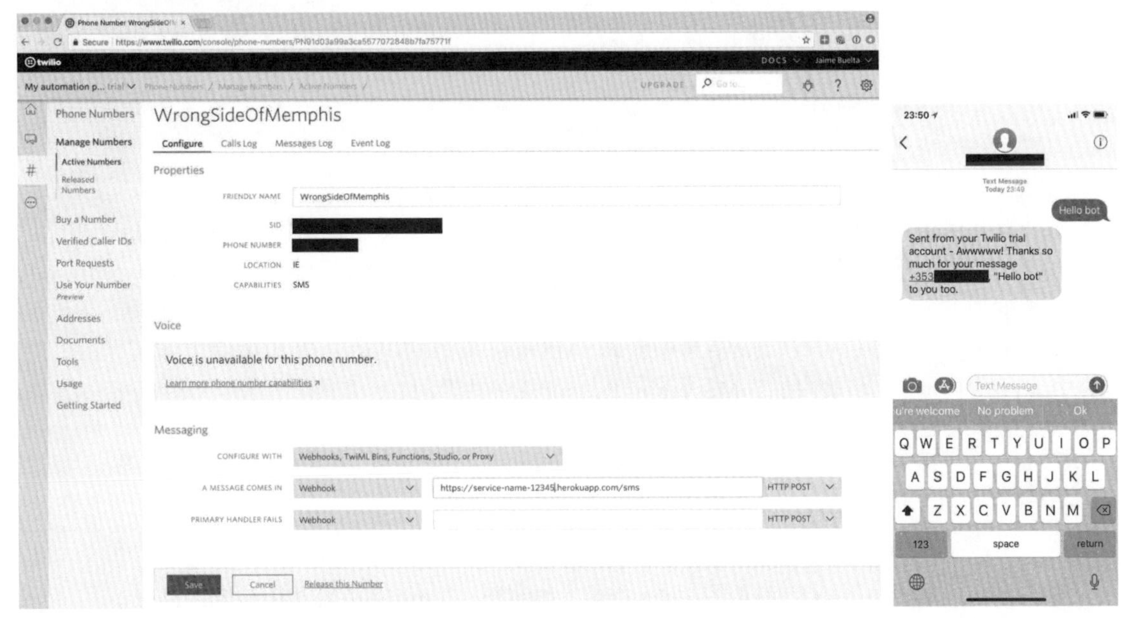

图 8-10　　　　　图 8-11

注意，模糊的部分应该用自己的信息替换。

如果使用的是试用账户，那么只能发送短信到授权电话号码中，因此需要从这个号码向平台发送短信。

8.8.3 其中原理

“如何操作”小节的第1步设置了网络钩子，使得Twilio可以在收到SMS短信时调用Heroku应用。

进入app.py文件看看它是怎样工作的。我们对其进行了编辑以使其更加清晰。可以在https://github.com/PacktPublishing/Python-Automation- Cookbook/blob/master/Chapter08/app.py找到完整代码。

```
...
@app.route('/')
def homepage():
    return 'All working!'

@app.route("/sms", methods=['GET', 'POST'])
def sms_reply():
    from_number = request.form['From']
    body = request.form['Body']
    resp = MessagingResponse()
    msg = (f'Awwwww! Thanks so much for your message {from_number}, ' f'"{body}"
           to you too.')

  resp.message(msg)
  return str(resp)
...
```

app.py文件可以分成三部分——引入Python模块及启动Flask应用程序（这里只对Flask进行了设置，在上面的代码中没有显示）、调用homepage（测试服务器是否正常工作）和sms_reply（也是最重要的地方）。

sms_reply函数从request.form字典中获取SMS短信来源的电话号码和短信主体。然后，在msg中编辑一个响应，将其附加到MessagingResponse中并返回。

将来自用户的短信视为一个整体，这里同样可以使用第1章“让我们开始自动化之旅”中的所有解析文本的方法。它们都可以用来检测预定义的操作以及执行任何其他文本操作。

返回的内容将由Twilio发送回发送方，产生“如何操作”小节的第2步中看到的结果。

8.8.4 除此之外

为了能够产生自动的对话，对话的状态应该被记录下来。对于更高级的情况，它们应该被存储在数据库中作为一个信息流。但是对于简单的情况，在session中存储信息就足够了。session能够将信息存储在cookies中，这样能够在发送和接收的电话号码之间保证对应，并且允许在短信中检索信息。

例如，这样的修改不仅能够返回本次的发送主体，还能够返回之前的一个。下面的代码只包含了相关部分。

```
app = Flask(__name__)
app.secret_key = b'somethingreallysecret!!!!'
...
@app.route("/sms", methods=['GET', 'POST'])
```

```
def sms_reply():
    from_number = request.form['From']
    last_message = session.get('MESSAGE', None)
    body = request.form['Body']
    resp = MessagingResponse()
    msg = (f'Awwwww! Thanks so much for your message {from_number}, ' f'"{body}"
           to you too. ')
    if last_message:
        msg += f'Not so long ago you said "{last_message}" to me..'
    session['MESSAGE'] = body
    resp.message(msg)
    return str(resp)
```

前一个body存储在session的MESSAGE键中并被传递。注意，使用session数据需要密钥，具体参见这个文档:http://flask.pocoo.org/docs/1.0/quickstart/?highlight=session#sessions。

要在Heroku中部署新版本，请将新的app.py提交到Git，然后执行git push heroku master。新版本就会被自动部署。

由于本节主要目的是演示如何回复短信，因此没有对Heroku和Flask进行详细描述，但是它们都有很优秀的文档。Heroku的完整文档可以在 https://devcenter.heroku.com/categories/reference 找到，而Flask的文档可以在http://flask.pocoo.org/docs/找到。

请记住，使用Heroku和Flask只是为了使本节内容的操作更加方便，因为它们两个是非常优秀且易于使用的工具。除此之外，也有许多可替代的方法，只要它们能够帮助您公开一个能够被Twilio调用的URL。另外，检查安全措施，以确保这个端口的请求来自Twilio：https://www.twilio.com/docs/usage/security#validating-requests。

Twilio的完整文档可以在这里找到:https://www.twilio.com/docs/。

8.8.5 另请参阅

- “生成SMS短信”的方法。
- “创建一个Telegram聊天机器人”的方法。

8.9 创建一个 Telegram 聊天机器人

Telegram Messenger是一款支持创建机器人的即时通信应用。这里的机器人是指一种产生自动对话的小型应用程序。聊天机器人研究人员的最大愿望就是使之能够创造出完全无法与人类对话区分开的、任何类型的对话，并且使其通过图灵测试。这个目标相当宏伟，但是目前人们还没有看到实现的希望。

图灵测试是艾伦·图灵在1951年提出的。两个参与者分别是一个人类和一个人工智能(机器人或软件程序)，通过文本(就像在即时通信应用中那样)与人类法官进行交流，并由人类法官决定哪一个是人类，哪一个不是。如果法官只在50%的次数中猜对，那么人工智能就不容易被区分，即AI通过了图灵测试。这是衡量人工智能程度的第一次尝试。

但是机器人在路径有限时非常有用，就像电话系统，需要按 2 检查账户，按 3 挂失信用卡。本节将了解如何生成一个简单的聊天机器人，让它显示公司的优惠信息和活动。

8.9.1 做好准备

需要为Telegram创建一个新的机器人。这是通过一个叫作BotFather的接口完成的，它是一个Telegram特殊渠道，允许创建新的机器人。可以访问这个渠道:https://telegram.me/botfather。使用Telegram账户就可以访问它。

运行 /start 命令启动接口，然后使用 /newbot 命令创建一个新的聊天机器人。接口将会询问机器人的名称和用户名，它们都应该是唯一的。

设置好之后，它会提供以下信息:

- 机器人的Telegram频道——https:/t.me/<yourusername>。
- 访问机器人的令牌。把它复制下来以待之后使用。

如果令牌丢失，可以重新生成，具体参见BotFather的文档

还需要安装Python的telepot模块，它封装了Telegram的RESTful接口。

```
$ echo "telepot==12.7" >> requirements.txt
$ pip install -r requirements.txt
```

从GitHub仓库中下载名为telegram_bot.py的脚本:https://github.com/PacktPublishing/Python-Automation-Cookbook/blob/master/Chapter08/telegram_bot.py。

8.9.2 如何操作

(1) 将生成的令牌填入telegram_bot.py脚本第6行的TOKEN常量中。

```
TOKEN = '<YOUR TOKEN>'
```

(2) 启动聊天机器人。

```
$ python telegram_bot.py
```

（3）在手机上使用URL打开Telegram频道。可以使用Help、Offers以及Events命令，如图8-12所示。

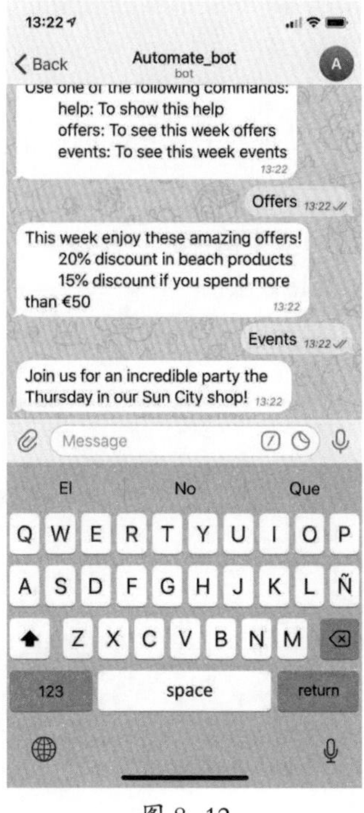

图 8-12

8.9.3 其中原理

“如何操作”小节的第1步设置了用于特定频道的令牌。在第2步中，在本地启动了机器人。下面看看telegram_bot.py里的代码是如何构造的。

```
IMPORTS

TOKEN

# Define the information to return per command
def get_help():
def get_offers():
def get_events():
COMMANDS = {
    'help': get_help,
    'offers': get_offers,
    'events': get_events,
}
```

```
class MarketingBot(telepot.helper.ChatHandler):
...

# Create and start the bot
```

MarketingBot类创建了一个接口来处理与Telegram的通信。

- 通道启动时调用open方法。
- 收到消息时调用 on_chat_message方法。
- 一段时间没有回复时调用on_idle方法。

在每种情况下，self.sender.sendMessage方法都是用来将消息发送回用户。最有趣的部分发生在on_chat_message中。

```
def on_chat_message(self, msg):
    # If the data sent is not test, return an error content_type, chat_type,
    chat_id = telepot.glance(msg)
    if content_type != 'text':
        self.sender.sendMessage("I don't understand you. "
                                "Please type 'help' for options")
        return

    # Make the commands case insensitive
    command = msg['text'].lower()
    if command not in COMMANDS:
       self.sender.sendMessage("I don't understand you. "
                               "Please type 'help' for options")
       return

    message = COMMANDS[command]()
    self.sender.sendMessage(message)
```

它首先会检查收到的消息是否为文本，如果不是，则返回错误提示。它会分析接收到的文本，如果它是定义的命令之一，就会执行对应的函数来检索要返回的文本。

然后它将信息发送回用户。

第3步从与机器人交互的用户视角展示了最后的工作效果。

8.9.4 除此之外

使用BotFather接口，可以向Telegram频道添加更多的信息、形象图片等。

为了简化接口，可以创建 一个自定义键盘来简化机器人。在定义命令之后，大约在脚本的44行创建它。

```
from telepot.namedtuple import ReplyKeyboardMarkup, KeyboardButton
```

```
keys = [[KeyboardButton(text=text)] for text in COMMANDS]
KEYBOARD = ReplyKeyboardMarkup(keyboard=keys)
```

注意，它会创建一个三行键盘，每行都有一个命令。然后在sendMessage调用上添加KEYBOARD作为reply_markup参数。例如：

```
message = COMMANDS[command]()
self.sender.sendMessage(message, reply_markup=KEYBOARD)
```

键盘被替换为定义好的按钮，使得界面更加直观，如图8-13所示。

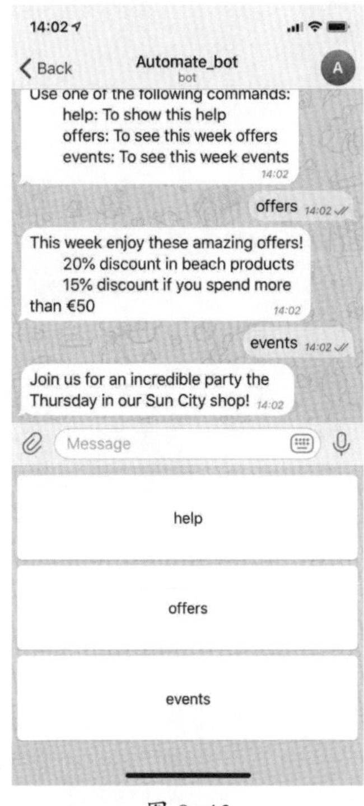

图 8-13

这些更改可以在telegram_bot_custom_keyboard.py文件找到，可以从GitHub中下载:https://github.com/PacktPublishing/Python-Automation- Cookbook/blob/master/Chapter08/telegram_bot_custom_keyboard.py。

可以创建其他类型的自定义接口，例如在同一行中的按钮，甚至是创建游戏的平台。更多用法可以参见Telegram API文档。

与Telegram的交互也可以通过网络钩子完成，就像“接收SMS短信”一节中介绍的那样。请查看telepot文档中的Flask示例:https://github.com/nickoala/telepot/tree/master/examples/webhook。

设置一个Telegram网络钩子可以通过telepot完成。它要求服务位于HTTPS地址的后面，以确保通信不被窃取。使用简单的服务可能很难做到这一点。可以在Telegram文档中查看如何设置网络钩子：https://core.telegram.org/bots/api#setwebhook。

完整的Telegram API聊天机器人可以在这里找到：https://core.telegram.org/bots。

telepot模块的文档可以在这里找到：https://telepot.readthedocs.io/en/latest/。

8.9.5 另请参阅

- “生成SMS短信”的方法。
- “接收SMS短信”的方法。

第9章

为什么不自动化您的营销活动

本章将介绍以下内容：

- 发现机会。
- 创建个人优惠码。
- 通过客户的首选渠道发送通知。
- 准备销售信息。
- 生成销售报告。

9.1 引言

本章将通过自动化步骤创建一个完整的营销活动。在同一项目的不同步骤中应用全书中所有的概念和方法。

举个例子，在项目中，公司希望组织一次营销活动，以提高用户参与度和销售额，这是非常值得努力的一个场景。为此，可以将行动分为以下几个步骤。

(1) 我们想要找到发起活动的最佳时机，因此将从不同的来源得到关于关键字的通知，这将帮助我们做出明智的决定。

(2) 活动将生成并发送个人优惠码给潜在用户。

(3) 一部分优惠码会直接通过用户首选的渠道发送给他们，如短信或者电子邮件。

(4) 为了检查活动的成效，处理销售信息并生成销售报告。

本章将逐一介绍这些步骤，并在书中介绍的模块和方法的基础上给出一个组合解决方案。

这些示例是根据实际需求创建的，但是考虑到特定应用场景总是会出现意想不到的情况，所以不要害怕去尝试，随着你的进一步学习去逐渐调整和改进你的系统。迭代是创建宏大系统的一个方法。

让我们开始吧!

9.2 发现机会

本章提出了一个营销活动，并将其划分为以下几个步骤。

(1) 找到开始活动的最佳时刻。

(2) 生成要发送给潜在客户的个人优惠码。

(3) 通过用户的首选通信方式(如短信或电子邮件)向他们发送优惠码。

(4) 收集活动的成果。

(5) 生成带有结果分析的销售报告。

本节将展开叙述活动的第1步如何完成。

第1个阶段是找到发起活动的最佳时间。为此，将监视一系列新闻站点，搜索包含定义的关键字之一的新闻。任何与这些关键字匹配的文章都将被添加到报告中，并且通过电子邮件进行发送。

9.2.1 做好准备

本节将使用本书前面介绍过的几个外部模块:delorean、requests和BeautifulSoup。需要将其添加到虚拟环境中。

```
$ echo "delorean==1.0.0" >> requirements.txt
$ echo "requests==2.18.3" >> requirements.txt
$ echo "beautifulsoup4==4.6.0" >> requirements.txt
$ echo "feedparser==5.2.1" >> requirements.txt
$ echo "jinja2==2.10" >> requirements.txt
$ echo "mistune==0.8.3" >> requirements.txt
$ pip install -r requirements.txt
```

还需要创建一个RSS源列表，将从中提取数据。

在本例中使用了以下订阅源，它们都是知名新闻网站的科技新闻源:http://feeds.reuters.com/reuters/technologyNews;http://rss.nytimes.com/services/xml/rss/nyt/Technology.xml;http://feeds.bbci.co.uk/news/science_and_environment/rss.xml。

从GitHub上下载search_keywords.py脚本，它将在随后执行这些操作:https://github.com/PacktPublishing/Python-Automation-Cookbook/blob/master/Chapter09/search_keywords.py。

还需要下载电子邮件模板，可以在这里找到:https://github.com/PacktPublishing/Python-Automation-Cookbook/blob/master/Chapter09/email_ styling.html 和

https://github.com/PacktPublishing/Python-Automation-Cookbook/ blob/master/Chapter09/email_template.md。

还需要一个配置模板:https://github.com/PacktPublishing/Python-Automation- Cookbook/blob/master/Chapter09/config-opportunity.ini。

需要一份电子邮件服务的有效用户名和密码，具体请查看第8章“处理通信渠道”中“发送个人电子邮件”一节。

9.2.2 如何操作

（1）以如下格式创建config-opportunity.ini文件。记得填写自己的信息。

```
[SEARCH]
keywords = keyword, keyword
feeds = feed, feed
[EMAIL]
user = <YOUR EMAIL USERNAME>
password = <YOUR EMAIL PASSWORD>
from = <EMAIL ADDRESS FROM>
to = <EMAIL ADDRESS TO>
```

可以使用GitHub上的模板:https://github.com/ PacktPublishing/Python-Automation-Cookbook/blob/master/Chapter09/config-opportunity.ini来搜索关键字cpu以及一些测试源。记得在EMAIL字段中填写账户的详细信息。

（2）调用脚本生成电子邮件和报告。

```
$ python search_keywords.py config-opportunity.ini
```

（3）检查收件箱里的电子邮件，应该会收到一封带有目标文章的报告。它应该类似于图9-1。

Hi!

This is an automated email checking articles published last week containing the *keywords*: cpu in the following feeds: http://feeds.reuters.com/reuters/technologyNews http://rss.nytimes.com/services/xml/rss/nyt/Technology.xml http://feeds.bbci.co.uk/news/science_and_environment/rss.xml

List of articles:

- **As Nvidia expands in artificial intelligence, Intel defends turf | Reuters** Nvidia Corp dominates chips for training computers to think like humans, but it faces an entrenched competitor in a major avenue for expansion in the artificial intelligence chip market: Intel Corp .<div class="feedflare"> <a href="http://feeds.reuters.com/~ff/reuters/technologyNews?a=A1okGChaZIs:tKET_rJFBi0:yII2AUoC8zA"><img src="http://feeds.feedburner.com/~ff/reuters/technologyNews?d=yII2AUoC8zA" border="0"></img></a> <a href="http://feeds.reuters.com/~ff/reuters/technologyNews?a=A1okGChaZIs:tKET_rJFBi0:V_sGLiPBpWU"><img src="http://feeds.feedburner.com/~ff/reuters/technologyNews?i=A1okGChaZIs:tKET_rJFBi0:V_sGLiPBpWU" border="0"></img></a> <a href="http://feeds.reuters.com/~ff/reuters/technologyNews?a=A1okGChaZIs:tKET_rJFBi0:-BTjWOF_DHI"><img src="http://feeds.feedburner.com/~ff/reuters/technologyNews?i=A1okGChaZIs:tKET_rJFBi0:-BTjWOF_DHI" border="0"></img></a> </div><img src="http://feeds.feedburner.com/~r/reuters/technologyNews/~4/A1okGChaZIs" height="1" width="1" alt=""/>: http://feeds.reuters.com/~r/reuters/technologyNews/~3/A1okGChaZIs/as-nvidia-expands-in-artificial-intelligence-intel-defends-turf-idUSKBN1L2051
- **Give Your Old Computer New Life - The New York Times** If you're not ready to buy a whole new system, you might be able to add new parts and upgrade your aging machine for less than a few hundred dollars.: https://www.nytimes.com/2018/08/17/technology/personaltech/give-your-old-computer-new-life.html?partner=rss&emc=rss

Enjoy the read!

图 9-1

9.2.3 其中原理

“如何操作”小节的第1步为脚本创建了正确的配置，第2步中调用search_keywords.py脚本抓取网页并发送了带有结果报告的电子邮件。

让我们具体研究以下search_keywords.py脚本。代码的结构大致如下。

- IMPORTS部分导入了之后所需的所有Python模块。它还定义了EmailConfig namedtuple来协助处理电子邮件参数。
- READ TEMPLATES检索电子邮件模板，并将它们存储在EMAIL_TEMPLATE和EMAIL_STYLING常量中以供日后使用。
- _main_块首先获取配置参数，解析配置文件，然后调用main函数。
- main函数结合了其他函数。首先，它检索文章，然后获取正文并发送电子邮件。
- get_articles遍历所有订阅源，丢弃超过一周的任何文字，然后检索每一篇文章搜索关键字。所有匹配到关键字的文章都会被返回，同时返回的还有链接和摘要信息。
- compose_email_body使用电子邮件模板来编译电子邮件正文。注意，模板是以Markdown格式被解析为HTML的，并且带有纯文本和HTML两种形式。
- send_email获取正文和所需的信息，如用户名、密码，最后发送电子邮件。

9.2.4 除此之外

从不同来源检索信息的主要挑战就是在所有情况下解析文本。有些源可能会以不同的格式返回信息。

例如，在示例中可以看到路透社（Reuters）的源摘要中包含了不应该在电子邮件中呈现的HTML信息。如果出现这种问题，可能需要进一步处理返回的数据，直到它们变得一致。这在很大程度上决定了最终报告的预期质量。

在开发自动任务，特别是在处理多个输入源时，最好花一些时间将输入信息处理到一致格式。但是，需要找到一个平衡点，并且将最终收件人考虑在内。例如，如果电子邮件是由自己或者关系好的同事接收，邮件格式就可以比发送给重要客户宽容一些。

另一种可行的方式是增加匹配的复杂度。本节中的检查是通过一个简单的in操作完成的，但是请记住，第1章“让我们开始自动化之旅”中介绍的所有方法，包括正则表达式，都可以在这里使用。

脚本是通过cron定时任务自动运行的，正如在第2章“自动化使任务更加轻松”中描述的那样。试着让它每周都能够自动运行。

9.2.5 另请参阅

- 第1章“让我们开始自动化之旅”中“添加命令行参数”的方法。
- 第1章“让我们开始自动化之旅”中“引入正则表达式”的方法。
- 第2章“自动化使任务更加轻松”中“准备一项任务”的方法。
- 第2章“自动化使任务更加轻松”中“设置一个cron定时任务”的方法。
- 第3章“构建您的第一个网络爬虫”中“解析HTML”的方法。
- 第3章“构建您的第一个网络爬虫”中“遍历网页”的方法。
- 第3章“构建您的第一个网络爬虫”中“订阅源”的方法。
- 第8章“处理通信渠道”中“发送个人电子邮件”的方法。

9.3 创建个人优惠码

扫一扫，看视频

本节将展示活动的第2步如何进行。

在发现机会之后，我们决定为所有客户发起一场活动。为了直接促销和避免重复，将生成100万张券码不同的优惠券，分为以下三个批次。

- 其中一半的优惠码将在营销活动中打印并分发。
- 如果活动达到某些目标，将保留30万个优惠码以供日后使用。
- 剩下的20万个优惠码将会通过短信和电子邮件发送给客户。

这些优惠券可以在网上兑换。我们的任务是生成合适的优惠码，这些优惠码应该符合以下要求。

- 优惠码必须是各不相同的。

- 优惠码必须是可打印并且易于阅读的，因为一些客户将在电话中口述这些优惠码。
- 在优惠码被核用前必须有一种快速废弃的方法(避免垃圾邮件攻击)。
- 优惠码应该以CSV格式显示以便打印。

9.3.1 做好准备

从GitHub下载create_personalised_coupons.py脚本，它将生成优惠码并存储在CSV文件中：https://github.com/PacktPublishing/Python-Automation-Cookbook/blob/master/Chapter09/create_personalised_coupons.py。

9.3.2 如何操作

（1）调用create_personalised_coupons.py脚本。它需要一到两分钟来运行，这取决于计算机的性能。生成的代码会显示在屏幕上。

```
$ python create_personalised_coupons.py
Code: HWLF-P9J9E-U3
Code: EAUE-FRCWR-WM
Code: PMW7-P39MP-KT
...
```

（2）检查它是否生成了三个包含优惠码的CSV文件:codes_batch_1.csv、codes_batch_2.csv和codes_batch_3.csv，并且每个文件中都含有正确数量的优惠码。

```
$ wc -l codes_batch_*.csv
  500000 codes_batch_1.csv
  300000 codes_batch_2.csv
  200000 codes_batch_3.csv
  1000000 total
```

（3）检查每个文件中都包含各不相同的优惠码。运行的结果很有可能不同于这里显示的优惠码，因为它们都是随机生成并且独一无二的。

```
$ head codes_batch_2.csv
9J9F-M33YH-YR
7WLP-LTJUP-PV
WHFU-THW7R-T9
...
```

9.3.3 其中原理

“如何操作”小节的第1步调用生成所有优惠码的脚本，第2步检查结果是否正确，第3步展示了优惠码存储的格式。下面进一步分析create_personalised_coupons.py脚本。

总体来看，它的结构大致如下。

```
# IMPORTS

# FUNCTIONS
def random_code(digits)
def checksum(code1, code2)
def check_code(code)
def generate_code()

# SET UP TASK

# GENERATE CODES

# CREATE AND SAVE BATCHES
```

不同的函数一起工作来创建优惠码。random_code从CHARACTERS常量中随机抽取字母和数字生成组合。CHARACTERS字符串中包含了可以从中选择的所有有效字符。

可选择的字符被定义为易于打印并且彼此不会被认错的符号。例如，根据字体的不同，可能很难区分字母O和数字0或者数字1和字母I。这取决于具体情况，所以请检查打印测试来决定是否需要调整字符。避免使用所有的字母和数字，这很可能会引起混淆。此外，可以在必要的时候增加优惠码的长度。

checksum函数在两串代码的基础上派生出来一个额外数字。这个过程被称为哈希算法（hashing），这是一个著名的计算过程，尤其是在密码学中。

哈希算法的基本功能是从较小且不可逆的输入中产生输出，这意味着很难反向推测输入。哈希算法在计算中有很多常见应用，通常都应用在底层。例如，Python字典中使用了大量哈希算法。

本节使用了SHA256，这是一个著名的快速哈希算法，包含在Python的hashlib模块中。

```
def checksum(code1, code2):
    m = hashlib.sha256()
    m.update(code1.encode())
    m.update(code2.encode())
    checksum = int(m.hexdigest()[:2], base=16)
    digit = CHARACTERS[checksum % len(CHARACTERS)]
    return digit
```

两串代码都作为输入添加进去，然后进行两次哈希运算，生成的一个十六进制数字应用在CHARACTERS上，从而获得其中一个可用字符。这个十六进制的字符串型的数字被提取出前两位并转换为十六进制数字，然后使用模运算来确保可以获得一个可用字符。

checksum函数的目的是能够快速检查代码是否正确，并丢弃可能的废弃信息。可以对代码再次进行生成操作，以查看校验和是否相同。注意，这不是一个密码散列，因为操作的任何部分都不需要密码加密。考虑到这个特殊的用例，这种较低级别的安全性对于我们的目的来说可能并没有问题。

密码学是一个大得多的主体，而且确保安全性是很困难的。密码学中设计哈希算法的主要策略就是只存储哈希值，避免以任何可读格式存储密码。你可以在这里找到一个简短的介绍：https://crackstation.net/hashing-security.htm。

generate_code函数生成了一个随机代码，该代码由四位代码、五位代码和两位校验和组成，并且由破折号分隔。第一个校验和是按四位代码、五位代码的顺序进行校验，第二个校验和是颠倒过来，即按五位代码、四位代码的顺序进行校验。

check_code函数反转该过程，如果代码正确，则返回True，否则返回False。

基本元素准备好后，脚本首先等于所需的批次数量——500 000、300 000和200 000。

所有代码都在同一个池(codes)中生成。这是为了避免不同代码池之间的重复。注意，由于进程的随机性，不能排除生成重复代码的可能性，尽管这种可能性很小。我们允许重试最多三次以避免生成重复的代码。这些代码被添加到集合累加器中，以确保它们的唯一性，并加速检查代码是否存在的过程。

sets是Python使用哈希算法的另一个地方，它对要添加的元素进行哈希运算，并将其与已经存在元素的散列进行比较。这使得可以快速在集合中检查是否重复。

为了确保过程正确，将验证并打印每个代码，以便在生成代码的同时显示进度，并允许检查程序是否运行正常。

最后，将代码分为具有正确数量的三个批次，并将每个批次的代码保存在单独的.csv文件中。使用.pop()能够将代码从codes中一个一个移除，直到batch有了正确的大小。

```
batch = [(codes.pop(),) for _ in range(batch_size)]
```

注意上面一行如何使用单个元素创建具有适当行大小的批次文件。每一行也同样是一个列表，对于CSV文件来说都是这样。

然后，使用csv.writer创建并写入CSV文件，代码是按行保存的。

最后，验证剩余codes集合是否为空。

9.3.4 除此之外

本节使用了一种比较直接的方法。可能你会发现，这里与第2章“自动化使任务更加轻松”中“准备一项任务”的原则不相符。这是因为与之前的任务相比，这个脚本的目的仅仅是运行一次来生成优惠码。它同样也使用了定义好的常量，如BATCHES，来进行配置。

考虑到它是一个设计为只运行一次的单独的任务，花时间将它组织成可复用组件可能不是最好的选择。

过度设计是绝对有可能的，在实用的设计和面向未来的方法之间进行选择可能并不容易。考虑一下现实中的维护成本，试着找到自己的平衡。

同样的，本节中对校验和的设计旨在提供一种最简单的方法来检查代码是他人编造的还是完全合法的。考虑到代码将在系统中进行核验，这似乎是一种明智的方法，但是要注意自己的特定用途。

我们的代码是将22个字符随机（可重复）排列成9位，因此代码空间由22^9=1 207 269 217 792种可能的代码组成，这意味着在生成的100万个代码中按照规则猜中其中一个的概率非常小，也不太可能产生相同的代码两次。但无论如何，在程序中使代码最多重新生成3次来防止代码重复。

这种类型的检查，以及检查每个代码是否经过验证，检查最后有没有剩余的代码，在开发这种脚本时非常有用。它确保我们正在朝着正确的方向前进，事情正在按计划进行。只是要注意，asserts在某些情况下可能不会执行。

正如Python文档中描述的那样，如果优化了Python代码（即使用-O命令参数运行），assert命令就会被忽略。具体请查看这里的文档：https://docs.python.org/3/reference/simple_stmts.html#the- assert-statement。通常是不会出现这种情况的，但是一旦出现就会使人感到很困惑。尽量避免过分依赖asserts。

学习基础密码学并没有想象中那么艰难。有少量的基本模式是众所周知的，并且非常容易学习。这里有一篇很优秀的介绍文章：https://thebestvpn.com/cryptography/。Python还继承了大量的密码函数，具体参见文档：https://docs.python.org/3/library/crypto.html。最好的学习方法就是找到一本好书。要知道，虽然这是一个很难真正掌握的学科，但是它绝对是平易近人的。

9.3.5 另请参阅

- 第1章“让我们开始自动化之旅”中“引入正则表达式”的方法。
- 第4章“搜索和读取本地文件”中“读取CSV文件”的方法。

9.4 通过用户的首选渠道发送通知

扫一扫，看视频

本节将展示营销活动的第3步。

直接营销所需的优惠码创建完成后，需要将它们分发给客户。

本节将使用包含所有客户信息及其首选联系方式的CSV文件作为输入，填充之前生成的优惠码，然后通过适当的途径发送通知。

9.4.1 做好准备

本节将会使用之前已经介绍过的几个模块——delorean、requests和twilio。需要将它们添加到虚拟环境中。

```
$ echo "delorean==1.0.0" >> requirements.txt
$ echo "requests==2.18.3" >> requirements.txt
$ echo "twilio==6.16.3" >> requirements.txt
$ pip install -r requirements.txt
```

需要定义一个config-channel.ini文件，其中包含Mailgun和Twilio服务所需的凭证。这个文件的模板可以在GitHub上找到：https://github.com/PacktPublishing/Python-Automation-Cookbook/blob/master/Chapter09/config-channel.ini。

有关如何获得凭证的内容，请参阅第8章“处理通信渠道”中“生成SMS短信”一节。

文件格式如下。

```
[MAILGUN]
KEY = <YOUR KEY>
DOMAIN = <YOUR DOMAIN>
FROM = <YOUR FROM EMAIL>
[TWILIO]
ACCOUNT_SID = <YOUR SID>
AUTH_TOKEN = <YOUR TOKEN>
FROM = <FROM TWILIO PHONE NUMBER>
```

为了描述所有目标联系人对应的信息，需要生成一个名为notifications.csv的CSV文件，格式如表9-1所示。

表 9-1

Name	Contact Method	Target	Status	Code	Timestamp
John Smith	PHONE	+1-555-12345678	NOT-SENT		
Paul Smith	EMAIL	paul.smith@test.com	NOT-SENT		
…					

注意，Code列是空的，所有发送状态都应该是NOT-SENT或者空白。

如果使用的是Twilio和Mailgun的试用账户，请注意它们的限制。例如，Twilio只允许向经过身份验证的电话号码发送短信。可以创建一个只有两三个联系人的小型CSV文件来测试脚本。

要使用的优惠码应该已经在一个CSV文件中准备好了。可以用create_personalised_coupons.py脚本生成几批优惠码，这个脚本可以在GitHub中下载https://github.com/PacktPublishing/Python-Automation-Cookbook/blob/master/ Chapter09/create_personalised_coupons.py。

下载将要用到的名为send_notifications.py脚本，GitHub地址为https://github.com/PacktPublishing/Python-Automation-Cookbook/blob/master/Chapter09/send_notifications.py。

9.4.2 如何操作

（1）运行send_notifications.py以查看它的选项和用法。

```
$ python send_notifications.py --help
usage: send_notifications.py [-h] [-c CODES] [--config CONFIG_FILE]
notif_file

positional arguments:
  notif_file notifications file

optional arguments:
  -h, --help show this help message and exit
  -c CODES, --codes CODES
                      Optional file with codes. If present, the file
  will be
                      populated with codes. No codes will be sent
  --config CONFIG_FILE config file (default config.ini)
```

（2）向notifications.csv文件中添加优惠码。

```
$ python send_notifications.py --config config-channel.ini notifications.csv
-c codes_batch_3.csv
$ head notifications.csv
Name,Contact Method,Target,Status,Code,Timestamp
John Smith,PHONE,+1-555-12345678,NOT-SENT,CFXK-U37JN-TM,
Paul Smith,EMAIL,paul.smith@test.com,NOT-SENT,HJGX-M97WE-9Y,
...
```

（3）发送通知。

```
$ python send_notifications.py --config config-channel.ini
notifications.csv
$ head notifications.csv
Name,Contact Method,Target,Status,Code,Timestamp
John Smith,PHONE,+1-555-12345678,SENT,CFXK-U37JN-
TM,2018-08-25T13:08:15.908986+00:00
Paul Smith,EMAIL,paul.smith@test.com,SENT,HJGX-
```

```
M97WE-9Y,2018-08-25T13:08:16.980951+00:00
...
```

（4）检查邮箱和手机，确认收到的信息。

9.4.3 其中原理

“如何操作”小节的第1步展示了脚本的使用。通常会多次调用它，第1次先填充优惠码，第2次再发送短信。如果出现了错误，可以再次执行脚本，并且只重试之前没有发送成功的客户。

在第2步向notifications.csv文件注入优惠码。这些优惠码最终在第3步中被发送出去。

下面分析一下send_notifications.py的代码。只有最重要的部分展示在这里。

```
# IMPORTS

def send_phone_notification(...):
def send_email_notification(...):
def send_notification(...):

def save_file(...):
def main(...):

if__name__== '__main__':
    # Parse arguments and prepare configuration
  ...
```

main函数逐行遍历文件，并分析每种情况下应该做什么。如果条目状态是SENT，程序会直接跳过。如果优惠码一栏为空，则试图填充它。如果程序试图发送短信或电子邮件，则添加时间戳来记录何时发送或试图发送它。

每遍历一个条目，就会调用save_file保存一次整个文件。请注意文件光标是如何定位在文件开头、如何写入文件，然后刷新到磁盘中的。这使得文件在每次操作时都会被重写，而不必再次关闭和打开文件。

为什么每遍历一条就要写入一次整个文件呢？这是为了让您可以重试。如果其中一个条目出现了意外错误、超时，或者一般故障，之前的所有进度和销售码都已经被标记为SENT，不需要重复发送第2次。这意味着操作可以在必要时重试。对于大量条目，这可能是一种很好的方法，它能够确保就算中间流程出现问题，也不会向客户发送重复的信息。

对于每个需要被发送出去的优惠码，send_notification函数会决定调用send_phone_notification还是send_email_notification。这两个函数都会附加当前时间。

如果不能够成功发送信息，两个send函数都会返回一个错误。这允许在最终的notifications.csv文件中把它标记出来并且稍后重试。

notifications.csv文件也可以手动修改。例如，假设电子邮件中有一个拼写错误，导致了程序的运行错误，就可以手动修改并重试。

send_email_notification通过Mailgun接口发送信息。有关更多内容，请参阅第8章“处理通信渠道”中“通过电子邮件发送通知”一节。注意，这里发送的电子邮件仅为文本。

send_phone_notification通过Twilio接口发送短信。更多相关内容，请参阅第8章“处理通信渠道”中“生成SMS短信”一节。

9.4.4 除此之外

时间戳是特意用ISO格式写入的，因为它是一种可解析的格式。这意味着我们可以很简单地得到其中的对象，就像这样：

```
>>> import datetime
>>> timestamp = datetime.datetime.now(datetime.timezone.utc).isoformat()
>>> timestamp
'2018-08-25T14:13:53.772815+00:00'
>>> datetime.datetime.fromisoformat(timestamp)
datetime.datetime(2018, 9, 11, 21, 5, 41, 979567,
tzinfo=datetime.timezone.utc)
```

这允许您轻松地来回解析时间戳。

ISO 8601时间格式在大多数编程语言中都得到了很好的支持，并且由于包含了时区元素，它能够非常精确地定义时间。它是记录时间的绝佳选择。

send_notification中用于指向通知方式的策略非常有趣。

```
# Route each of the notifications
METHOD = {
    'PHONE': send_phone_notification,
    'EMAIL': send_email_notification,
}
try:
    method = METHOD[entry['Contact Method']]
    result = method(entry, config)
except KeyError:
    result = 'INVALID_METHOD'
```

METHOD字典将每个可能的Contact Method给一个具有相同定义的函数，同时接收一个条目和一个配置作为参数。

然后，根据特定的联系方式，从字典中检索对应的函数并调用。注意，method变量包含要调用的正确函数。

这个操作与其他编程语言中的switch操作类似。也可以通过if...else块来实现这一点。对类似于这段代码的简单情况，字典方法会使代码非常易读。

invalid_method函数被用作默认值。如果Contact Method不是可用的方法(PHONE或者EMAIL)之一，则会引发KeyError并且被捕获，结果也将被定义为INVALID METHOD。

9.4.5 另请参阅

- 第8章“处理通信渠道”中“通过电子邮件发送通知”的方法。
- 第8章“处理通信渠道”中“生成SMS短信”的方法。

9.5 处理销售信息

扫一扫，看视频

本节将会展示活动的第4步如何进行。

将信息发送给客户之后，需要收集商店的销售日志，以监视销售情况和活动的影响力。

销售日志是以按照相关商店划分的单独文件形式上报的。因此本节将看到如何将所有的信息聚合到一个电子表格中，以便能够将信息作为一个整体来处理。

9.5.1 做好准备

在这一节中需要首先安装以下模块。

```
$ echo "openpyxl==2.5.4" >> requirements.txt
$ echo "parse==1.8.2" >> requirements.txt
$ echo "delorean==1.0.0" >> requirements.txt
$ pip install -r requirements.txt
```

可以从GitHub上找到一份测试结构和测试日志，它们可以在本节中使用：https://github.com/PacktPublishing/Python-Automation-Cookbook/tree/master/Chapter09/sales。请下载完整的sales目录，其中包含了大量的测试日志。可以使用tree命令(http://mama.indstate.edu/users/ice/tree/)显示日志文件的完整结构，这个命令在Linux中默认安装，而在macOS系统中则需要使用brew(https://brew.sh/)进行安装。也可以使用图形化工具来检查目录。

还需要sale_log.py模块和parse_sales_log.py脚本，它们可以在GitHub中下载：https://github.com/PacktPublishing/Python-Automation-Cookbook/blob/master/Chapter09/parse_sales_log.py。

9.5.2 如何操作

（1）检查sales目录的结构。每个子目录代表一个提交了这段时间销售日志的商店。

```
$ tree sales
sales
├── 345
│   └── logs.txt
├── 438
│   ├── logs_1.txt
│   ├── logs_2.txt
│   ├── logs_3.txt
│   └── logs_4.txt
└── 656
  └── logs.txt
```

（2）检查日志文件。

```
$ head sales/438/logs_1.txt
[2018-08-27 21:05:55+00:00] - SALE - PRODUCT: 12346 - PRICE: $02.99 -
NAME: Single item - DISCOUNT: 0%
[2018-08-27 22:05:55+00:00] - SALE - PRODUCT: 12345 - PRICE: $07.99 -
NAME: Family pack - DISCOUNT: 20%
...
```

（3）调用parse_sales_log.py脚本生成资源库。

```
$ python parse_sales_log.py sales -o report.xlsx
```

（4）查看生成的Excel结果——report.xlsx，如图9-2所示。

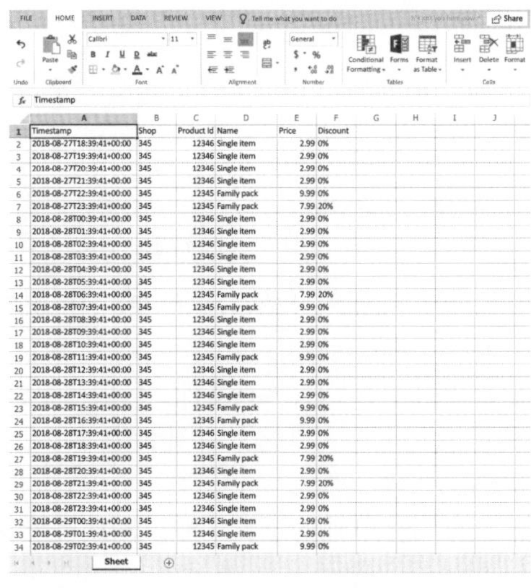

	Timestamp	Shop	Product Id	Name	Price	Discount
2	2018-08-27T18:39:41+00:00	345	12346	Single item	2.99	0%
3	2018-08-27T19:39:41+00:00	345	12346	Single item	2.99	0%
4	2018-08-27T20:39:41+00:00	345	12346	Single item	2.99	0%
5	2018-08-27T21:39:41+00:00	345	12346	Single item	2.99	0%
6	2018-08-27T22:39:41+00:00	345	12345	Family pack	9.99	0%
7	2018-08-27T23:39:41+00:00	345	12345	Family pack	7.99	20%
8	2018-08-28T00:39:41+00:00	345	12346	Single item	2.99	0%
9	2018-08-28T01:39:41+00:00	345	12346	Single item	2.99	0%
10	2018-08-28T02:39:41+00:00	345	12346	Single item	2.99	0%
11	2018-08-28T03:39:41+00:00	345	12346	Single item	2.99	0%
12	2018-08-28T04:39:41+00:00	345	12346	Single item	2.99	0%
13	2018-08-28T05:39:41+00:00	345	12346	Single item	2.99	0%
14	2018-08-28T06:39:41+00:00	345	12345	Family pack	7.99	20%
15	2018-08-28T07:39:41+00:00	345	12345	Family pack	9.99	0%
16	2018-08-28T08:39:41+00:00	345	12346	Single item	2.99	0%
17	2018-08-28T09:39:41+00:00	345	12346	Single item	2.99	0%
18	2018-08-28T10:39:41+00:00	345	12346	Single item	2.99	0%
19	2018-08-28T11:39:41+00:00	345	12345	Family pack	9.99	0%
20	2018-08-28T12:39:41+00:00	345	12346	Single item	2.99	0%
21	2018-08-28T13:39:41+00:00	345	12346	Single item	2.99	0%
22	2018-08-28T14:39:41+00:00	345	12346	Single item	2.99	0%
23	2018-08-28T15:39:41+00:00	345	12345	Family pack	9.99	0%
24	2018-08-28T16:39:41+00:00	345	12345	Family pack	9.99	0%
25	2018-08-28T17:39:41+00:00	345	12346	Single item	2.99	0%
26	2018-08-28T18:39:41+00:00	345	12346	Single item	2.99	0%
27	2018-08-28T19:39:41+00:00	345	12345	Family pack	7.99	20%
28	2018-08-28T20:39:41+00:00	345	12346	Single item	2.99	0%
29	2018-08-28T21:39:41+00:00	345	12345	Family pack	7.99	20%
30	2018-08-28T22:39:41+00:00	345	12346	Single item	2.99	0%
31	2018-08-28T23:39:41+00:00	345	12346	Single item	2.99	0%
32	2018-08-29T00:39:41+00:00	345	12346	Single item	2.99	0%
33	2018-08-29T01:39:41+00:00	345	12346	Single item	2.99	0%
34	2018-08-29T02:39:41+00:00	345	12345	Family pack	9.99	0%

图 9-2

9.5.3 其中原理

“如何操作”小节的第1步和第2步展示了数据的结构，第3步调用parse_sales_log.py读取所有的日志文件并解析它们，然后将它们存储在Excel电子表格中。电子表格的内容显示在第4步中。

下面看看parse_sales_log.py的代码结构。

```
# IMPORTS
from sale_log import SaleLog

def get_logs_from_file(shop, log_filename):
    with open(log_filename) as logfile:
       logs = [SaleLog.parse(shop=shop, text_log=log) for log in logfile]
    return logs

def main(log_dir, output_filename):
    logs = []
    for dirpath, dirnames, filenames in os.walk(log_dir):
        for filename in filenames:
            # The shop is the last directory
            shop = os.path.basename(dirpath)
            fullpath = os.path.join(dirpath, filename)
            logs.extend(get_logs_from_file(shop, fullpath))

    # Create and save the Excel sheet
    xlsfile = openpyxl.Workbook()
    sheet = xlsfile['Sheet']
    sheet.append(SaleLog.row_header())
    for log in logs:
        sheet.append(log.row())
    xlsfile.save(output_filename)

if __name__== '__main__':
  # PARSE COMMAND LINE ARGUMENTS AND CALL main()
```

命令行参数的相关信息在第1章“让我们开始自动化之旅”中有描述。注意，导入的是包含在文件中的SaleLog类。

main函数通过os.walk遍历整个目录并抓取所有文件。可以在第2章“自动化使任务更加轻松”中获得更多有关os.walk函数的信息。每个文件之后都被传递给了get_logs_from_file函数来解析日志并将其添加到全局logs列表中。

注意，每个商店的销售日志存储在单独的子目录中，因此需要使用os.path.basename进行提取商店编号。

日志列表构建完成后，程序将使用openpyxl模块创建一个新的Excel工作表。SaleLog模块有一个.row_header方法来添加第一行，然后可以使用.row方法将所有日志转换为行格式。最后保存文件。

为了解析日志，创建了一个名为sale_log.py的模块，对解析和处理行的过程进行了抽象。大多数情况下，它使用起来很简单。并且能够正确地处理各种不同的参数，但是需要注意一下它的解析方法。

```
@classmethod
def parse(cls, shop, text_log):
    '''
    Parse from a text log with the format
    ...
    to a SaleLog object
    '''
    def price(string):
        return Decimal(string)

    def isodate(string):
        return delorean.parse(string)

    FORMAT = ('[{timestamp:isodate}] - SALE - PRODUCT: {product:d}'
              '- PRICE: ${price:price} - NAME: {name:D} '
              '- DISCOUNT: {discount:d}%')

    formats = {'price': price, 'isodate': isodate}
    result = parse.parse(FORMAT, text_log, formats)

    return cls(timestamp=result['timestamp'],
               product_id=result['product'], price=result['price'],
               name=result['name'], discount=result['discount'],
               shop=shop)
```

sale_log.py是一个类方法，这意味着它可以通过调用SaleLog.parse来进行使用，并且会返回该类的一个新元素。

类方法（Classmethods）可以通过存储类的第1个参数进行调用，而不是通过常见的名为self的对象进行调用。惯例是使用cls来表示它。在结尾调用cls(...)相当于调用SaleFormat(...)，因此它需要首先调用__init__方法进行初始化。

该方法使用parse模块从模板中检索值。注意timestamp和price这两个元素是如何进行自定义解析的。delorean模块能够帮助我们解析日期。此外，最好将价格描述为Decimal类型，以确保精确度不会发生太大变化。自定义过滤器可以在formats参数中应用。

9.5.4 除此之外

Decimal类型在Python文档中有详细的描述:https://docs.python.org/3/library/decimal.html。

完整的openpyxl文档可以在这里找到:https://openpyxl.readthedocs.io/en/stable/。此外，请参阅第6章“轻松使用电子表格”来获取有关如何使用该模块的更多示例。

完整的parse文档可以在这里找到:https://github.com/r1chardj0n3s/parse。第1章“让我们开始自动化之旅”也有对这个模块的详细介绍。

9.5.5 另请参阅

- 第1章“让我们开始自动化之旅”中“使用第三方工具——parse”的方法。
- 第4章“搜索和读取本地文件”中“遍历和搜索目录”的方法。
- 第4章“搜索和读取本地文件”中“读取文本文件”的方法。
- 第6章“轻松使用电子表格”中“更新Excel电子表格”的方法。

9.6 生成销售报告

本节将展示活动的最后一步如何进行。

在最后一步中，有关销售额的所有信息都将被合并显示在一份销售报告中。

本节将了解如何利用读取电子表格、创建PDF和生成图表的功能来自动生成全面的报告，以分析活动的成效。

9.6.1 做好准备

首先需要将以下模块安装到虚拟环境中。

```
$ echo "openpyxl==2.5.4" >> requirements.txt
$ echo "fpdf==1.7.2" >> requirements.txt
$ echo "delorean==1.0.0" >> requirements.txt
$ echo "PyPDF2==1.26.0" >> requirements.txt
$ echo "matplotlib==2.2.2" >> requirements.txt
$ pip install -r requirements.txt
```

还需要sale_log.py模块，可以在GitHub中下载:https://github.com/PacktPublishing/Python-Automation-Cookbook/blob/master/Chapter09/sale_log.py。

输入的电子表格是在9.5节“处理销售信息”中生成的。请前往9.5节查看更多信息。

可以从GitHub下载一个名为parse_sales_log.py的脚本来解析输入的电子表格:https://github.com/PacktPublishing/Python-Automation-Cookbook/blob/master/Chapter09/parse_sales_log.py。

从GitHub上下载原始日志文件：https://github.com/PacktPublishing/Python-Automation-Cookbook/tree/master/Chapter09/sales。请下载完整的sales目录。

从GitHub上下载generate_sales_report.py脚本：https://github.com/PacktPublishing/Python-Automation-Cookbook/blob/master/Chapter09/generate_ sales_report.py。

9.6.2 如何操作

（1）检查输入文件和generate_sales_report.py的用法。

```
$ ls report.xlsx
report.xlsx
$ python generate_sales_report.py --help
usage: generate_sales_report.py [-h] input_file output_file

positional arguments:
  input_file
  output_file

optional arguments:
  -h, --help show this help message and exit
```

（2）使用输入文件和输出文件作为参数调用generate_sales_report.py脚本。

```
$ python generate_sales_report.py report.xlsx output.pdf
```

（3）检查输出的output.pdf文件。它将包含三个页面，其中第1页是一份简短的总结，第2页和第3页是按天计算和按店铺计算的销售图表，如图9-3所示。

Report generated at 2018-08-29T23:45:21.661291+00:00
Covering data from 27 Aug to 08 Oct

Summary

TOTAL INCOME: $ 14225.0
TOTAL UNIT: 3000 units
AVERAGE DISCOUNT: 2%

图 9-3

第2页是按天计算的销售图表，如图9-4所示。

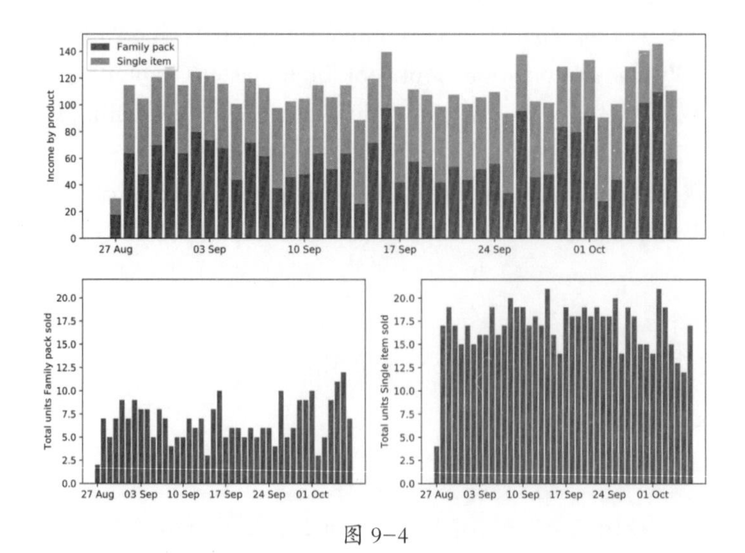

图 9-4

第3页是按店铺计算的销售图表，如图9-5所示。

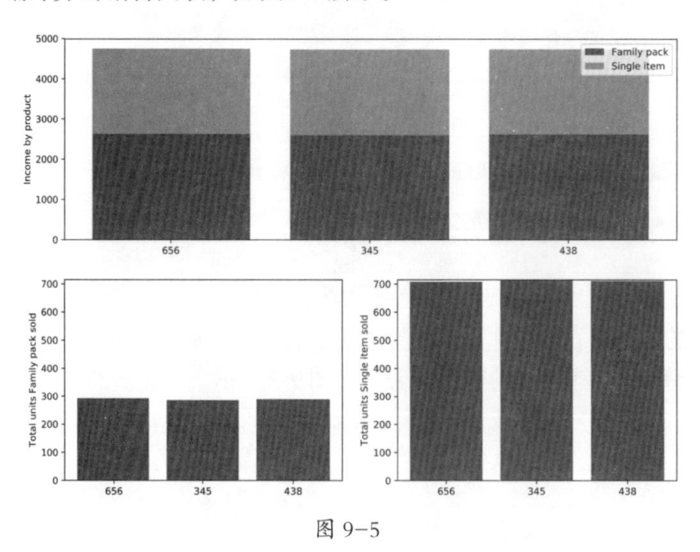

图 9-5

9.6.3 其中原理

“如何操作”小节的第1步展示了如何使用脚本，第2步调用脚本处理输入的文件。接下来看看generate_sales_report.py脚本的基本结构。

```
# IMPORTS
def generate_summary(logs):

def aggregate_by_day(logs):
def aggregate_by_shop(logs):
```

```
def graph(...):

def create_summary_brief(...):
def main(input_file, output_file):
    # open and read input file
    # Generate each of the pages calling the other calls
    # Group all the pdfs into a single file
    # Write the resulting PDF

if __name__== '__main__':
    # Compile the input and output files from the command line
    # call main
```

这里有两个关键元素——以不同方式计算（按天和按店铺）日志的聚合，以及每种情况下总结的生成。总结部分是用generate_summary函数生成的，它从一系列日志中产生一个带有结果信息的字典。而日志的聚合部分是在aggregate_by函数中以不同方式完成的。

generate_summary生成一个包括聚合信息（包括整体以及各个产品统计时间段、所有日志的总收入、总单元数、平均折扣信息）的字典。

从代码的末尾开始可以更好地理解脚本。main函数连接了所有不同的操作。它读取了每个日志并将其转换为本地SaleLog对象。

随后，它将每个页面生成一个临时PDF文件。

- 由create_summary_brief函数生成的对所有数据的一份简短总结。
- 由aggregate_by_day函数生成的一份按天计算的总结和对应的图表。
- 由aggregate_by_shop函数生成的一份按店铺计算的总结和对应的图表。

然后使用PyPDF2将所有临时PDF页面组合在一起，最后删除临时页面。

aggregate_by_day和aggregate_by_shop函数都会返回一个包含每个元素总结的列表。在aggregate_by_day函数中，使用.end_of_day来检测一天的结束时间，进而划分相邻的两天。

graph函数的作用如下：

（1）准备所有需要显示的数据。这包括每个标签（某个日期或者某个店铺）中的单元数和每个标签下的总收入。

（2）创建一个顶部图表，其中包含了总收益并按产品划分为堆积条形图。因此，在计算总收入的同时，还需要计算基线（两个产品的分隔线）的位置。

（3）它将图形的底部划分为与标签数量相同的部分，并且显示每个标签下销售的单元数。

为了更好地显示，图表的大小被定义为与A4纸相同。使用skip_labels允许我们能够间断地打印*X*轴上的标签，以避免重叠。这在显示日期时非常有用，这里设置为每周只显示一个标签。

结果图被保存到一个文件中。

create_summary_brief函数中使用fpdf模块保存包含所有总结信息的文本PDF页面。

为了避免本节变得复杂，create_summary_brief中的模板和信息都是特意简化的。实际上，如果使用了更好的描述性文本和格式，这些模板和信息可能会变得很复杂。有关如何使用fpdf模块的更多细节，请参见第5章“生成漂亮的报告”。

最后，main函数将所有PDF页面组合到一个文档中，并删除临时页面。

9.6.4 除此之外

本节中的报告可以进行扩展。例如，每一页中都可以计算平均折扣，并显示为一条折线。

```
# Generate a data series with the average discount
discount = [summary['average_discount'] for _, summary in full_summary]
....
# Print the legend
# Plot the discount in a second axis
plt.twinx()
plt.plot(pos, discount,'o-', color='green')
plt.ylabel('Average Discount')
```

注意不要在一个图中放入太多信息，这样可能会降低可读性。在本例中最好另外添加一个图形来显示。

创建第2个轴之前记得创建图例，否则它将只显示第2个轴上的信息。

在保证标签清晰易读的情况下，图形的大小和方向决定了能够使用的标签数量。这一点可以从使用skip_labels来避免混乱中看出来。仔细观察生成的图形，不断调整图形大小或者限制标签数量来避免标签方面的问题。

例如，一个可能的限制是图表中只能放置三个以内的产品统计，因为图表的第2行打印四个分图可能会使其中的文本难以辨认。可以自己尝试和检查图表的限制。

完整的matplotlib文档可以在这里找到：https://matplotlib.org/。

delorean文档可以在这里找到：https://delorean.readthedocs.io/en/latest/。

完整的openpyxl文档可以在这里找到：https://openpyxl.readthedocs.io/en/stable/。

PDF文档的处理可以使用PyPDF2模块（https://pythonhosted.org/PyPDF2/）和pyfpdf模块（https://pyfpdf.readthedocs.io/en/latest/）。

本节中使用了很多之前章节中的概念和技术，如第5章“生成漂亮的报告”中创建和操作PDF的方法，第6章“轻松使用电子表格”中读取电子表格的方法，以及第7章“创建令人惊叹的图表”中创建图表的方法。可以查看这些章节了解更多内容。

9.6.5 另请参阅

- 第5章“生成漂亮的报告”中“聚合PDF报告”的方法。
- 第6章“轻松使用电子表格”中“读取Excel电子表格”的方法。
- 第7章“创建令人惊叹的图表”中“绘制堆积条形图”的方法。
- 第7章“创建令人惊叹的图表”中“显示多条数据线”的方法。
- 第7章“创建令人惊叹的图表”中“添加图例和注释”的方法。
- 第7章“创建令人惊叹的图表”中“结合图表”的方法。
- 第7章“创建令人惊叹的图表”中“保存图表”的方法。

第10章

调试方法

本章将介绍以下内容：

- 学习Python解释器基础知识。
- 通过日志调试。
- 通过断点调试。
- 提高调试水平。

10.1 引言

编写代码并不容易。实际上，它是一件非常困难的事情。即使是世界上最好的程序员也无法预见代码的全部可能的替代方案和流程。

这意味着我们的代码总是会产生意外行为。有些缺陷非常明显，有些则非常微妙，但是无论如何识别和消除代码中这些缺陷的能力对于构建可靠的软件来说至关重要。

这些缺陷在软件中被称为bug（错误），因此去除它们的过程叫作debugging（调试）。

仅仅通过阅读代码来检查缺陷并不好。总是会有意外发生，并且复杂的代码可能会很难理解。这就是为什么通过停止执行并查看当前状态来进行调试的能力非常重要。

每个人都会在代码中引入bug，通常它们会在之后的使用中引发意外。有些人将调试过程描述为犯罪电影中既是侦探又是凶手的角色。

调试过程大致都遵循以下过程。

（1）你发现有一个问题。

（2）你知道正确的行为应该是什么。

（3）你发现了为什么当前代码会产生错误。

（4）你修改代码使之产生了正确的结果。

在95%的情况下，第3步之外的其他步骤都很简单，因此第3步就是调试的主要部分。需要使用科学的方法从本质上理解出现bug的原因。

（1）观测代码正在做的事情。

（2）对其原因提出假设。

（3）证实或者证伪这个假设，可以通过实验等方式进行。

（4）使用结果信息迭代这个流程。

调试是一种能力，因此它会随着时间的推移而进步。实践在开发直觉（如哪些地方有希望发现错误）方面有着非常重要的作用，但是这里也有一些通用的想法可以起到一些帮助。

- **分而治之**：将代码隔离成小部分以更好地理解代码。尽可能地简化问题。
  有一种方法叫作狼篱笆算法（其实就是二分法），由爱德华·高斯提出：
  “阿拉斯加有一只狼，你怎么找到它呢？首先在州的中间筑一道篱笆，等着狼叫以确定它在篱笆的哪一边。然后在那一边重复这个过程，直到你看到狼为止。”
- **从错误处倒推**：如果某个特定的点处有一个明显的错误，那么bug很有可能就在它附近。从错误发生的地方逐渐倒推、跟踪直到找到错误的源头。
- **你可以假设任何东西，只要你能够证明它**：代码太过复杂以至于我们很难一下子全都记住。你需要验证一些小的假设，当它们结合在一起，就可以为进一步检测和修复bug奠定坚实的基础。通过一些小实验可以把代码中正常工作的部分从考虑范围中去除，然后着重处理那些未经测试的部分。

或者用福尔摩斯的话来说：

“一旦你排除了所有的不可能，那么剩下的，不管多么不可思议，那就是事实的真相。”

但是请记得去证明它，避免出现未经检验的假设。

这些听起来可能有些吓人，实际上大多数bug都非常明显。它可能只是一个输入错误，或者是一段没有为特定值设计的代码。尽量使事情简单化，简单的代码更容易分析和调试。

本章将看到一些用于调试的工具和方法，并将它们应用于Python脚本。这些脚本都有一些bug，接下来将对其进行修复。

10.2 学习 Python 解释器基础知识

扫一扫，看视频

本节将介绍Python的一些内置功能来检查代码、观察程序运行以及检测代码什么时候会出现问题。

同样可以验证代码什么情况下可以正常运行。记住，找到出现错误的源头代码并修复它们的能力是非常重要的。

在调试时，通常需要分析来自外部模块或服务的未知元素和对象。考虑到Python的动态特性，代码在执行过程中随时都可以被观察。

本节中用到的所有功能都是Python解释器内置的。

10.2.1 如何操作

（1）引入pprint模块。

```
>>> from pprint import pprint
```

（2）创建一个名为dictionary的字典。

```
>>> dictionary = {'example': 1}
```

（3）显示本环境中的globals（全局）变量。

```
>>> globals()
{...'pprint': <function pprint at 0x100995048>,
...'dictionary': {'example': 1}}
```

（4）使用pprint 以可读格式打印globals字典。

```
>>> pprint(globals())
{'__annotations__': {},
  ...
  'dictionary': {'example': 1},
  'pprint': <function pprint at 0x100995048>}
```

（5）显示dictionary的所有属性。

```
>>> dir(dictionary)
['__class__', '__contains__', '__delattr__', '__delitem__', '__dir__', '__doc__',
'__eq__', '__format__', '__ge__', '__getattribute__', ___getitem__', '__gt__',
'__hash__', '__init__', '__init_subclass__', '__iter__', '__le__', '__len__',
'__lt__', '__ne__', '__new__','__reduce__', '__reduce_ex__', '__repr__',
'__setattr__','__setitem__', 'sizeof', 'str', 'subclasshook', 'clear', 'copy',
'fromkeys', 'get', 'items', 'keys', 'pop', 'popitem', 'setdefault', 'update',
'values']
```

（6）显示dictionary对象的帮助。

```
>>> help(dictionary)

Help on dict object:

class dict(object)
 | dict() -> new empty dictionary
 | dict(mapping) -> new dictionary initialized from a mapping object's
 | (key, value) pairs
...
```


10.2.2 其中原理

“如何操作”小节中的第1步导入了pprint（pretty print）模块，然后在第2步中创建了一个示例的新字典。

第3步展示了全局命名空间（global namespace）如何包含了定义的字典和模块。globals()会显示所有导入的模块和其他全局变量。

在本地命名空间（local namespaces）也有一个功能类似的locals()函数。

第4步中pprint帮助我们以可读的格式显示globals变量，它向其中添加了很多间隔，并且对每个元素换行显示。

第5步展示了如何使用dir()获取Python对象的所有属性。注意，这些属性中包含了全部的下划线值，如_len_。

使用内置的help()函数将会显示对象的相关信息。

10.2.3 除此之外

dir()在检查未知对象、模块或者类时特别有用。如果需要过滤掉默认属性，以使输出更加清晰，可以这样操作：

```
>>> [att for att in dir(dictionary) if not att.startswith('__')]
['clear', 'copy', 'fromkeys', 'get', 'items', 'keys', 'pop', 'popitem',
'setdefault', 'update', 'values']
```

同样的，如果正在搜索一个特定的功能（如以set开头的某个函数），可以用同样的方法进行过滤。

help()将显示函数或者类的docstring（文档字符串）。docstring是在代码的函数定义之后定义的字符串，用于给函数或类提供记录。

```
>>> def something():
...     '''
...     This is help for something
...     '''
...     pass
...
>>> help(something)
Help on function something in module _main_:

something()
    This is help for something
```

注意在例子中，“This is help for something”字符串是如何在函数定义之后定义的。

docstring通常用三个引号括起来，允许编写多行的字符串。Python将三个引号内的所有内容都视为一个大字符串。可以使用三个“'”或者三个“"”，它们在这里的功能都是等效的。可以在这里找到有关docstrings的更多信息：https://www.python.org/dev/peps/pep-0257/。

内置函数的文档可以在这里找到：https://docs.python.org/3/library/functions.html#built-in-functions。

pprint的完整文档可以在这里找到：https://docs.python.org/3/library/pprint.html#。

10.2.4 另请参阅

- “提高调试水平”的方法。
- “通过日志调试”的方法。

10.3 通过日志调试

调试是检测程序内部发生了什么，以及可能发生什么意外或者错误。一种简单而非常有效的方法是在代码的决定性位置输出变量和其他相关信息，以跟踪程序的运行。

这种方法最简单的形式称为打印调试（print debugging），即调试时在特定的代码处插入打印语句以打印变量的值。

但是这种方法可以更进一步，并且将其与第2章“自动化使任务更加轻松”中介绍的日志记录方法结合，从而允许我们创建一个对程序运行状态的半永久跟踪，这在检测正在运行中的程序出现的问题时非常有用。

10.3.1 做好准备

从GitHub上下载debug_logging.py文件：https://github.com/PacktPublishing/Python-Automation-Cookbook/blob/master/Chapter10/debug_logging.py。

它包含了冒泡排序算法（https://www.studytonight.com/data-structures/bubble-sort）的一个实现。这是对元素列表进行排序的最简单方法。它在列表上进行迭代，每次迭代都比较并决定是否交换两个相邻的值，使得较大的值总在较小的值之后，总体上就会使得较大的值像列表中的气泡一样上升。

冒泡排序是实现排序的一种简单而有效的方法，除此之外其实还有更好的选择。一般情况下请使用列表的标准.sort方法，除非有更好的理由选择其他的排序方法。

运行时，它会检查下列表达式是否正确。

```
assert [1, 2, 3, 4, 7, 10] == bubble_sort([3, 7, 10, 2, 4, 1])
```

这个实现中有一个bug，将其作为本节的一部分进行修复。

10.3.2 如何操作

（1）运行debug_logging.py脚本，检查结果是否失败。

```
$ python debug_logging.py
INFO:Sorting the list: [3, 7, 10, 2, 4, 1]
INFOO:Sorted list: [2, 3, 4, 7, 10, 1]
Traceback (most recent call last):
    File "debug_logging.py", line 17, in <module>
        assert [1, 2, 3, 4, 7, 10] == bubble_sort([3, 7, 10, 2, 4, 1])
AssertionError
```

(2)启用调试日志，修改debug_logging.py脚本的第2行。

```
logging.basicConfig(format='%(levelname)s:%(message)s',
level=logging.INFO)
```

将以上部分修改为以下的内容。

```
logging.basicConfig(format='%(levelname)s:%(message)s',
level=logging.DEBUG)
```

注意level参数的不同。

(3)再次运行脚本，这次输出了更多的信息。

```
$ python debug_logging.py
INFO:Sorting the list: [3, 7, 10, 2, 4, 1]
DEBUG:alist: [3, 7, 10, 2,  4, 1]
DEBUG:alist: [3, 7, 10, 2,  4, 1]
DEBUG:alist: [3, 7, 2, 10, 4, 1]
DEBUG:alist: [3, 7, 2, 4, 10, 1]
DEBUG:alist: [3, 7, 2, 4, 10, 1]
DEBUG:alist: [3, 2, 7, 4, 10, 1]
DEBUG:alist: [3, 2, 4, 7, 10, 1]
DEBUG:alist: [2, 3, 4, 7, 10, 1]
DEBUG:alist: [2, 3, 4, 7, 10, 1]
DEBUG:alist: [2, 3, 4, 7, 10, 1]
INFO:Sorted list : [2, 3, 4, 7, 10, 1]
Traceback (most recent call last):
  File "debug_logging.py", line 17, in <module>
    assert [1, 2, 3, 4, 7, 10] == bubble_sort([3, 7, 10, 2, 4, 1])
AssertionError
```

(4)分析输出之后，发现列表的最后一个元素并没有进行排序。分析代码后发现第7行有一处off-by-one(单字节溢出)错误。你看到它了吗？通过改变下面的代码来修改它。

```
for passnum in reversed(range(len(alist) - 1)):
```

将其修改为如下的代码。

```
for passnum in reversed(range(len(alist))):
```

(注意这里删除了 -1 操作)

(5)再次运行脚本，会发现它现在可以正常运行。这里的结果没有显示调试日志。

```
$ python debug_logging.py
INFO:Sorting the list: [3, 7, 10, 2, 4, 1]
...
INFO:Sorted list : [1, 2, 3, 4, 7, 10]
```

10.3.3 其中原理

“如何操作”小节的第1步展示了脚本并发现代码有错误，因为它并没有正确地排序列表。

这个脚本已经有一些普通日志显示开始和最终结果，还可以有一些调试日志显示中间步骤。在第2步中，激活了DEBUG日志等级，而在第1步中日志只是INFO等级。

注意，默认情况下日志会显示在标准输出，即终端控制台中。如果需要将日志指向其他地方，如文件中，请参见如何配置不同的处理程序。更多相关细节，请参见Python文档的日志配置部分:https://docs.python.org/3/howto/logging.html。

第3步再次运行脚本，这次将会显示额外的信息，发现列表中的最后一个元素没有参与排序。

这是一个非常常见的单字节溢出错误，正确的脚本应该按照列表的整个大小进行迭代。这在第4步中进行了修正。

检查代码以理解为什么会出现错误。整个列表都应该进行排序,但是错误地缩小了列表长度。

第5步显示了修复后的脚本能够正常运行。

10.3.4 除此之外

本节中预先战略性地定位了调试日志的位置，但是在实际的调试实践中可能并不是这样的。作为错误调查的一部分，可能需要添加更多的调试日志或者不断修改调试输出的位置。

这种方法最大的优点就是能够看到程序的流程，能够检查代码执行的每时每刻以加深理解。但是它也有缺点，我们可能会得到许多不能够提供特定问题信息的文本。因此需要在信息的数量上寻找一个平衡点。

出于同样的原因，除非必要，尽量限制使用非常长的变量。

在修复bug之后记得调低日志级别。你可能会发现自己需要删除一些不相关的日志。

该方法快速而不拘小节的一个版本就是添加print语句，而不是添加调试日志。虽然有些人对此有些抵触，但是实际上它也是一种对调试很有价值的方法。记得最后把它们清理干净。

所有的自省元素都是可以获得的,因此可以创建日志来显示。例如dir(object)对象的所有元素。

```
logging.debug(f'object {dir(object)}')
```

任何可以显示为字符串的内容都可以在日志中显示，同时日志也可以进行任何文本操作。

10.3.5 另请参阅

- “学习Python解释器基本知识”的方法。
- “提高调试水平”的方法。

10.4 通过断点调试

扫一扫，看视频

Python中有一个现成的名为pdb的调试器。既然Python代码是以解释的方式运行，那么通过设置断点就可以在任何地方使其暂停运行并跳转到命令行中，此时就可以使用任何代码分析情况或者执行任意的指令。

接下来看看如何进行操作。

10.4.1 做好准备

从GitHub上下载debug_algorithm.py脚本：https://github.com/ PacktPublishing/Python-Automation-Cookbook/blob/master/Chapter10/debug_algorithm.py。

下面将详细分析代码的执行过程。这份代码会检查数字是否遵循某些属性。

```
def valid(candidate):
    if candidate <= 1:
        return False

    lower = candidate - 1
    while lower > 1:
        if candidate / lower == candidate // lower:
            return False
        lower -= 1

    return True

assert not valid(1)
assert valid(3)
assert not valid(15)
assert not valid(18)
assert not valid(50)
assert valid(53)
```

你可能很容易就看出来代码在做什么，但是请允许我这样做，对代码进行交互式的分析。

10.4.2 如何操作

（1）运行代码，查看是否所有断言（assert）都合法。

```
$ python debug_algorithm.py
```

（2）在while循环之后（第7行之前）添加breakpoint()。代码如下。

```
while lower > 1:
    breakpoint()
        if candidate / lower == candidate // lower:
```

（3）再次执行代码，可以看到代码在断点处暂停运行，进入交互式的Pdb模式。

```
$ python debug_algorithm.py
> .../debug_algorithm.py(8)valid()
-> if candidate / lower == candidate // lower:
(Pdb)
```

（4）检查candidate和两个运算的值。这一行需要检查candidate除以lower是否为整数（如果是整数，那么浮点数除法（/）和整数除法（//）的结果相同）。

```
(Pdb) candidate
3
(Pdb) candidate / lower
1.5
(Pdb) candidate // lower
1
```

（5）使用n指令执行下一行代码。注意在这里，它结束了while循环并返回True。

```
(Pdb) n
> ...debug_algorithm.py(10)valid()
-> lower -= 1
(Pdb) n
> ...debug_algorithm.py(6)valid()
-> while lower > 1:
(Pdb) n
> ...debug_algorithm.py(12)valid()
-> return True
(Pdb) n
--Return--
> ...debug_algorithm.py(12)valid()->True
-> return True
```

（6）使用c指令继续执行代码到下一个断点处。注意，这里是对valid()函数的下一次调用，以

15作为输入的值。

```
(Pdb) c
> ...debug_algorithm.py(8)valid()
-> if candidate / lower == candidate // lower:
(Pdb) candidate
15
(Pdb) lower
14
```

（7）继续运行并检查这些数字，直到valid函数产生有意义的结果。你能看出来代码的作用吗？（不能也没关系，稍后会在下一部分中介绍）。完成调试后，使用q指令退出，这会终止代码的执行。

```
(Pdb) q
...
bdb.BdbQuit
```

10.4.3 其中原理

可能你已经看出来了，代码的作用是检查一个数字是否为质数。它会试图将这个数除以所有小于它的整数。如果出现任何可以整除的数字，就会返回False的结果，因为这说明它不是质数。

这实际上是一种非常低效的质数检查方法，因为处理大数需要很长时间。不过，对于教学目的来说，它已经足够了。如果对寻找质数感兴趣，可以查看数学软件包的文档，如SymPy (https://docs.sympy.org/latest/modules/ntheory.html?highlight=prime#sympy.ntheory.primetest.isprime)。

“如何操作”小节中的第1步检查了代码的常规执行方式，随后在第2步中向代码引入了一个断点。

当代码在第3步中执行时，就会在断点处暂停并进入交互模式。

在交互模式下，可以检查任何变量的值，也可以执行任何类型的操作。如第4步所示，有时可以通过复制部分代码来更清楚地分析一行代码。

可以在这个命令行中执行常规操作以检查代码。如第5步中那样，可以通过调用n(next)指令执行下一行代码，以查看代码的运行流程。

第6步展示了如何使用c(continue)指令执行程序到下一个断点。这些操作都可以不断进行以查看代码流程和中间值，进而得知代码的每个地方在做什么。

如第7步所示，可以使用q(quit)指令停止执行。

10.4.4 除此之外

可以随时调用h(help)指令以查看所有可用的操作。

还可以使用l(list)指令查看周围的代码。例如，在第4步中是这样的：

```
(Pdb) l
3  Return False
4
5  lower = candidate - 1
6  while lower > 1:
7      breakpoint()
8->         if candidate / lower == candidate // lower:
9              return False
10       lower -= 1
11
12    return True
```

其他两个主要的调试命令是s(step)（单步调试，能够进入调用的函数代码中）和r(return)（从当前函数返回）。

可以使用pdb命令b(break)来设置或者禁用更多断点，需要指定文件和代码行来设置断点。但是直接修改代码实际上更加简单，并且更不容易出错。

既可以读取变量，也可以覆盖变量或者创建新的变量，甚至还可以进行额外的调用。任何你想到的它都可以做到。您可以使用Python解释器的任何功能。您可以多加实践，用它来检查代码是如何工作的，或者验证某些操作是否进行。

避免使用保留名创建变量，如“l”。它会使调试变得混乱并引入大量的干扰，有时还会产生不明显的错误。

breakpoint()函数是Python 3.7中新加入的，如果正在使用这个版本，强烈建议使用它。之前的版本，需要用以下代码进行替换。

```
import pdb; pdb.set_trace()
```

它们的工作方式完全相同。注意，上面一行中有两句代码，这在Python中并不推荐，但是这的确是将断点保持在一行中的好办法。

在调试完成后记得删除所有的断点，尤其是在要提交到Git之类的版本控制系统中时。

有关调用新breakpoint函数的更多信息，可以在官方PEP文档中阅读：https://www.python.org/dev/peps/pep-0553/。

完整的pdb命令可以在这里找到，它包含了所有的调试命令:https://docs.python.org/3.7/library/ pdb.html#module-pdb。

10.4.5 另请参阅

- “学习Python解释器基础知识”的方法。
- “提高调试水平”的方法。

10.5 提高调试水平

扫一扫，看视频

本节将分析一个重复调用外部服务的小脚本并修复一些bug，并展示不同的方法来帮助调试。

这个脚本将一些姓名发送到一个网络服务器（httpbin.org，这是一个测试站点）再把它们取回来，假装它是从外部服务器中检索到的。然后，脚本将姓名分为姓和名，并且将其按照姓氏进行排序。

这个脚本包含几个bug，这里将进行检测并修复。

10.5.1 做好准备

本节会用到requests和parse模块。首先把它们安装到虚拟环境中。

```
$ echo "requests==2.18.3" >> requirements.txt
$ echo "parse==1.8.2" >> requirements.txt
$ pip install -r requirements.txt
```

debug_skills.py脚本可以从GitHub上下载：https://github.com/PacktPublishing/Python-Automation-Cookbook/blob/master/Chapter10/debug_skills.py。注意，它包含了一些bug，将在本节中对其进行修复。

10.5.2 如何操作

（1）运行脚本，它会产生一个错误。

```
$ python debug_skills.py
Traceback (most recent call last):
  File "debug_skills.py", line 26, in <module>
  raise Exception(f'Error accessing server: {result}')
Exception: Error accessing server: <Response [405]>
```

（2）分析状态代码。得到了错误代码405，这意味着我们发送的方式是不被允许的。检查代码会发现，第24行中错误地使用了GET，正确的应该是POST（与URL中提醒的相同）。用下面的内容替换那串代码。

```
# ERROR Step 2. Using .get when it should be .post
```

```
# (old) result = requests.get('http://httpbin.org/post', json=data)
result = requests.post('http://httpbin.org/post', json=data)
```

将原来有bug的代码注释掉，使得修改更加清晰。

（3）再次运行代码，会产生一个不同的错误。

```
$ python debug_skills.py
Traceback (most recent call last):
  File "debug_skills_solved.py", line 34, in <module>
    first_name, last_name = full_name.split()
ValueError: too many values to unpack (expected 2)
```

（4）在第33行插入一个断点，这个断点在错误发生的位置之前。再次运行，进入调试模式。

```
$ python debug_skills_solved.py
..debug_skills.py(35)<module>()
-> first_name, last_name = full_name.split()
(Pdb) n
> ...debug_skills.py(36)<module>()
-> ready_name = f'{last_name}, {first_name}'
(Pdb) c
> ...debug_skills.py(34)<module>()
-> breakpoint()
```

运行n指令没有产生错误，这意味着它不是在第一个值处发生错误。使用c指令运行了几次循环之后，意识到这不是正确的调试途径，因为我们并不知道产生错误的输入是什么。

（5）因此将这一行代码放入try...except块中，并且在except语句中设置断点。

```
try:
    first_name, last_name = full_name.split()
except:
    breakpoint()
```

（6）再次运行代码。这一次，代码在数据引发错误时停止运行。

```
$ python debug_skills.py
> ...debug_skills.py(38)<module>()
-> ready_name = f'{last_name}, {first_name}'
(Pdb) full_name
'John Paul Smith'
```

（7）原因现在很清楚了，第35行只允许分隔两个单词，如果数据中添加了中间名就会引发错误。经过一些测试，决定这样修改它。

```
# ERROR Step 6 split only two words. Some names has middle names
# (old) first_name, last_name = full_name.split()
```

```
first_name, last_name = full_name.rsplit(maxsplit=1)
```

(8) 再次运行脚本。请确保已经删除了breakpoint和try...except块。这一次，脚本生成了一个姓名列表，并且它们是按照姓氏字母排序的。然而，有几个名字看起来不太对。

```
$ python debug_skills_solved.py
['Berg, Keagan', 'Cordova, Mai', 'Craig, Michael', 'Garc\\u00eda,
Roc\\u00edo', 'Mccabe, Fathima', "O'Carroll, S\\u00e9amus", 'Pate,
Poppy-Mae', 'Rennie, Vivienne', 'Smith, John Paul', 'Smyth, John',
'Sullivan, Roman']
```

谁会叫作“O'Carroll, S\\u00e9amus”呢?

(9) 为了跳过其他部分而只分析这种特定情况，必须在第33行中为这个名字创建一个if判断来进行中断。注意使用in来避免精确匹配可能产生的问题。

```
full_name = parse.search('"custname": "{name}"', raw_result)['name']
if "O'Carroll" in full_name:
    breakpoint()
```

(10) 再次运行脚本。断点会使其在适当的地方暂停运行。

```
$ python debug_skills.py
> debug_skills.py(38)<module>()
-> first_name, last_name = full_name.rsplit(maxsplit=1)
(Pdb) full_name
"S\\u00e9amus O'Carroll"
```

(11) 进入代码并检查不同的变量。

```
(Pdb) full_name
"S\\u00e9amus O'Carroll"
(Pdb) raw_result
'{"custname": "S\\u00e9amus O\'Carroll"}'
(Pdb) result.json()
{'args': {}, 'data': '{"custname": "S\\u00e9amus O\'Carroll"}','files': {},
'form': {}, 'headers': {'Accept': '*/*', 'Accept- Encoding': 'gzip, deflate',
'Connection': 'close', 'Content-Length': '37', 'Content-Type': 'application/
json', 'Host': 'httpbin.org', 'User- Agent': 'python-requests/2.18.3'},
'json': {'custname': "Séamus O'Carroll"}, 'origin': '89.100.17.159', 'url':
'http://httpbin.org/post'}
```

(12) 在result.json()字典中，实际上有另一个叫作'json'的字段正确地存储了姓名。仔细看一看，会发现它其实是一个字典。

```
(Pdb) result.json()['json']
{'custname': "Séamus O'Carroll"}
```

```
(Pdb) type(result.json()['json'])
<class 'dict'>
```

（13）修改代码，不再解析'data'中的原始数据，而是直接使用结果中的'json'字段。这样就简化了代码，真是太棒了！

```
# ERROR Step 11. Obtain the value from a raw value. Use
# the decoded JSON instead
# raw_result = result.json()['data']
# Extract the name from the result
# full_name = parse.search('"custname": "{name}"',
raw_result)['name']
raw_result = result.json()['json']
full_name = raw_result['custname']
```

（14）再次运行代码，记得删除断点。

```
$ python debug_skills.py
['Berg, Keagan', 'Cordova, Mai', 'Craig, Michael', 'García, Rocío', 'Mccabe,
Fathima', "O'Carroll, Séamus", 'Pate, Poppy-Mae', 'Rennie, Vivienne', 'Smith,
John Paul', 'Smyth, John', 'Sullivan, Roman']
```

这次，它产生了完全正确的结果。现在已经成功地调试好了这个程序。

10.5.3 其中原理

本节主要修改了三个不同的错误。下面逐个分析一下。

1. 对外部服务的错误调用

"如何操作"小节中的第1步显示了第1个错误，我们小心地读取了错误结果，发现服务器返回了405状态代码。这对应了不被允许的方法，说明我们的调用方法不正确。

检查下面这一行代码。

```
result = requests.get('http://httpbin.org/post', json=data)
```

它提示我们正在对为POST定义的URL调用GET方法，因此在第2步中进行了修改。

注意，在处理这个错误时没有用到额外的调试步骤，而是通过阅读错误消息和代码找到解决方案。记得注意错误消息和错误日志，这通常就足以发现问题所在。

在第3步中再次运行代码，发现了下一个问题。

2. 中间名处理不当

在第3步中，我们发现一个错误too many values to unpack（返回的值过多，无法赋值）。

此时在第4步中创建了一个breakpoint断点来分析数据，但是发现并非所有数据都会产生此错误。第4步中所进行的分析表明，在没有产生错误时暂停运行会带来很多不必要的麻烦，我们必须不断地让它继续运行直到产生错误。我们知道这个地方会出现错误，但是这个错误只针对特定类型的数据产生。

既然知道了错误是在这个地方产生的，那么就可以使用try...except块来捕获这个错误，如第5步所示。当产生异常时，就会触发断点。

这使得第6步的脚本执行到full_name值为'John Paul Smith'时停止。这里产生了一个错误，因为split希望得到两个元素，而不是三个。

这一点在第7步中得到修正，修正后的代码允许除最后一个单词外的所有内容都成为名字(不含姓氏)的一部分，将任何中间名都分到了第1个元素中。这符合我们这个程序的目的——按姓氏排序姓名。

实际上姓名处理起来相当复杂。如果对人们对姓名做出的大量错误假设感到好奇，可以阅读本文：https://www.kalzumeus.com/2010/06/17/falsehoods-programmers-believe-about-names/。

下面这行代码使用rsplit实现了这一点。

```
first_name, last_name = full_name.rsplit(maxsplit=1)
```

它按单词从右边开始分割文本，并且最多只进行一次分割，确保只返回两个元素。

代码修改之后再次运行，在第8步中发现了下一个错误。

3. 使用错误的外部服务返回值

运行第8步中的代码将显示一个列表，并且不会产生任何错误。但是检查结果会发现，其中一些姓名的处理并不正确。

在第9步中选取一个显示不正常的姓名作为示例并创建一个条件断点，旨在数据满足if条件时激活breakpoint。

在本例中，if条件语句会在任何包含“O'Carroll”的字符串出现时暂停脚本的运行，而不需要使用等式使其判断更加严格。调试代码最好尽可能地实用，因为无论如何您都需要在bug修复之后删除掉它。

第10步中再次运行代码。在此基础上，一旦验证了数据结果与预期相同，就可以反向寻找问题的根源。第11步分析了之前的值和代码，试图找出导致错误值的根源。

然后，我们发现代码在从服务器返回的result中选用了错误的字段。json字段中的值更加适合我们的这个任务，因为它是已解析的。第12步中检查其中的值并查看如何使用它。

在第13步中，修改代码以进行调整。注意，不再需要parse模块，直接使用json字段可以使代码更加简洁。

这个结果实际上是更加常见的，尤其是在处理外部接口时。可能会通过较为有效的方式处理外部接口，但是这些方法通常不是最好的。最好用一些时间阅读文档，关注项目进展并学习如何更好地使用这些工具。

这个问题修复之后，在第14步中再次运行代码。最后，代码执行了预期的操作，按照姓氏的字母顺序对姓名进行了排序。注意，包含奇怪字符的姓名也被修复了。

10.5.4 除此之外

修复后的脚本可以在GitHub中下载，可以下载它来看看和之前有什么不同：https://github.com/PacktPublishing/Python-Automation-Cookbook/blob/master/Chapter10/debug_skills_fixed.py。

其实还有其他创建条件断点的方法。调试器实际上支持创建满足某些条件才暂停运行的断点。但是我们发现直接使用代码来实现更加容易，因为它在代码每次运行时不需要重新标记，而且更加容易记住和操作。可以在Python的pdb文档中查看如何创建条件断点：https://docs.python.org/3/library/pdb.html#pdbcommand-break。

第3个错误中捕获意外的断点说明在代码中创建条件断点非常简单。但是调试结束后一定要记得将它们全部删除。

还有一些其他调试器可以提供更多特性。例如：

- ipdb (https://github.com/gotcha/ipdb)：添加了tab键补全和语法高亮显示。
- pudb (https://documen.tician.de/pudb/)：以20世纪90年代早期工具的风格显示旧式的、半图形化的、基于文本的界面并自动显示环境变量。
- web-pdb (https://pypi.org/project/web-pdb/)：打开一个网络服务器，使得调试器可以通过图形界面访问。

请查看它们的文档以了解如何安装和运行。

还有更多可用的调试器，可以自行搜索网络寻找包括Python IDE在内的更多选项。任何情况下都要注意添加依赖项。如果能够使用默认调试器当然是最好的。

Python 3.7中新加入的breakpoint命令允许我们使用PYTHONBREAKPOINT环境变量轻松地修改程序运行中的值。例如：

```
$ PYTHONBREAKPOINT=ipdb.set_trace python my_script.py
```

这段代码会在任何断点处调用ipdb。可以在breakpoint()文档中了解更多信息：https://www.python.org/dev/peps/pep-0553/#environment-variable。

一个与之相关的重要效果就是可以通过设置PYTHONBREAKPOINT=0来禁用所有断点。这是一个很好的工具，可以确保最终的产品中不会存在错误留下的中断。

Python的pdb文档可以在这里找到：https://docs.python.org/3/library/pdb.html。

parse模块的完整文档可以在这里找到：https://github.com/r1chardj0n3s/parse。requests模块的完整文档可以在这里找到：http://docs.python-requests.org/en/master/。

10.5.5 另请参阅

- “学习Python解释器基础知识”的方法。
- “通过断点调试”的方法。